中国热带香料饮料作物系列丛书

林下栽培香料饮料作物
理论与实践

鱼欢　张昂　王灿◎主编

中国农业出版社
北　京

图书在版编目（CIP）数据

林下栽培香料饮料作物理论与实践 / 鱼欢，张昂，
王灿主编. -- 北京：中国农业出版社，2024.11.
ISBN 978-7-109-32702-3

Ⅰ. S573；S571

中国国家版本馆CIP数据核字第2024E3X694号

中国农业出版社出版

地址：北京市朝阳区麦子店街18号楼

邮编：100125

责任编辑：丁瑞华

版式设计：杨　婧　　责任校对：张雯婷　　责任印制：王　宏

印刷：中农印务有限公司

版次：2024年11月第1版

印次：2024年11月北京第1次印刷

发行：新华书店北京发行所

开本：700mm×1000mm　1/16

印张：16.25

字数：280千字

定价：298.00元

主　编：鱼　欢　张　昂　王　灿
副主编：秦晓威　王　辉　庄辉发　邓文明
编著者（以姓氏拼音为序）：
　　　　初　众　邓文明　李付鹏　林兴军
　　　　秦晓威　苏兰茜　孙　燕　唐　冰
　　　　王　灿　王　辉　邢诒彰　闫　露
　　　　杨建峰　鱼　欢　张　昂　张子箫
　　　　赵青云　赵雅琦　庄辉发　祖　超

　　大力发展林下经济不仅是实现资源共享、优势互补、人与自然和谐发展的有效途径，也为深入践行大农业观、大食物观，构建多元化食物供给体系，推动农业高质量发展拓展了新路径。进一步加强对林下经济的认识和实践，能够推动其全面、协调、可持续发展，为我国农业现代化和乡村振兴的发展注入新的活力。随着科技的进步和社会的发展，现代农业也在不断探索新的种植模式和技术，以提高土地的利用率和产出效益。其中，林下栽培作为一种新型的种植模式，近年来受到了广泛地关注和研究。

　　林下栽培，即在林木下种植其他作物，充分利用林地资源，实现生态与经济的双重效益。这种种植模式不仅有利于改善土壤结构，提高土壤肥力，还能有效防止水土流失，保护生态环境。同时，通过合理搭配作物种类和种植方式，可以实现林地的多元化利用，提高土地的生产能力。

　　咖啡、胡椒、可可、草果等香料饮料作物是国际大宗农产品，是"一带一路"沿线热带国家主要的经济来源和全球重要的日常消费品，也是我国热区百姓持续增收的重要产业。中国热带农业科学院香料饮料研究所（以下简称"香饮所"）自20世纪50年代开始对热带香料饮料作物进行引种试种、生物学特性、优良品种选育、良种良苗繁育、高效栽培技术进行系统研究。21世纪初开始将香料饮料作物与林下栽培相结合，开展一系列热带香料饮料作物复合栽培技术研究。结果显示，部分香料饮料作物适宜林下种植，并且该方法不仅可以拓展香料饮料作物的种植空间，还有助于提高部分香料饮料作物的产量和品质。此外，这种种植模式还有助于推动农业产业的转型升级，促进农业可持续发展。

为推进我国林下栽培香料饮料作物产业高质量发展，中国热带农业科学院香料饮料研究所集成胡椒、咖啡、可可、香草兰等作物林下栽培互作机理和栽培技术研究成果，以期为发展林下栽培香料饮料作物提供理论基础和技术支撑。本书在前期研究的基础上，结合国内外研究成果与实践经验编写而成。全书共分为二十一章，系统介绍了林下经济概念、林下栽培发展史、我国热带与亚热带地区主要香料饮料作物的经济价值、生物学特性、研究现状及主要栽培技术，并分析了林下栽培香料饮料作物的经济、社会和生态效益，最后对林下栽培香料饮料作物的发展进行了总结和展望。

本书的编写和出版，得到海南省热带香辛饮料作物遗传改良与品质调控重点实验室、农业农村部香辛饮料作物遗传资源利用重点实验室、国家热带植物种质资源库、海南省胡椒产业技术体系东部综合试验站等科技平台，以及国家重点研发计划"地上—地下协同的多样化绿色种植技术新体系"（2023YFD1901403）、海南省重点研发"海南省低碳绿色农业技术集成与示范"（ZDYF2023XDNY181）和万宁市重点项目"海南'三棵树'林下间作斑兰叶高效栽培技术集成与示范"等平台和项目经费资助。

本书编写过程中得到了海南、云南、广东、福建、广西等地从事林下经济科研、教学、生产的企事业单位广大科教工作者及一线生产技术人员、广大农户的大力支持，在此谨致诚挚的谢意！受作者学术水平及能力限制，书中难免有错漏及不当之处，期待行业同仁对本书的错误之处进行批评指正。

编　者

2024年4月

目　录

CONTENTS

前言

第一章
林下经济概述

第一节　林下经济的概念及特征

　　林下经济，主要是指依托林地资源和森林生态环境，发展起来的林下种植业、养殖业、采集业和森林旅游业，既包括林下产业，也包括林中产业，还包括林上产业。林下经济遵循可持续经营原则，是一种在保护的前提下以森林生态环境为基础、以开展复合经营为主要特征、以可持续发展为目标的生态友好型经济模式。林下栽培和养殖可以利用森林提供的丰富资源，如林地、水源等，发展与林业相关的种植业和畜牧业。例如，在林下栽培中药材、食用菌、茶叶等农作物，或在林下养殖鸡、鸭、鹅等家禽和蜜蜂等昆虫。这些林下经济活动不仅有助于提高农民的收入水平，还有助于保护森林生态环境，实现经济与生态的双赢。此外，林下经济还包括森林景观的利用。在保护森林的前提下，开展森林旅游和休闲活动，可以促进地方经济的发展，同时也有助于提高公众对森林生态环境保护的意识和重视程度。因此，林下经济不仅可以提高农民的收入水平和生活质量，还可以促进地方经济的发展和生态环境的保护，是实现经济社会发展与森林资源保护双赢的一种生态经济发展模式。

　　林下经济以生态保护为首要原则，旨在增加农民收入、促进就业，充分发挥森林和林地的资源优势。它通过实现资源共享、经济共赢、环境友好，发展成为一种环保、高效的复合经营模式。林下经济主要利用森林、林地及其生态环境，以实现可持续发展的生态友好型经济模式，具有生态、生产和经济等三个层面的价值。

一、依托森林、林地及其生态环境

林下经济是在森林、林地及其生态环境中开展的，包括空气、水、阳光等自然资源和环境，这些资源是林下经济发展的基础和保障。林下经济的实施还需要考虑不同地区的气候、土壤、植被等情况，以便更好地利用当地的优势资源，提高经济效益和生态效益。因此，林下经济的发展必须与森林的生态功能、生物多样性和自然景观相结合，注重保护生态环境和生物多样性，以实现可持续发展。

二、具有可持续经营特性

林下经济是在保护森林生态环境的前提下开展的，因此在经营过程中需要注重自然资源的合理利用，维护森林生态系统的平衡。其中包括合理利用森林资源、科学种植和养殖、保持生态平衡等，以确保林下经济的长期稳定发展。这意味着需要在保护森林生态环境的前提下，采取科学合理的经营措施，提高森林资源的利用效率，避免过度开采和破坏环境，实现经济和生态的双赢。具体而言，林下经济注重维护森林生态系统的健康和平衡，包括保护森林资源、改善生态环境、维护生物多样性等。通过科学管理和合理经营，可以保证森林生态系统的长期稳定和可持续发展；林下经济通过复合经营模式，提高土地利用率和生产效率，增加农民收入和就业机会，同时，发展林下经济还可以促进相关产业的发展，如木材加工、食品加工、运输等，形成产业集群效应，推动地方经济发展，实现当地经济的可持续发展；林下经济可以满足人们不断增长的物质和文化需求，提供健康环保的产品和服务，同时，林下经济还可以促进乡村旅游、文化传承等方面的发展，提高农村社会文明程度和公共设施水平，实现社会可持续发展；林下经济的可持续经营需要政策的支持和引导，需要建立完善的制度和法规体系，保障公平竞争和合法权益，同时，还需要加强森林资源管理和生态保护工作，确保林下经济的可持续发展；林下经济的可持续经营需要依靠先进的科技手段和管理方法，不断提高生产效率和产品质量。例如，采用智能化农业机械、精准农业技术等，提高生产效率、降低成本、提高产品质量和附加值，推动林下经济的可持续发展。

三、以复合经营模式为主

林下经济是一种复合经营模式，涉及多个产业领域，如农业、林业、旅游业等。因此一方面，林下经济包括农业种植和畜牧业养殖等生产活动，例如林下栽培是在林下栽培各种农作物，如中草药、菌类、花卉等，这些农作物可以在林下适宜的温度、湿度和光照条件下生长，实现与林木的互补，提高土地利用率和生产效益。林下养殖是在林下养殖各种动物，如鸡、鸭、鹅、猪、牛、羊等，这些动物可以在林下丰富的食物资源和生态环境下生长，节约饲料成本，提高产品质量和附加值。林下采集是在林下采集各种林副产品，如松子、蘑菇、木耳、榛子等，促进农民的增收。另一方面，林下经济还包括森林旅游和休闲等第三产业，这些产业可以实现不同产业之间的优势互补和相互促进，形成了一个综合性的经济体系。例如，在林下栽培中药材、食用菌等农作物，可以与旅游业结合，发展森林养生、保健等新型产业，进一步提高林下经济的综合效益。

四、高效利用资源

林下经济可以促进资源的多元化利用，提高土地资源的产出效益，带动相关产业的发展，增加农民的收益和就业机会，推动可持续发展战略的实施。具体而言，在林下经济中，土地资源得到充分的利用。林下栽培和养殖利用林下空间，提高土地资源的利用效率，增加农产品的产量和品质。同时，林下经济模式可以减少土地的闲置和浪费，提高土地的利用价值。林下栽培和养殖利用其空气湿度大、氧气充足、光照强度低、昼夜温差小等条件，以及丰富的野生动植物资源，促进森林资源的保护和修复，提高森林资源的利用价值。在林下经济中，水资源得到了充分的利用。林下栽培和养殖需要大量的水资源，但同时也具有节水的优势。林下栽培可以利用雨水收集系统等节水技术，减少水资源的消耗；林下养殖可以利用自然水源，减少对水资源的污染。林下经济可以充分利用社会资源，如人力、技术、信息等。林下经济的发展需要农民具备相关的农业技术和养殖技术，而这些技术可以通过培训和技术支持得到提高。同时，林下经济还可以促进农村就业和创业，增加农民的收入。林下经济可以利用可再生能源资源，如太阳能、风能等，这些能源资源可以用于林下栽培和养殖的能源供应，减少对传统能源的依赖，提高能源利用效率。

五、健康环保且生态友好

林下经济是一种健康环保、生态友好的经济发展模式。在林下经济中，农业和林业的有机融合实现了土地资源的充分利用，提高了土地的利用效率，同时保护了生态环境，促进了生态平衡。在"健康中国"和乡村振兴战略背景下，林下经济通过提供优质的生产环境，生产林业资源食品、林下中药材、林下食用菌、林下畜禽等健康环保产品，满足人们的健康需求，对巩固拓展脱贫攻坚成果、全面推进乡村振兴有着特殊意义。

六、具备多样化发展模式

林下经济的实施需要根据不同地区的实际情况开展，因地制宜地利用当地的自然和社会资源，发展符合当地特色的林下经济。要考虑到不同地区的气候、土壤、植被等情况，制定科学的经营方案。例如，在北方地区可以利用林下资源发展养殖业和旅游业，而在南方地区则可以利用林下资源发展种植业和手工业等产业。具体而言，林下经济包括多种模式，如林菌模式、林禽模式、林草模式、林畜模式和林药模式等。

林菌模式是在林下栽培食用菌，如香菇、木耳等。这些食用菌可以利用林下的枯枝落叶等作为基质，同时给林地增加肥力。这种模式可以有效提高农作物的产量和品质，实现资源共享、优势互补、循环相生、协调发展。

林药模式是在林下栽培中草药，如人参、黄芪等。这些中草药利用林下的肥沃土壤和丰富水源显著提高草药的产量和品质。

林花模式是在林下栽培兰花和其他花卉。林下阴湿、温凉、腐殖质多的自然环境是大多数兰花和其他花卉最适宜生长的处所，如春兰、蕙兰、剑兰、兜兰、石斛等。

林草模式是利用林下野生草本植物或林下人工种植饲料植物，为兔、猪、牛、羊、鹿等大型家畜提供饲料，获得绿色、安全、畅销的动物产品。这种模式可以降低饲料成本，提高养殖效益，同时促进林下空间的利用。

林禽模式是在林下围栏养鸡、鸭、鹅等家禽。这些家禽可以利用林下的草茎、草籽，也可利用林下昆虫，如蚱蜢、蟋蟀等作为食物。这种模式可以降低禽舍内外温湿度，给畜禽营造较好的生长环境，降低设施投入，提高饲养效益。这些模式不仅充分利用林下资源，同时也为农民提供更多的增收渠道。

此外，林下经济还需要根据市场需求和消费者需求，开发符合当地文化和消费习惯的产品和服务。例如在广大农村地区，林下经济可以结合当地民族文化和传统工艺，开发具有民族特色的产品和服务；在城市地区，人们更注重产品的品质和健康性，因此林下经济可以开发出健康、环保、高端的产品和服务，以满足城市消费者的需求。

七、兼顾经济社会发展与森林资源保护

林下经济的目的是实现经济社会发展与森林资源保护的双赢。一方面，林下经济可以提高农民的收入和生活质量，促进地方经济的发展，通过发展林下养殖、林下种植等产业，增加农民的收入来源，提高农民的生活水平，例如在林下养鸡、养鸭、养鹅等禽类动物，可以获得较高的经济效益，同时禽类动物的粪便还可以作为有机肥料还田，提高农作物的产量和品质；另一方面，通过保护森林生态环境，可以维护生态平衡和生物多样性，实现可持续发展，通过科学管理和合理经营，可以在保护森林资源的前提下，实现资源的有效利用，例如在林下栽培中草药等植物，可以利用林下的肥沃土壤和丰富水源，提高中草药的产量和品质，同时也可以减少对林下空间的破坏，保护森林资源。林下经济可以促进农村经济发展，加速传统农业向现代农业的转型升级。通过发展林下经济，可以带动相关产业的发展，如森林旅游、生态体验等，提高农村经济的效益和竞争力，推动农村经济的可持续发展。林下经济还可以提供更加健康、环保的产品和服务，满足消费者的需求。例如，林下养殖的禽类动物肉质鲜美、营养价值高，受到消费者的欢迎；林下栽培的中草药等植物药效优良、品质上乘，也得到了广泛的应用。此外，林下经济还可以促进社会就业和增加农民收入，提高农村经济发展水平和农民生活质量。因此，通过发展林下经济，可以实现经济社会发展与森林资源保护的双赢。

八、发展方向受市场导向调控

林下经济的发展需要以市场需求为导向，根据市场需求调整产业结构和发展方向开发符合市场需求和消费者需求的产品和服务。林下产品的价格受市场供求关系的影响较大，在市场供大于求的情况下，林下产品的价格会下降，这时林下经济应该调整生产规模和产业结构，以适应市场价格的波动，因此发展林下经济还需要加强市场营销和市场推广工作，通过建立品牌、提高产品质量和服务水平等方式增强产品的知名度和竞争力，促进林下经济的可持续发展。此外，政府对林下经济的政策调控也会对其发展方向产生影响。政府可以通过制定相关政策、加大扶持力度等方式，引导林下经济的发展方向。例如，政府可以出台相关政策鼓励林下栽培、养殖等产业的发展，推动林下经济的多元化发展。

九、依托技术与管理模式创新

林下经济的发展需要不断创新技术和管理模式，引入现代化的技术和设备提高生产效率和质量同时也有助于提高经济效益和生态效益。例如积极推广新型林业经营模式，如家庭林场、林业专业合作社、林业大户等，通过创新林业经营模式，引导林农通过转包、租赁、转让、入股、合作等形式实现规模经营；通过积极培育林业专业市场，发展林业专业合作组织，推行"合作社+基地+农户"等产业化经营模式，引导龙头企业与合作社、林农建立紧密的利益联结机制，推进林下经济的产销对接和规模化市场营销模式；通过鼓励和支持林业科技人员深入基层、服务林农，开展林下经济特色品种的研发、引进和试验工作，大力推广应用农业新技术、新品种、新工艺和新模式，提升智能化技术水平，提高农作物的生长效率和产量以及农产品的质量，进而提高林下经济的科技含量和附加值；通过集中办班、现场指导、发放技术资料等多种形式，普及现代化的林下栽培养殖新模式，提高林农的专业技术水平和生产能力，并定期回访林下经济从业者，实现效果反馈精准，创新林农培训模式。

第二节　林下经济在三农发展中的地位与作用

林下经济在三农发展中具有重要的地位和作用，它既能丰富产业类别、拓展产业振兴发展路径，又能充分利用资源、保护生态环境，还能促进农民增收、推动农村经济发展，同时也能满足健康需求、促进消费结构升级。因此，发展林下经济对于推进三农问题的解决和乡村振兴战略的实施具有重要意义。

一、促进特色产业发展，构建多元化农产品供给体系

发展林下经济能够促进农村地区特色产业发展，从而构建多元化农产品供给体系。首先，林下经济利用森林林下或人工林下等非常规农业生产空间，发挥当地的优势和特色，挖掘具有地域特色的珍稀动植物、中草药材和食用菌等非传统食物资源，基于当地的自然条件和传统技术，形成具有独特性和竞争力的产业和产品，成为当地独特的经济来源和品牌形象。其次，林下经济的发展不仅丰富了农产品的种类，还提供了更多健康、绿色、有机的食品选择。通过林下种植和养殖，可以获得各种蔬菜、水果、肉类、禽蛋等食品，这些食品

不仅具有营养价值，而且具有独特的风味和口感。再次，林下经济还可以利用森林中的野生植物和动物资源，提供野生菌类、野菜、野果等特色食品，进一步丰富农产品供给。林下经济的发展注重生态环境的保护和合理利用，符合可持续发展的要求。通过科学种植、养殖和采集等活动在提高农产品供给的可持续性，维护生态平衡的同时，构建多元化农产品供给体系，为未来的食物供给提供稳定的保障，并促进人与自然和谐发展。

二、践行大农业观，实现高效农业

林下经济是连接林业和林牧业的重要桥梁之一，通过充分利用林地资源和森林生态环境，在不影响林木生长的前提下，利用林下的空地和光照条件，种植具有经济价值的作物或养殖动物，发展林下种植业、养殖业、采集业和森林旅游业等多元化经营模式，实现资源的最大化利用以及提高经济效益。不仅如此，通过借助林地资源的优势，发展林下特色种植、养殖和加工产业，形成从生产到加工、销售的完整产业链，并将其延伸至加工、流通、营销、服务等全产业链各环节，促进各个环节间的相互联系、相互促进和整体效益。同时，林下经济还可以与旅游业、文化产业等产业融合发展，打造多元化的产业体系，有效拓展农业生产过程中的附加值和衍生价值。林下经济的发展离不开现代科技和管理手段，因此，大力发展林下经济不仅能够提高林下经济的生产效率和管理水平，降低生产成本，提高经济效益，还能够通过建立现代农业示范区、推广先进技术和模式等方式，推动周边地区的农业现代化的进程。而且林下经济能够通过规模化、标准化的生产方式，提高生产效率和产品质量，形成规模效应和品牌效应。制定和执行严格的生产标准和质量控制体系，能够在确保农产品的品质和安全性的同时，实现农业产业新功能的开发和高效运转，推动我国农业向多功能、开放式、综合性等方向发展。

三、充分利用资源，保护生态环境

林下经济遵循可持续经营的原则，强调对森林资源的充分利用和生态环境的保护，通过科学合理地开发和经营，不仅提高了土地资源的利用效率，还通过利用林下空间、减少化肥和农药的使用等方式，降低对生态环境的破坏，实现对生态环境的保护。在林下栽培和养殖过程中，可以减少对森林资源的破坏，充分利用林下空间和森林资源，提高土地资源的利用效率。以"林禽模式"为例，其不仅可以利用林下的草本植物为动物提供饲料，动物的粪便还可以作为有机肥料还田，提高农作物的产量和品质。发展森林旅游和森林康养产业，通过科学合理地规划和管理，不仅可以充分利用森林的生态景观和自然资源，保护森林生态系统的完整性和稳定性，还能够在提供就业机会和增加农民收入的同时实现对生态环境的保护。林下产品的加工也是林下经济发展过程中的重要环节之一，如食用菌、中药材、林下畜禽产品等原材料在加工过程中，需要采用环保技术和设备，减少废气、废水和噪声等对环境的破坏，减少对环境的污染。

四、促进农民增收，推动农村经济发展

林下经济通过增加农民收入来源、提高农产品质量和附加值、促进农村产业结构调整和优化、带动相关产业发展和农民就业等多种方式，有力地促进农民增收和推动农村经济发展。具体而言，首先，农民可以通过开展林下栽培、养殖、采集和旅游等多种经营方式，扩大农民的就业渠道，增加农民的收入来源，例如利用林下空间和资源，开展林下养殖或采集，获得额外收入，扩大收入来源。其次，可以种植和养殖绿色、有机、健康的农产品，这些产品往往具有更高的市场价值，可以提升农民的收益，例如通过在林下栽培和养殖中药材、食用菌等特色农产品，可以满足消费者对健康、环保的需求，提高农产品的产品质量和附加值。再次，通过推动农村产业结构的调整和优化，使得农业和林业资源得以高效地利用。通过发展林下经济，可以促进农村经济的多元化发展，提高农村经济抗风险能力，增加农民的收入。最后，通过带动相关产业的发展，如农产品加工业、交通运输业、旅游业等，不仅为农民提供了更多的就业机会，还提高了农民在技术、管理、销售等方面的专业技能，提高农民收入水平。

五、丰富产业类别，助力乡村振兴建设

林下经济作为一种新型的农业发展模式，充分利用林地资源，开拓农业产业的创新模式。通过林下栽培、养殖、采集、旅游等，为农业增加新的经济增长点，为农民提供更多就业机会，既增加了农民的收入来源，提高了农民的生活水平，又推动了农村经济的多元化发展，为乡村振兴战略的实施提供了新的动力。同时，林下经济绿色、环保、健康的特点满足了现代消费者对于健康、环保的需求，也带动了相关产业的发展，如森林旅游、森林康养等，从而拓宽了乡村振兴的发展路径，促进文化与生态的融合，对于促进乡村产业升级

和转型具有重要意义。因此，林下经济的发展在促进农业、林业、畜牧业等产业的融合与升级方面具有重要作用。通过林下种植和养殖，可以实现农业和畜牧业的互补发展，提高土地和资源的利用效率。同时，林下经济还可以与旅游业、文化产业等相结合，发展森林旅游、生态旅游等新型产业形态，进一步拓展产业领域和提升产业价值。通过发展林下经济，可以吸引更多的投资和人才，对于推动当地农产品加工、物流业等相关产业的发展和升级，以及促进区域经济的整体繁荣具有重要意义。

六、满足健康需求，促进消费结构升级

林下经济通过提供健康食品、拓展保健品市场和生态旅游和康养等方式，满足消费者对健康、环保的需求，促进消费结构的升级。林下经济模式下，农民可以种植和养殖绿色、有机、健康的农产品，如禽类产品、中药材、食用菌等特色农产品等，其健康、绿色的生产方式满足现代消费者对健康饮食与保健品的需求，越来越受到消费者的欢迎。此外，发展森林旅游和森林康养产业，可以满足消费者对生态旅游和健康养生的需求。在林下经济模式下，消费者可以在大自然中放松身心，享受健康、环保的生态旅游和康养服务。随着消费结构的升级，人们对于高端、健康、环保的产品的需求也在不断增加，而林下经济正好可以满足这一需求。

第三节　林下经济的主要模式

林下经济主要可以分为林下栽培、林下养殖、林下产品采集加工、林下景观利用、林下复合经营等5种模式，这些模式具有投入少、见效快、易操作、潜力大的特点，如何选择合适的模式则需要根据当地的自然条件、市场需求以及经营者的能力等因素进行综合考虑。

一、林下栽培

林下栽培是指充分利用林下土地资源和林荫空间，开展农、林、牧等多种项目的复合经营，是在原无林的荒地、旱地、荒山、荒坡等地种成林后，在新形成的林地内种植经济作物的耕作方式。它使林地既是生态保护带又是综合经济带，能变林业资源优势为经济优势，使林地的长、中、短期效益有机结合，极大地增加林地附加值。林下经济作物种植包括林药、林菜、林菌、林

草、林粮、林油、林花、林香、林饮等多种模式。

1. 林药模式

林药模式是指在林下空地上间种较为耐阴的益智、砂仁、巴戟天、白术、白芍、金银花、薄荷、黄芪、沙参、百合、薏米、大青叶、丹参等药材，或是种植较耐阴的黄连、天麻、猪苓等中药材，以实现土地资源的充分利用和农作物的复合经营。这种模式能够利用林木为药材提供荫蔽条件，在林间空地上种植中药材，有利于改良林地土壤理化性质，增加肥力，促进林木生长。同时，林药模式也可以提高林下土地的利用率和产出率，增加农民收入和就业机会，推动地方经济的发展。

2. 林菜模式

林菜模式是指在林下栽培蔬菜的一种模式。这种模式主要是利用林下的土地资源和环境，种植一些对光照要求不高的蔬菜，如莴苣、韭菜、木耳菜等。

3. 林菌模式

林菌模式是指在林下栽培食用菌的一种模式，其主要是利用林下的凉爽、湿润、荫蔽等自然环境条件，在林下搭建菌棚或露天种植食用菌，如香菇、平菇、木耳、金针菇等。其优势在于食用菌可以在林下生长得更加茂盛，品质更好，同时林下栽培食用菌能够提高土地利用率和产出率，增加农民的收入和就业机会，推动地方经济的发展。此外，林下栽培食用菌还可以避免过度开垦和破坏生态环境，减少对水资源的消耗和浪费，提高土地的可持续利用。

4. 林草模式

林草模式是指在林下栽培草本植物（包括野生草本植物和人工种植的饲料植物），为兔、猪、牛、羊、鹿等家畜提供饲料的一种模式。这种模式的优势在于林下栽培的草本植物能够改善林地环境，提高土地的保水保肥能力，同时为家畜提供更为自然、健康的饲料来源。此外，林下养殖还可以降低农作物的种植风险和库存压力，提高农民的收益和就业机会，推动地方经济的发展。

5. 林粮模式

林粮模式是指在林下栽培粮食作物的一种模式。这种模式主要是利用林下的土地资源和环境，种植一些对光照要求不高的粮食作物，如大豆等。林下栽培的粮食作物能够提高土地利用率和产出率，增加农民的收入和就业机会，推动地方经济的发展。此外，林下栽培的粮食作物还可以避免阳光暴晒和高温环境，减少水分蒸发，提高土地的保水保肥能力，有利于粮食作物的生长和产量提高。

6.林油模式

林油模式是在林下栽培油料作物的模式。该模式主要是利用林下的土地资源和环境，种植适宜的油料作物，如花生、芝麻和大豆等。林油模式的优势在于一般油料作物具有较高的营养价值，市场需求量大，能够带来较高的经济效益，通过充分利用林下土地资源、增加就业机会和促进林业经济发展。

7.林花模式

林花模式是指在林下栽培花卉的一种模式。这种模式主要是利用林下的土地资源和环境，种植一些对光照要求不高的花卉，如菊花、芍药、玉簪、萱草、万年青、吉祥草、一叶兰等。其优势在于花卉可以在林下生长得更加茂盛，品质更好，同时林下栽培的花卉能够提高土地利用率和产出率，增加农民的收入和就业机会，推动地方经济的发展。此外，林下栽培的花卉还可以避免阳光暴晒和高温环境，减少水分蒸发，有利于花卉的生长和品质提高。需要注意的是，在选择林下栽培的花卉时，需要考虑其对光照和水分的要求，以及对环境的适应性等因素。同时，在林下栽培花卉需要注意保持土地的疏松和排水，以及合理施肥等方面，以确保花卉生长良好和品质提高。

8.林香模式

林香模式是指在林下栽培芳香植物的一种模式。这种模式主要是利用林下的土地资源和环境，种植一些具有芳香气味的植物，如斑兰叶、香草兰、假蒟、海南蒟、胡椒、薰衣草、迷迭香、玫瑰、茉莉、薄荷等。这些植物可以用于制作香料、化妆品、保健品等。由于芳香植物通常在林下生长得更加茂盛，品质更好，同时林下栽培的芳香植物能够提高土地利用率和产出率，增加农民的收入和就业机会，推动地方经济的发展。此外，林下栽培的芳香植物还可以起到景观美化作用，提高森林的生态效益。

9.林饮模式

林饮模式是指在林下栽培饮料作物的模式。这种模式将林业资源和饮料产业相结合，为农民开辟了新的增收渠道，同时也丰富了市场上的饮品选择。在林饮模式下，常见的饮料作物包括茶树、桦树（桦树汁饮料）、猕猴桃（猕猴桃果醋）、咖啡树（咖啡）、可可（可可饮品）等，这些作物可以在林下环境中生长，并且其果实或提取液可以加工成各种饮品。林饮模式是一种创新的林下经济发展模式，通过将林业资源和饮料产业相结合，可以实现资源的有效利用和农民的增收。但同时也需要加强管理和市场调研，以确保该模式的可持续发展。

二、林下养殖

林下养殖是指在森林或果林下进行的养殖活动，是一种自然、环保、高效的养殖方式，其模式主要包括林禽模式、林畜模式、林兔模式、林蜂模式、林蛇模式等。

1.林禽模式

林地养鸡、鸭、鹅等家禽是一种充分利用林下土地资源的立体生态农业模式。这种模式能够为鸡提供足够的活动空间和丰富的食物来源，同时家禽能够吃掉林地的虫子，减少农药使用量，提高家禽的肉质。

2.林畜模式

林下养猪、牛、羊等家畜能够利用林下的植物和昆虫资源，为家畜提供丰富的食物来源。此外，林下通风、凉爽的自然环境，能够减少猪的热应激，提高猪的抵抗力。同时，家畜的粪便可以作为有机肥还田，促进树木生长。

3.林兔模式

林下养殖兔子是一种结合生态养殖与林业资源的可持续发展模式。林下植被茂密，利用林业的副产品为兔子提供了牧草、树叶、杂草等充足的饲料来源，降低饲料成本。兔子生长周期短，繁殖能力强，可以快速产生经济效益。林下生境温度适宜，湿度适中，有利于兔子的生长和繁殖，通过合理的养殖管理，可以实现林下资源的最大化利用。

4.林蜂模式

林蜂模式是一种结合林业和养蜂业的生态农业模式。在这种模式下，林下栽培的蜜源植物为蜜蜂提供食物来源，而蜜蜂则在林下自由飞翔，为蜜源植物传授花粉，促进植物的繁殖与生长。其优势在于森林能够为蜜蜂提供充足的蜜源，增加蜂蜜产量，与此同时通过蜜蜂授粉，提高林下植物的产量和质量，同时降低人工授粉的成本。此外，该模式能够改善生态环境，促进生态平衡，为当地农民增加就业机会和经济效益。

5.林蛇模式

蛇类生长速度快，饲养周期短，其中蛇肉、蛇皮、蛇胆等具有较高的市场价值，可以用于食品加工、药材加工等多个领域，能够快速产生经济效益。林下养殖蛇是一种结合了林业资源与养殖业的创新模式，它利用林下的生态环境为蛇类提供适宜的生存条件，同时实现经济效益与生态效益的双赢。

三、林下产品采集加工

林下产品采集加工主要是指在森林环境下，采摘、采挖、收集各种林下产品，并进行初加工、深加工与综合利用等，包括野生菌类、竹笋、林木分泌液、食用香料等，这些产品可以用于食用、药用、工业和观赏。

1.林木产品采集加工

林木产品采集加工是指对松脂、橡胶、树皮、根、茎、叶、花、果实、种子等林木自身器官类产品进行采集、加工与综合利用。例如对天然橡胶的采收通常使用"切割"法来收集树液，即将树皮割开一小口，让树液顺着小口流出，进入集液杯中；其加工过程主要为包括洗涤、凝固、压榨、干燥等。首先将树液进行过滤去除杂质，再用醋酸钙等物质凝固成固体，随后压榨出水分，再通过干燥等方式进行初级加工处理。初加工完成后，需要将天然橡胶经过成型加工。成型就是将天然橡胶经过模具成型，赋予其特定的形状和大小。成型包括热成型和冷成型两种方法（热成型是将天然橡胶塞进模具，然后在炉子中加热到一定温度让其自然成形。而冷成型是将天然橡胶在室温下，通过挤压或压缩等方式塑形）。成型完成后，必须将橡胶制品进行硫化，以使其具有更好的物理性能和耐用性。此外，常用的香料如桂皮、芳樟油、依兰香等也是直接采集于林木器官，进行加工所得。

2.林木寄生或附生的产品采集加工

林木寄生或附生的产品采集与加工是指对寄生或附生于树干、树枝上的野生植物或微生物类产品进行采集、加工和综合利用。例如寄生在树干上的野生木耳、附生在树干上的野生石斛等。

3.林下产品采集加工

林下产品采集加工主要分为林下野生植物产品和野生微生物产品采集、加工与综合利用。例如植物产品主要有林下天然生长的野生中草药、山野菜、竹笋等，微生物产品主要有野生菌类等。

四、林下景观利用

林下景观利用主要以林下旅游为主，这种新兴的旅游方式结合了林下经济与生态旅游经济的有效元素，以一种健康、有益、有趣的旅游方式，使游客体验到自然的魅力，是一种可持续发展的经济模式。林下旅游主要是通过利用乡村地域上一切可以吸引旅游者的资源，充分发挥森林的生态功能和社会文化功能，开展诸如生态旅游、休闲度假、观光采摘等活动。通过在不同林区根据当地的自然条件和资源优势进行开发和推广，从而满足游客对健康、养生、环保等方面的需求，促进森林旅游业的可持续发展。林下景观利用主要有以下几种模式：

1.林下体验康养

林下体验康养主要利用森林的景观和生态环境，开展健康养生、疗养度假、生态美容等体验性旅游活动，包括森林步道、森林人家、森林养生餐厅等。主要通过亲近自然、呼吸新鲜空气、感受森林气息等方式来促进身心健康、缓解压力的活动。通常包括森林浴、森林瑜伽、森林冥想等活动，通过感受森林的气息、声音、色彩等，让人们身心放松，增强免疫力。林下体验康养不仅是一种旅游活动，更重要的是一种健康生活方式，可以有效地缓解现代社会所带来的压力和生活疲劳。它可以帮助人们调整身心状态，提高免疫力，增强心理韧性，从而更好地面对生活中的挑战。在森林中，人们可以参加各种活动来充实自己的身心健康，例如：在森林中漫步、爬山、骑车、漂流等，同时还可以享受森林中的美食和医疗保健服务。这些活动可以帮助人们放松身心，增强身体素质，提高生活质量。

2.林下研学旅行

林下研学旅行主要利用森林的生物多样性、自然景观和历史文化等资源，开展自然科学、文化知识、生存技能等体验式学习活动，包括森林幼儿园、森林学校、森林营地等，针对不同年龄段的学生开展综合性、系统性的科普教育活动。它旨在通过森林研学的方式，培养学生的综合素质和团队合作精神，提高学生的自然认知和环保意识，促进学生的全面发展。其活动内容丰富多样，包括森林徒步、植物识别、昆虫观察、地质考察、气象观测、环保宣传等多种形式。这些活动可以帮助学生亲近自然，了解自然环境，同时也可以提高学生的探索精神和科学素养。此外，森林研学旅行还可以培养学生的团队协作能力和自我保护意识。在活动中，学生需要分组进行学习和探究，通过团队合作的方式完成任务和解决问题，同时也可以在教师的指导下进行自我保护和应急救援。

3.林下休闲度假

主要利用林下的生态环境和旅游资源，开展生态观光、度假休闲、养生养老等活动，包括森林公园、森林酒店、森林露营地等。其通过利用森林中的自然、人文资源，为人们提供休闲、放松、娱乐等体验活动。通常包括森林徒步、露营、野餐、漂流、攀岩、滑雪等活动，此类活动使人们身处于自然的环境中，感受大自然的美丽和宁静。在森林休闲度假中，人们可以欣赏森林的美景，感受自然的气息，同时也可以参加各种活动来充实自己的休闲时光。例如，在森林中徒步旅行、露营野餐、漂流探险等，这些活动可以给人带来身体上的锻炼和心理上的放松，让人们更好地享受大自然。此外，森林休闲度假也可以为人们提供各种娱乐和放松的方式。例如，在森林中采摘果实、挖矿寻宝、打猎钓鱼等，这些活动可以给人带来身体上的快感和心理上的满足感。同时，也可以在森林中参加各种文化活动，例如手工艺制作、民族文化体验、学习传统文化等，这些活动可以让人们更深入地了解和感受森林文化的魅力。

4. 林下生态旅游

林下生态旅游是一种以森林生态系统为依托，以保护自然和促进地方经济发展为目的的旅游活动，主要利用森林的生态环境和旅游资源，通过适度开发森林资源，开展生态旅游、探险旅游、文化旅游等活动，包括森林探险、森林漂流、森林攀岩等。为游客提供多样化的生态体验和自然教育活动，同时也为自然保护和地方经济发展作出贡献。森林生态旅游通常包括生态观光、自然教育和环保活动等。游客可以在这里欣赏森林的美景和独特的生态系统，了解自然环境保护的重要性和方法，同时也可以参加各种生态科普和自然教育活动，增强自己的环保意识和自然认知。此外，森林生态旅游也可以促进地方经济的发展。通过开发森林旅游资源，为当地居民提供就业机会和增加经济收入，推动相关产业的发展，同时也可以促进森林保护和地方经济发展之间的良性循环。

5. 林下节庆活动

林下节庆活动主要依托森林的生态环境和旅游资源，开展各种节庆活动，包括森林音乐节、森林文化节、森林运动节等。其中，张家界国际森林保护节是一个非常成功的案例，自1991年以来，张家界国际森林保护节已成功举办了十届，得到了国家林业和草原局、生态环境部、文化和旅游部等中央政府机构及湖南省人民政府的肯定和大力支持，其丰富的文化内涵正吸引着越来越多的国际组织和境内外媒体的关注，并逐渐成为全球森林保护事业、构建和谐世界的重要交流与合作平台。

五、林下复合经营

林下复合经营是一种利用林下空间和资源进行多元化种植和养殖的经营

模式，旨在提高土地利用率、增加经济效益和促进生态平衡。这种经营模式可以通过科学合理地配置作物和动物，充分利用林下空间和资源，实现生态和经济双赢的目标。主要有以下几种主要模式：

1.林下复合种养

林下复合种养是一种结合种植业和养殖业的生态农业模式。在这种模式下，畜禽养殖产生的粪便和有机物作为有机肥的基础，为种植业提供有机肥来源；同时，种植业生产的作物又能够给养殖的畜禽提供食源。这种模式能够充分将物质和能量在动植物之间进行转换及形成良好的循环，从而实现资源综合利用、产业链延伸和效益最大化的目标。在林下种养结合中，农民可以通过在农田中同时种植作物和养殖家禽，或者在畜禽场旁边建设温室大棚进行蔬菜种植，从而实现土地资源的多元化利用。其主要模式之一是林—草/菌—畜/禽模式，主要利用林下栽培的牧草，作为奶牛、羊、鹅等草食性动物的饲料，此外，利用修剪的林木粉碎枝条不但能够作为种植食用菌的袋料，也可作为水产的饲料来源。

2.林下种养旅游

林下种养旅游是一种利用林下空间和资源进行多元化种植、养殖和旅游开发的经营模式。这种经营模式可以通过林下栽培、养殖和景观利用等手段，提供绿色优质的生态产品，拓宽林农增收致富渠道，助推乡村振兴。林下种养旅游的主要内容包括林下栽培和养殖两个方面。在种植方面，可以种植各种农作物、中草药、花卉等，形成林下田园风光。在养殖方面，可以养殖鸡、鸭、鹅等家禽和猪、羊等家畜，以及野生动物，形成林下生态养殖基地。同时，可以利用林下空间和资源，建设休闲设施、旅游景点等，提供生态旅游服务，为游客提供亲近自然、体验生态的旅游体验，促进生态旅游的发展。此外，该模式还有助于旅游产品开发，如有机农产品、农家乐、手工艺品等，以吸引更多游客前来参观和购买。通过实现林业、农业和旅游业的有效结合，促进产业融合发展，提高经济效益和生态效益。

第二章

林下栽培发展历史与现状

第一节　林下栽培的发展阶段

　　林下栽培是一种利用现有的林下土地资源和林荫优势，通过选取适宜的地块，根据种植作物的生长习性，模拟野生环境对其进行一定的改造，以满足作物基本生长需求，提高品质或产量，使农林各业实现资源共享、优势互补、循环相生、协调发展的生态种植模式，是生态农业模式重要的组成部分，也是林下经济最为高效便捷的实现途径之一。林下栽培的发展可以大致分为四个阶段：

一、萌芽阶段

　　我国是林下栽培的主要起源地之一，自远古时代的刀耕火种等农林作业方式开始，逐步形成原始农业的主要形态。在此阶段，古代先民将一片森林砍伐、烧垦、清理后，利用自然肥力种植粮食作物，待土地肥力衰减导致产量锐减时重新烧垦新的耕地，在一个区域内使林业与农业循环交替经营。具体的方法可能是首先进行森林砍伐，然后将砍伐的林木进行晒干并焚烧，在埋灰烬以及清理土地后即可种植粮食作物，一般情况下连续种植几年左右，就将原有森林生物聚集并归还土壤的营养元素消耗殆尽，不得不开始烧垦新的耕地，而废弃的耕地经过10年左右的撂荒，使得森林得以恢复，并能够再次进行火烧耕作的循环，称为"轮垦"。在此期间，森林采集和渔猎作为农业生产的重要补充，古代先民会在烧垦前将能够用于食用的果树等植物保存下来，作为耕种期间重要的补充食物，而果树周围的林地则被用于开荒种植粮食作物，因此形成了原始农业时期的一种林粮间作生产模式。自原始社会过渡到奴隶社会，这种林粮间作的生产模式逐步发展成为林菜间作、林畜复合经营等种养结合的庭院模式，这也为今后林下复合栽培模式的发展奠定了基础。

二、初期阶段

大约一万年前，粮食耕种逐渐取代采集和渔猎，在农业生产中的比重不断增加，成为主要的农业生产方式。在春秋战国时期，间作与混作等复合生产模式开始萌芽，以桑黍混种为主，在之后的汉朝，林—粮—鱼复合经营的"桑基鱼塘"生产模式逐渐形成。随着农林复合生产模式的不断发展，逐渐形成槐麻、茶黍、桐茶、桑麻等农林复合栽培模式。在明清时期，随着人们对作物生理过程认知的进一步加深，更加科学的间作模式以及更加精细的间作管理已然形成，传统农林生产模式也已日趋成熟，例如更加复杂的桑—蚕—羊—鱼复合经营系统使农林复合经营模式达到新的阶段。在此期间，以个体农户为单位的小农经营方式最为盛行，但这种方式虽然极大地促进了农林复合栽培的发展，但同时也存在抗风险能力不足等缺点。随着土地兼并以及工商业的发展，农业生产逐步进入细分领域，专职的手工业者从农业生产领域脱离，使农业生产方式开始与原始资本萌芽结合，出现以农林复合种养为基础的农场经营方式。因此农林复合模式系统开始逐步向农林复合经营方式演进。

三、发展阶段

从明清至新中国成立前期，传统农林复合栽培系统发挥着重要作用，但随着技术的不断进步和推广，林下栽培技术的应用范围开始扩大。除了蔬菜和粮食等，中药材、花卉、食用菌也逐渐成为林下栽培的对象。这一阶段的特点是技术应用的多元化，林下栽培技术开始广泛应用于各种农作物的种植中，从而实现了生态和经济双重效益的提升。农林复合经营的科学研究也开始由农业相关的高校主导，但并未受到政府重视。新中国成立之后，农林复合生产系统有了更加蓬勃的发展，从新中国成立之初的各个地区分别组织群众营造防护林带和林网开始，历经黄河、淮河、长江中下游水利工程造林，直到国家级三北防护林工程建设等掀起了造林绿化的高潮。这些造林工程在防风固沙、涵养水源等修复生态环境方面具有重大贡献，同时也产生了面积巨大的林下土地，于是通过综合考虑把林业生产及农业增产与环境保护、减轻自然灾害等多个方面的效益结合起来，通过生物技术与工程技术将农林复合栽培体系融入造林工程之中，先后发展出华南地区的林—胶—茶间作、长江中下游的林—茶间作、东北地区的林—参间作、华北地区的果—粮间作、林—草间作、西南地区的林—药间作等体系，上述间作生产系统成为农林复合栽培系统在宏观水平上应用的典型范例。

四、现代阶段

改革开放之后，农林复合栽培技术已经成为我国生态农业的重要组成部分。它被广泛用于土地资源的科学合理利用，推动经济发展并保护生态环境。在进入21世纪后，随着科技的不断进步，林下栽培技术也得到了进一步的改进和提升，例如采用统计分析或与之相关的分析方法，从单一模式的定性研究向总体定量化研究深入发展。针对不同地域的生态环境与资源禀赋展开不同的顶层设计，协同调配农林系统的物质循环、能量流动与信息传递路径，并使用计算机大数据模型进行动态模拟定量化研究，优化林下栽培系统的管理模式。最终表现为通过科技手段提升作物的抗病虫害能力、增加作物的产量等。不仅如此，目前的农林复合栽培系统开始与农产品加工深度绑定，通过绿色农产品加工及营销反向赋能农林复合栽培体系，使农林复合生产在合理利用资源、保护生态环境、促进农业可持续发展的前提下，提高农业产值、合理践行"绿水青山就是金山银山"的理念，已逐渐成为新时代适应农业高质量发展的主要方式之一。

第二节　国外林下栽培现状

一、林下栽培粮食与经济作物

目前，世界各国都在积极推广和应用林下复合种植技术。在美洲和欧洲等地区，一些国家已经形成了完整的林下复合种植体系，包括选择适合的树种、农作物和中药材，制定科学的种植计划和管理措施等。而在南美洲、非洲和亚洲部分不发达地区，林下栽培传统农作物与经济作物等仍是主流选择，但随着科学技术的不断发展和创新，林下复合种植技术将会有更加广泛的应用和推广。

在欧洲，虽然其森林覆盖率较高，但是却面临诸如树种单一、林下植被匮乏等生态问题。欧洲各国格外重视森林生态系统的修复和保护，通过引入适宜的植物种类和科学的种植方式，改善林下生态环境，提高生态系统的稳定性。因此，在开发森林资源过程中，欧洲各国政府高度重视林下栽培的发展，通过政策引导、资金扶持和立法保障等方式，鼓励农民采用环保、可持续的农业种植方式。通过提出"绿色证书"制度，大力推广林下栽培等多种环保、可持续的种植方式，并将这种农林复合生产模式与乡村旅游相结合，成为推动地区经济发展的重要手段。如法国的农业和乡村旅游发展较为成熟，在一些农村地区通过设立农业合作社共同管理和经营林下栽培特色蔬菜、草药和花卉等项目，吸引游客前来采摘和观光，而合作社提供技术指导、市场销售等一站式服务，帮助农民降低风险、提高收益。此外，欧洲地区的科技水平较高，通过利用精准农业的技术，对林下作物的生长环境进行精确监控和智能化管理；同时，通过生物技术手段，选育适合林下生长的高产、优质的作物品种，为林下栽培提供强大的支持。

在北美地区，得益于其科研支持强大、环保意识强和市场驱动等特点，该地区的林下复合种植模式呈现多元化的状态。例如，在加拿大，研究人员探索了在落叶和针叶林下栽培草本和木本植物的模式，包括蔬菜、水果和草药等高附加值产品。而在美国，人们则更倾向于在林地中种植如蘑菇等具有较高经济价值的真菌。北美地区的农业产业发达，市场机制健全，因此，林下栽培的发展也会受到市场的驱动。一些公司通过与农民合作，投资林下栽培项目，将诸多高科技手段应用于复合栽培的管理上，如利用无人机进行林下作物的植物保护，利用传感器、无线通信和数据分析软件等精准农业技术等，对林下作物的生长环境进行精确监控，以确保作物的健康生长以及降低管理成本。北美地区的科研机构和大学在林下栽培方面提供了强大的支持。例如，加拿大的圭尔夫大学和美国的康奈尔大学都在林下农业方面进行了深入的研究，从育种到病虫害管理，都有全面的研究项目。由于北美地区的环保意识较强，在林下栽培方面，人们更注重与自然环境的和谐共存，追求可持续发展。例如，一些社区已经开始实施"森林园艺"项目，通过在森林中种植药用植物和其他有价值的植物，以维护森林生态平衡，同时为当地居民创造经济收益，甚至将林下复合种植技术应用于城市园林和景观设计中，既美化了环境，又提高了土地利用率和生态效益。

大洋洲的林下栽培总体现状与北美及欧洲地区具有相似性，不同的是由于气候与地理环境的差异，其农林生态系统大多分布于沿海地区，受海洋气候的影响。大洋洲拥有丰富的森林资源，林下栽培作为一种提高土地利用率和增加收入的农业方式，在该地区具有较大的发展潜力，且呈现出较为多样化的趋势。例如，在新西兰和澳大利亚等国家，林下栽培模式主要是在苹果、梨、银叶杨等具有较高经济价值的水果或经济林下栽培农作物、花卉、牧草、真菌及药用植物等。其政府部门不仅鼓励和支持林业产业的发展，通过技术创新和市场开发，来提高林业产业的竞争力和附加值，还通过科研机构保持密切的联系和合作，共同开展育种、土壤改良等林业科技研究和合作项目，提高人工林生态系统的生产力和稳定性，推动林下栽培技术的发展和应用，提高林业产业的竞争力和附加值，确保农林产业的可持续发展。

南美洲的林下栽培现状具有独特的特点和发展趋势。首先，南美洲拥有丰富的森林资源，但这些资源的管理和利用面临着许多挑战。与此同时，南美洲的社会经济发展相对不平衡，贫困和不发达地区较多，因此，林下栽培作为一种提高土地利用率和增加收入的农业方式，在这些地区具有较大的发展潜力。其次，南美洲的林下栽培模式较为多样化，包括在林下栽培农作物、药用植物、水果和真菌等。例如在哥伦比亚和厄瓜多尔等国家，林下栽培已成为一种重要的农业方式，种植如咖啡、可可等具有较高经济价值的作物。南美洲的农民在长期的实践中积累了丰富的农业知识，这些传统农业知识的传承对于林下栽培的发展至关重要。同时，现代农业技术的应用也为林下栽培提供了新的发展机遇。例如，精准农业技术，如传感器、无线通信和数据分析等，已经被广泛应用于林下作物的生长环境监控和管理。再次，南美洲的政府对于林下栽培的支持力度正在逐步加大。一些国家已经出台了相关政策和法规以及财政补贴和低息贷款等优惠政策，以降低林下栽培的成本和风险，鼓励农民和企业积极参与林下栽培。最后，南美洲的林下栽培受到市场的驱动。一些国际公司和本地企业已经开始投资于林下栽培项目，以生产高附加值的产品，如咖啡、可可及药用植物等。这些产品的市场需求不断增长，为林下栽培提供了广阔的市场前景。

与南美洲地区相似，非洲地区的林下栽培产业同样具有较大的潜力。非洲地区拥有丰富的森林资源，但该地区社会经济发展相对滞后，一些地区的贫困和不发达问题较为突出。因此，林下栽培作为一种提高土地利用率和增加收入的农业方式，在这些地区具有较大的发展潜力。目前，非洲地区的林下栽培还处于初步尝试和探索阶段。一些地方已经开始林下栽培草本植物和菌类的试验项目，这些项目的目标是通过合理地配置和管理，提高土地利用率和经济效益。近年来，精准农业技术在非洲地区开始得到应用。通过使用现代化的农业技术，例如无人机进行林下作物的植物保护和生长环境的监控，可以提高生产效率。此外，非洲地区也在引进和发展中国及其他地区的林下栽培技术和模式，以提高农业生产水平。非洲地区的政府对于农业发展的支持力度正在逐步加大。一些国家已经出台了相关政策和法规，以鼓励农民和企业积极参与农业发展。此外，一些国际组织和非政府组织也在非洲地区推广林下栽培技术和其他农业创新模式，以促进该地区的经济发展。得益于非洲地区得天独厚的自然禀赋与较低的人力成本，一些国际公司和本地企业已经开始投资于农业领域，以生产高附加值的产品，如药用植物、水果等，林下栽培技术正在逐步发展壮大，具有广阔的市场前景。

亚洲地区的林下栽培现状呈现出多样化的特点和发展趋势。首先，西亚和中东地区气候干燥、森林植被相对较少，并且其社会经济发展相对不平衡，部分地区的农业发展相对滞后，林下栽培还处于初步尝试和探索阶段。尽管如此，一些国家已经开始了林下栽培草本植物和食用菌类的试验项目，这些项目的目标是通过合理的配置和管理，提高土地利用率和经济效益。在南亚地区，农林复合栽培是其传统的农业生产模式，已有数千年的历史。因此，南亚地区的林下栽培模式较为多样化，包括在林下栽培草本植物、食用菌、果树和药用植物等。例如印度和斯里兰卡的农民在长期的实践中结合当地传统特色作物，选择在林下栽培胡椒、姜黄、茶叶和黄麻等具有较高经济价值的作物，提高土地利用率和增加收入。在东南亚地区，大部分国家地处赤道附近，国土遍布热带雨林，得益于其水热条件极为丰富，如印度尼西亚、马来西亚、越南和泰国等地的农民在种植榴莲、龙眼、橡胶等经济作物的同时，也在林下栽培咖啡、茶叶等经济作物。东亚地区是林下栽培的主要起源地之一，其农林复合栽培体系的理论建设与实践经验更加丰富，目前已经发展出极为丰富的农林复合栽培模式。但在北亚和东北亚地区，由于其气候寒冷，林下经济主要以采集菌类与中草药为主，随着未来气候变化与农业技术的进步，该地区林下栽培具有较大的发展潜力。

二、林下栽培香料饮料作物

世界主要热带香辛饮料作物有咖啡、可可、胡椒、香草兰等。咖啡是世界重要的饮料作物，主产于巴西、哥伦比亚、墨西哥、越南和埃塞俄比亚等国家。可可是世界第一大饮料作物，主产于阿根廷、印度尼西亚、巴西等国家。胡椒是世界上非常有名的香料作物，主要生产国有印度尼西亚、印度、越南、中国和巴西等。香草兰被称为世界香料之王，主要产于印度尼西亚、马达加斯加和墨西哥。综上所述，世界主要热带香辛饮料作物的主产区位于拉丁美洲、非洲、南亚和东南亚地区，而上述地区大多数国家为发展中国家。

在拉丁美洲和非洲，咖啡、可可等饮料作物常被种植于澳洲坚果、香蕉、椰子、核桃和橡胶等经济林下。胡椒和香草兰作为耐荫蔽的藤本香料植物，在生产过程中需要种植一定量的遮阴树种，例如在胡椒的原产地印度次大陆西南部的马拉巴尔地区，胡椒常与椰子、槟榔、芒果、菠萝等热带水果，花生、黄豆等豆类以及西红柿、黄瓜、茄子等蔬菜等搭配种植，为了充分利用土地资源，印度农民会在胡椒园中同时种植其他香料作物，如姜、蒜、洋葱、茴香、孜然等。

第三节　国内林下栽培现状

一、林下栽培粮食与经济作物

近年来，随着人们生态保护意识的增强和农业技术地不断发展，国内林下栽培得到了越来越多的关注和推广。林下栽培是一种在林木下进行农作物或中药材种植的农林业生产模式，具有保护生态环境、提高土地利用率、增加经济效益等优点。

自20世纪90年代起，国内开始进行林下栽培的研究和试验。随着技术不断进步和政府的大力支持，林下栽培逐渐在国内得到广泛应用。目前，全国范围内已有多个省份进行了林下栽培的试点工作，并取得了一定的成效。其中，中药材方面，如甘肃、湖北、四川等省份结合当地的气候和土壤条件，进行了多种中药材的林下复合种植。这些省份通过引进优良品种、提高种植技术等措施，实现了中药材的高产和优质。同时，这些地区的农民也获得了较好的经济效益。粮食和蔬菜方面，林下复合种植也逐渐得到推广。如山东、河北、河南等省份在退耕还林政策实施后，积极探索在林下种植小麦、玉米等粮食作物，以及蔬菜等经济作物。通过合理安排种植结构、加强田间管理，这些地区实现了农作物的优质高产，同时，这种模式也有效地利用了土地资源，提高了农民的经济收入和生活水平。经济作物方面，福建、广东等省份在茶园下种植铁皮石斛等植物，通过套种技术实现了农作物的立体种植和生态农业的良性循环。菌类方面，一些地区在树林下栽培香菇、木耳等菌类，通过合理调控温湿度、加强病虫害防治等措施，实现了菌类的丰收和高产。

尽管林下栽培具有很多优点，但在实际操作中也存在一些技术问题。首先，林地选址是关键。林地应选择生态环境好、土质肥沃、排水良好的地块，以保证农作物和中药材的生长发育。其次，林木和农作物的合理配置是难点。林木和农作物的生长周期、光照需求、根系分布等因素需要综合考虑，合理安排种植结构。再次，林下栽培的田间管理也十分重要。要保证农作物和中药材的适时播种、合理施肥、科学灌溉以及病虫害防治等环节的科学管理，以提高产量和品质。未来，国内林下栽培将朝着规模化、专业化和生态化的方向发展。首先，规模化发展是趋势。通过建立大型的林下栽培基地，实现规模化种植和管理，提高生产效率和经济效益。其次，专业化是方向。林下栽培需要专业的技术和管理人才，通过加强技术培训和人才培养，提高专业水平和管理能力。最后，生态化是目标。林下栽培应注重保护生态环境，实现生态效益和社会效益的有机结合。通过推广生态农业和循环农业模式，促进农业可持续发展。

二、林下栽培香料饮料作物

香料饮料作物在国内的林下栽培中占据了重要的地位。这一类作物主要包括草本香料植物、茶树以及部分木本香料作物等具有较高经济价值的植物种类。林下栽培香料饮料作物，不仅能够充分利用林下空间，提高土地利用率，而且还能增强生态系统的多样性，提高生态效益。

近年来，国内林下栽培香料饮料作物得到了越来越多的关注和推广。这种农林业生产模式充分利用林下空间，提高土地利用率，同时也给农民带来了可观的经济收益。在香料饮料作物方面，国内许多地区已经开始了林下栽培的试点工作。例如，在云南、广东等省份，已经开始在茶园中套种诸如香草兰、香茶菜等具有较高经济价值的香料植物。而在浙江、福建等省份，一些林农也开始尝试在竹林、茶园等林下栽培多种植物，如金线莲、铁皮石斛等，并取得了较好的成效。同时，随着技术的不断发展，国内对林下栽培香料饮料作物的种植技术也在不断完善。许多科研机构和农业企业加强了对优良品种的引进、繁育以及配套栽培技术的研究和推广，为香料饮料作物的林下栽培提供了有力的技术支持。

林下栽培香料饮料作物主要应用在以下几个方面：

香料产业：许多香料植物，如薰衣草、迷迭香、薄荷、胡椒、花椒等，具有较高的经济价值。这些植物的林下复合种植能够提供优质的香料原料，满足国内外市场的需求。

饮料产业：茶树是我国的传统饮料作物，中国也是世界上最大的茶叶生产国和最大的茶叶市场，且品种繁多，几乎每个地域都有自己独特的茶叶品种与地方风味；咖啡是云南省重要的特色饮料产业之一，而海南和台湾等地的咖啡品种与云南不同，因此该地区的咖啡产业同样极具特色；可可是海南省新兴的特色饮料产业，中国热带农业科学院等科研单位以可可为原料开发出一系列巧克力和可可饮品，深受消费者欢迎。通过合理的配置和管理，能够实现饮料作物的优质高产。

药用植物：部分植物具有药用价值，如铁皮石斛、金线莲等。林下栽培这些植物不仅提高了土地利用率，也为制药产业提供了优质的原料。

尽管林下栽培香料饮料作物具有许多优点，但在实际操作中也存在一些技术问题和挑战。首先，对优良品种的选育和引进是关键。适合林下生长的香料饮料作物品种需要具备耐阴性、抗逆性等特点，同时还要适应于特定的生长环境。其次，合理的种植配置和技术管理是重点。例如，要考虑到林木和香料饮料作物的生长周期、根系分布等因素，合理安排种植结构；同时还要加强水肥管理、病虫害防治等措施，以提高作物的产量和品质。再次，对于药用植物的种植还需要考虑生长环境的洁净度以及采收加工的技术要求等因素。

未来，国内林下栽培香料饮料作物将朝着以下几个方向发展：一是多元化种植。为了提高土地利用率和生态效益，种植者将尝试在更多的林下空间进行多元化种植，包括不同品种的香料植物、茶叶以及其他药用植物等。二是技术创新。将进一步加强对优良品种的引进和选育工作，同时不断探索新的种植技术和方法，提高作物的抗逆性和产量；此外，针对药用植物的特殊要求，也将开展专门的技术研究和创新。三是产业化发展。通过建立大型的林下栽培基地，实现规模化种植和管理，提高生产效率和经济效益。同时，加强与相关企业的合作与交流，推动产业化发展，提高产品的附加值和市场竞争力。四是生态保护与可持续发展。采取科学合理的经营方式和管理措施，在发展林下栽培的同时，注重保护生态环境和生物多样性，确保农林业生产的可持续发展。例如，通过选择环境友好型肥料和农药，减少对环境的污染；同时合理安排种植茬口和采收时间，避免对生物栖息地和生态系统的影响。五是加强科研与教育。通过加强科研机构和农业大学等教育机构的研究和教育力度，提高科研水平和技术创新能力，培养更多的专业人才，推动林下栽培香料饮料作物的持续发展。六是拓展市场与品牌建设。积极开拓国内外市场，加强品牌建设和市场营销；通过举办产品展销会、参加国际香料展览等活动，提高知名度和竞争力，拓展市场份额；同时加强与国内外相关企业和机构的合作与交流，推动产业协作和创新发展。七是政策支持和政府引导。政府应加大对林下栽培香料饮料作物的支持力度，制定相关政策和措施、提供财政补贴、实行税收优惠等政策鼓励农民和企业积极参与相关产业的建设和发展。

第三章

林下栽培咖啡理论与实践

第一节 咖啡概况

咖啡为茜草科（Rubiaceae）多年生常绿灌木或小乔木，原产于非洲热带地区，主要分布于拉丁美洲、非洲、中西亚、东南亚等地区（图3-1）。

图3-1 咖啡

一、咖啡的生物学特性

1.形态特征

（1）植株。咖啡为多年生常绿灌木或小乔木，因品种、生长环境、修剪方式不同而呈不同树形。株高1.5～10米，小粒种较矮，中粒种中等高度，大粒种较高大。小粒种枝条密集，一般长成紧凑形圆筒状树冠。中粒种一级分枝较长，结果后常下垂，二级分枝少，树冠疏透开展。大粒种主干、枝条粗壮，种植多年后长成高大乔木。

（2）根。咖啡根系为圆锥根系，其形态、分布和深度均因品种、土壤质地和管理措施不同而异。在正常情况下，有1条粗而短的主根和许多发达须根。主根一般不分杈，但在苗期遇到障碍物或移苗受伤的情况下，主根可从伤口愈合处向下长出1～2条根代替断去的主根。咖啡根系有较明显的层状结构，一般每隔5厘米左右为一层。在30厘米以下，层状不明显，主根变成细长呈吸收根形态向下伸展。表土层吸收根粗而洁白，30厘米以下的根颜色较黄，生长纤弱。咖啡根系的水平分布一般超出树冠15～20厘米。侧根在受机械伤后迅速从伤口处长出1～2条新侧根，新侧根长出后即长出根毛，根毛起到吸收水分和养分的作用。咖啡新根是根系中最活跃的一种根。在覆盖条件下，咖啡表层根系特别多。只要翻开覆盖物，便可见到茂密的吸收根。在土壤裸露条件下，高温季节时咖啡表层根系往往会被灼伤。

（3）茎。咖啡的茎又称主干，是由直生枝发育而成。嫩茎略呈方形、绿色，木栓化后呈圆形、褐色。茎的节间长4～7厘米但在过度荫蔽情况下可长达20～25厘米。每个节上有1对叶片，叶腋间有上芽和下芽，上芽发育成为一分枝，下芽发育成直生枝。

（4）叶片。咖啡叶片椭圆状披针形至长椭圆状披针形，绿色，革质，有光泽，羽状脉。小粒种7～8对，中粒种10～11对。咖啡的品种不同，其叶片大小及叶缘、叶尖形状等也不同。小粒种叶片较小，中粒种叶片较大；小粒种和中粒种叶缘波纹较明显，大粒种叶缘无波纹；小粒种叶尖较尖，中粒种叶尖尖长。

（5）花。咖啡的花腋生，伞形花序，数朵至数十朵，每2～5朵着生在一花轴上，花白色，长2.5～3厘米，芳香，花瓣5～8片，花瓣基部成管状，形成高脚碟状花冠，雄蕊数目与花瓣数目相同，花药2室，纵裂。雌蕊花柱顶生，柱状2裂，子房下位。小粒种为自花授粉，中粒种为异花授粉。

（6）果实与种子。咖啡的果实为浆果，长1.4～1.6厘米，宽1.3～1.5厘米，厚1.2～1.4厘米，成熟时为红色。果实的果顶（称为果脐）因品种不同而异，小粒种果顶较平，中粒种有的类型果顶凸起较明显。每一果实内含2粒种子，有的只含1粒种子。种子形状为椭圆形或卵形，呈凸平状。

2.生长及开花结果习性

（1）树干的生长与树冠的形成。咖啡植株具有明显的顶端优势，树干顶部的枝条生长旺盛但这种顶端优势现象随着主干逐年增高而减弱，一般到第四年，主干向上生长开始变缓慢，而植株中下部的下芽则萌发长成直生枝。当幼苗长出9～12对真叶时，便开始长出第一对分枝。定植当年，由于根系生长较慢，春植的咖啡可长出6～8对分枝，秋植的可长出2～3对分枝。定植第二年，主干生长量开始增大，年长分枝7～12对。第三年主干生长量最大，平均年长分枝14～15对，如水肥充足，最多可长18对。定植第四年，主干生长减慢，节间变短。进入结果期后，如对主干不进行修剪，任其自然生长，则小粒种高度可长到4～6米，中粒种可长到6～8米。如采用单干去顶修剪，则在第三年至第四年可形成圆筒形树冠。结实多年后，树冠下部枝条因荫蔽过度慢慢枯死，变成伞形树形。若采用多干修剪，则每条主干到一定高度结果数年后，便可进行截干更新，更换新主干。主干的生长速度和雨水、气温关系较密切。如海南岛5—10月雨水较多，气温也高，植株生长量就大，在高温干旱或冬季低温季节，生长则缓慢，此时主干和分枝生长受到影响，或者不长分枝，形成主干上明显的过冬标志。

（2）枝条生长习性。咖啡的枝条生长习性因环境、品种不同而异。如小粒种咖啡，在高海拔地区，主干生长粗壮，节间短，枝条粗硬，形成矮生而开张的树形；在低海拔地区，主干生长迅速，节间较长，枝条多纤柔下垂，形成高而窄的树形。咖啡的枝条可分为以下几类：

第一分枝：由主干上的上芽发育而成，在主干上对生。

第二分枝：由第一分枝的腋芽发育而成，一般与第一分枝呈45°～60°夹角长出。

第三分枝：从第二分枝上有规则地长出的枝条。

次生分枝：从第一、第二分枝上不规则地向树冠内部或下部长出的枝条。

直生枝：由主干上的下芽萌发而来，垂直向上生长的枝条亦称为徒长枝或上向枝。

咖啡枝条生长习性，常因品种和生长环境条件的不同而异。小粒种咖啡除第一分枝结果外，第二、第三分枝也是良好结果枝，在气候温凉的高海拔地区，主干生长粗壮，节间短，第二、第三分枝生长茂盛，结果良好，宜采用单干整形，以充分利用第二、第三分枝结果。但在高温多雨的低海拔地区，主干生长迅速，第二、第三分枝很少抽生，宜采用多干整形。中粒种咖啡以分枝为主要结果枝，第二、第三分枝较少抽生，即使有抽生，结果也少。因此宜采用多干整形。小粒种和中粒种咖啡应具有不同的整形方式。

小粒种：根据第一分枝抽生的时间不同可分为3种枝条类型：

第一类型为每年2—5月长出的一级分枝。此类枝条5月以前生长的部分大多数在翌年2月抽生第二分枝。

第二类型为每年6—9月抽出的一级分枝。此类枝条抽出后不久就开始花芽分化，因此在翌年枝条上各节均结满果实，较少抽出二级分枝。一级分枝延续生长部分在第三年结果。

第三类型为9月以后长出的第一分枝，由于长出不久便遇上低温和干旱季节，生长缓慢或停滞，当年生长部分结实不多，翌年生长量和结实量都大。

中粒种：根据第一分枝抽生的时间不同可分为2种枝条类型。

第一类型为7月以前长出的第一分枝。此类枝条当年全枝开花结果。采用多干整形的咖啡树，这种枝条生长规律最为明显：大量结果后，如第三年不长出二级分枝，则全枝干枯；如长出二级分枝，则一级分枝不会全枯，而发育成为骨干枝条。

第二类型为7月以后长出的第一分枝。这种枝条长出当年或翌年便开花结果，很少在当年长出二级分枝。一般在翌年延续生长部分长出二级分枝。

（3）开花及结果习性。花芽发育：咖啡花着生于叶间，分枝及主干的叶腋均能形成花芽，但主要在分枝上。咖啡是一种短日照植物，在日照时间超过13小时或夜间使用人工光照情况下，植株只有营养生长。咖啡花芽一般在7月以后开始发育，如中粒种在7月下旬花芽开始发育，在阳光充足枝条上的腋芽能正常发育成为花芽，而在过度荫蔽下纤细枝条上腋芽多数不能发育成花芽。小粒种咖啡花芽在10—11月开始发育，只要生长粗壮的枝条，一般能发育成花芽。由于花芽形成所需时间不同，单个叶腋中花芽发育也有先后，因此出现多次开花现象。

不同时期生长的腋芽，发育成为花所需时间不一样。如在海南地区，中粒种咖啡在10—11月形成的芽从开始发育至开花需时最短，仅90～120天；10月形成的腋芽，需时120～150天，但也有较快的，仅需90多天，5月以前长出的腋芽发育最慢，约需180天。

开花规律：咖啡花期因品种环境不同而异。小粒种盛花期在云南为4—6月，在海南为3—4月；中粒种在海南从11月至翌年4—5月均陆续开花，2—4月为盛花期。咖啡开花期与雨水的关系甚为密切，咖啡花芽形成后生长很慢，小粒种花芽2个月才长到4～6毫米，以后就完全停止生长，在雨后或进行人工灌溉7～10天内即可开放。如果遇到高温干旱，小粒种花芽发育不正常，形成"星状花"，不能正常开放。中粒种咖啡花芽遇到干旱发育迟缓，花蕾细小；极度干旱时，花蕾会变成粉红色，不能开放。

咖啡花在清晨3：00—5：00时初开，5：00—7：00时盛开。气温13℃以上有利于开花。雄花在盛开前即开始散出少量花粉，到10：00左右花粉全部裂开，散出大量花粉。中粒种的花粉比小粒种的花粉多，小粒种咖啡的柱头成熟早。中粒种柱头比雄蕊成熟慢，在花粉散出后才开始成熟，下午充分成熟，如遇到不良天气，柱头未成熟即已枯萎，影响稔实率。授粉时间对稔实率有很大的影响，柱头授粉能力以开花当天及第二天最强。除开花当日的天气外，花后1个月内如遇到干旱，幼果因缺水而干枯，成果率会显著降低；花后1个月内雨水充足，幼果能正常发育成熟成果率高。

果实发育：咖啡果实从开花至果实成熟所需时间因种类而异。小粒种需6～8个月，在当年9月至翌年1月成熟，盛熟期为11—12月；中粒种需10～12个月，在11月至翌年5月成熟，盛熟期为2—4月。

小粒种咖啡果实在花后1个月即迅速增长，1个月后生长速度变慢，成熟前再增大。中粒种果实在初期发育较慢，到第三至四个月，果实开始迅速膨大，进入快速生长期；第四至六个月果实增长最快，此时果实含水量很高，种仁软而透明；到第七至九个月，果实增长变慢，纵径和横径生长量变小，此时主要是果实进行内部积累，种子充实，由透明变成乳白色，由软变硬；第十至十二个月果实开始成熟，成熟前果实稍有增大，果肉及果皮内含物转化，果皮呈红色，盛熟期紫红色。从果实干物质积累规律来看，从开花至果熟前，有3个增长高峰。国外研究表明，咖啡果实生长分为5个阶段："针头"期、迅速膨大期、生长缓慢期、胚乳充实期、成熟期。

二、咖啡的经济意义

咖啡与可可、茶叶并称为世界三大饮料，其中咖啡的产量和消费量居三大饮料之首。目前，全世界有80多个国家和地区种植咖啡，近几年世界咖啡年产量为800多万吨，年消费量达780多万吨，创造100亿～120亿美元的产值，是世界第四大贸易农产品。

咖啡是一种较易栽培的热带经济作物，管理成本较低，收益早，产值较高，定植2～3年便可收获，管理好的可收获20～30年。目前，全世界有70多个国家种植咖啡，主产国有巴西、哥伦比亚、印度尼西亚、越南等。据联合国粮食及农业组织统计，2022年全球咖啡豆产量达到1 070万吨，收获面积约为1 220万公顷。我国热带、亚热带地区土地面积约50万公顷，发展咖啡产业有着优越的自然条件。2022年我国的咖啡年产量达到13.91万吨，种植面积已达12.02万公顷。咖啡最早是于1884年引种到我国台湾的，1908年华侨自马来西亚带回大粒种、中粒种咖啡种在海南岛，目前，主要栽培区分布在云南、四川、广西、广东和海南。云南以种植小粒种咖啡为主，海南以种植中粒种咖啡为主。其中云南小粒种咖啡种植面积占全国99%以上，年产值10.6亿元，咖啡产业已具有一定规模，种植咖啡已成我国热区农民脱贫致富的重要手段之一。

咖啡含有丰富的蛋白质、粗纤维、粗脂肪、咖啡碱等，因其具有独特的醇香口味和提神、兴奋的作用，逐渐成为现代人不可缺少的日常饮品。目前，随着我国国民经济稳步增长，综合国力增强，人民生活水平进一步提高，旅游业蓬勃兴起、国内咖啡消费需求日益增长。近年来，中国咖啡消费年均增速达15%，远高于世界2%的增速，有望成为世界上最具潜力的咖啡消费大国。预计2025年中国咖啡市场规模将达到2 171亿元。咖啡除作饮料外，还可提取咖啡碱、咖啡油（食用）。咖啡碱在医药上可作麻醉剂、兴奋剂、利尿剂和强心剂。近年来，世界各国对咖啡产品的综合利用做了很多研究，咖啡果肉含有糖分，鲜果肉可用来制造酒精、酿醋和提炼果胶、制造糖蜜、提取蛋白质、咖啡因，发酵后可制沼气。内果皮可用来生产糖醛。干果肉含粗蛋白11.2%、粗纤维21%、灰分3.3%，并含各类氨基酸，可作饲料，喂养牲口；咖啡干果壳还可作肥料、炭砖、燃料，制作硬纤维板。咖啡花含有香油，可提取高级香料。随着饮食业、食品加工业及医药工业的迅速发展，咖啡应用领域将不断拓宽，需求量也日益增长。

第二节　林下栽培咖啡的理论研究

咖啡作为一种海南特色饮料作物，属于多年生常绿灌木或小乔木，是一种热带雨林下层植物，喜静风、半荫蔽、湿润环境。适度荫蔽能对光、热、水、土、肥及病虫草害等因素有较好的调控作用。发展咖啡林下栽培的适宜作物，是热区农民收入的重要来源之一[1]。

一、间作咖啡显著改善间作生产体系微环境

前期长期观测研究显示，全光照下的咖啡初期生长很好，比在荫蔽下有较高的产量；但当干旱来临时，荫蔽条件下的咖啡比在全光照下的产量高，当化肥供给充足时，咖啡在荫蔽下整年的营养生长表现较好，且产量较高[2]，尽管早期全光照下的咖啡生长好、产量高，但种植12年后的咖啡产量与荫蔽条件下种植的咖啡相同[2]。小粒咖啡对强日照和高温很敏感，因过分氧化而受损害，导致叶片提前衰老和落叶，这可能与小粒咖啡原生于非洲埃塞俄比亚热带雨林下，在系统发育中形成了喜温凉、湿润、荫蔽环境的习性有关[3]。无论在干热或低温季节，复合栽培的咖啡园由于上层有不同程度的荫蔽，园内的温度趋近于咖啡生长发育的最适范围[4]。特别是在夜晚，上层作物冠层的遮蔽降低了夜晚林下的空气和叶表温度的冷却速率。在干热季节，平均气温比单作咖啡园降低6～7℃，地面最高温降低8～9℃，相对湿度普遍提高15%～20%；在冬季，最高温降低3.8℃，最低温升高2.6℃，相对湿度提高6%[5]，营造了温凉、湿润、静风的生态小环境，充分满足咖啡生长发育的需要。前期对咖啡响应不同光照强度的研究表明，较高的日照强度减少了咖啡的光合作用。在全天日照的情况下干物质的生产量不会达到最大，最优的光照条件为70%的日照[6]，在荫蔽条件下的植株更高，叶片和一分枝更多，总干物质更多[6]。国内也有研究表明，在20%～40%荫蔽度下生长的咖啡产量分别比无荫蔽栽培的高9.8%～29.2%，但过度荫蔽（60%～70%）下的植株茎干徒长，花果稀少，产量低[7]。咖啡在全光照下蒸腾作用强烈，叶片干萎下垂，特别在无灌溉和雨量少的地区，咖啡生长受到严重影响。无荫蔽种植的咖啡起皱叶的症状严重，如卡蒂姆品种在保山潞江坝无荫蔽条件下表现较为明显[2]。此外，荫蔽条件下0～10厘米深的土壤水分较高，由于有上层荫蔽作物树冠层的遮挡，减少了阳光直射引起的蒸发，咖啡园距地面2米内相对湿度较高[4]。据测定，有荫蔽栽培的咖啡园，地表含水量较无荫蔽栽培的高26%～150%[3]。因此，采用荫蔽栽培能够显著减少咖啡的水分蒸发和回枯。

世界上在荫蔽条件下种植咖啡的国家有印度尼西亚、哥伦比亚、哥斯达

黎加、萨尔瓦多、墨西哥、波多黎各、肯尼亚、马达加斯加等；主要咖啡
生产地区中进行无荫蔽栽培咖啡的有巴西、委内瑞拉、夏威夷、巴厘岛、
苏门答腊岛、马来西亚、乌干达等一些国家和地区[2]。无荫蔽的原因大部
分是荫蔽树不易生长，而非不愿种植荫蔽树[2]，巴西无荫蔽种植咖啡，生
产上几乎没有卡蒂姆（Catimor）咖啡品种商业性种植，认为其产量太高，
易出现过分结果而早衰[8]。目前巴西也开始重视咖啡荫蔽问题，在其南部
的咖啡种植研究表明，在混农林（Agroforestry）系统下栽培咖啡，适度的
荫蔽具有促进咖啡生产经营的潜力[9]。印度咖啡几乎都是有荫蔽栽培，咖
啡种植面积35万公顷，其中小粒种和中粒种分别占48％和52％[6]。该国研
究表明，荫蔽对咖啡栽培提供了几个优势：除了提供咖啡适宜的小气候外，
荫蔽树能防止土壤侵蚀和通过有机物（落叶）的贡献改良土壤肥力，还起
到了管理病虫害强有力的工具作用[6]。此外，也有研究表明荫蔽能提高咖
啡的质量，且适当的荫蔽条件有利于咖啡生长，增强整个生产周期的高产
性和稳产性[10]。

二、间作咖啡显著改善经济林土壤养分

前期研究表明，在连续间种咖啡11年后，橡胶园中的土壤有机质、碱解
氮、全氮和全钾含量显著降低。土壤有机质在一定含量范围内与土壤肥力呈正
相关，而土壤全钾是植物主要的营养元素，能够促进植物光合作用，因此长期
间种咖啡降低了橡胶园的土壤肥力[11]。然而在连续间种咖啡11年后橡胶园中
土壤速效磷含量显著提高，而土壤速效磷是指能被植物直接吸收和利用的无机
磷（IP）或者小分子有机磷（Org-P），是评价土壤磷素供磷能力的重要指标，
前期研究表明长期间种咖啡增加了土壤的供磷能力[11]。也有研究表明在短期
间作条件下，单作和间作下土壤有机质、碱解氮、速效磷、速效钾、交换性
钙、交换性镁、有效铁、有效铜差异不显著，但间作咖啡后土壤中有效锌显著
降低、有效锰显著增加[12]。综上所述，无论是长期还是短期，间作模式对土
壤养分与土壤酶活性的影响可能主要与间作技术及施肥量有关，不论经济林下
栽培咖啡实行短期间作还是长期间作，每年必须追施足够的肥料，以实现土壤
养分的收支平衡，维护土壤功能、保护土壤质量[13]。

三、间作咖啡显著提高土壤酶与微生物活性

长期间作咖啡的土壤脲酶、蔗糖酶、酸性磷酸酶等酶活性与不间作的土

壤无显著差异，但间作土壤中脲酶活性显著降低[13]。这与胶园间作咖啡后土壤的有机质和全氮含量的显著降低有关。土壤酶活性的增强能促进土壤的代谢作用，从而使土壤养分的形态发生变化，提高土壤肥力，改善土壤性质，有利于保持生产力水平的可持续性[14]。

与咖啡单作相比，遮阴（间作）能够显著增加咖啡园土壤中真菌、细菌和放线菌数量[15]。类似的试验表明，在咖啡根际浇灌槟榔主要根系分泌物能够提高咖啡根际土壤的肥力和酶活性，从而使土壤微生物群落的结构和功能发生显著变化。具体而言，添加黄酮类化合物、植物激素、酚酸和糖可以通过促进土壤养分富集和提高土壤酶活性来抑制细菌病原体的生长，从而降低咖啡病害的风险。有机酸和类黄酮的添加可能会增加镰刀菌等病原菌的相对丰度，并导致病原真菌的相对丰度显著增加[16]。因此间作模式能够促进咖啡根际土壤中非致病菌的增殖和相对动态平衡，维护咖啡根际土壤健康。

四、间作咖啡显著改善作物根系形态与竞争关系

间作群体中，作物之间存在地上部和地下部相互作用，从地上部来看，主要是相互之间对光照的竞争作用，具体表现为株高对相邻作物的影响。从地下部来看，主要是对土壤养分和水分的竞争[17]。研究表明，地下部根系间的相互作用在间作产量优势中起到很重要的作用[18]，根长密度和根表面积对主要借助扩散到达根表面的养分有效性有着决定性作用[19]。在发生竞争时，有的植物调节向根系分配的氮量，使根系变得细长，增加根系与土壤接触面积，进而增加竞争能力[20]，有的植物会壮大自己的根系，占据更多的土壤空间[18]。在槟榔与咖啡间作模式下，咖啡根系延伸到槟榔根系生态位，能使该生态位槟榔根密度增加[1]。合理间作可有效缓解作物之间的竞争，通过搭配养分利用能力不同的作物之间所表现出的互馈效应提高土壤资源利用率。

此外，在时间上，作物间种对养分和水分的需求差异，也是影响不同作物根系发育的重要原因[21]。例如前期研究中，幼龄期咖啡根系生长速率快于澳洲坚果，在地下部干物质累积量和养分吸收累积方面占优势，但在成龄期，二者间作竞争关系可能发生改变[12]。咖啡根系主要分布在0～30厘米土层，而澳洲坚果根系主要分布在0～40厘米土层，因此，咖啡和澳洲坚果根系在土壤深度上将会形成长期的竞争关系[22]。成龄澳洲坚果是高大乔木，对地上

部光热资源的利用占据优势，根系分布范围、相对根长和相对根表面积大于咖啡，这些有利因素将为成龄澳洲坚果带来间作竞争优势，而咖啡将处于竞争劣势[10]。

五、适宜的间作密度有利于提高咖啡光合效率

光合作用是绿色植物利用光能将二氧化碳和水同化为有机物质的过程。咖啡光合作用受咖啡品种、叶位、叶龄和叶绿素等内在因子影响，同时受温度、光照强度、水分和矿质营养等环境因子影响[23]。在自然生态条件下，光照强度是影响咖啡光合作用的主导因子。光照强度过高或过低都会使咖啡叶片光合速率下降，最终影响生长和产量[24]。通过对小粒种咖啡光合作用的研究，发现日平均光照强度在 5 000 ～ 25 000 勒克斯之间，日光合量有线性上升趋势[25]。也有研究表明，20% ～ 60% 的荫蔽度可使小粒种咖啡茎粗、株高、叶片鲜重提高，并且20%和40%荫蔽度下生长的咖啡产量均比无荫蔽的高[26]。气孔是CO_2进入植物体内的主要通道。光照强度增加到一定程度时，大气湿度饱和差增大，咖啡叶片含水量降低，含糖量增多，关闭的气孔增加，CO_2进入植物体内的速率降低，且光照过强还会产生光合作用的光抑制甚至光氧化，这些结果都使咖啡光合速率下降，平均光照强度与光合强度呈负相关[27]。有研究表明，午间咖啡叶片气孔收缩或关闭，体内CO_2含量下降，是导致咖啡午间强光照时光合速率降低的主要原因[28]。这是干旱和半干旱地区无荫蔽栽培咖啡生产潜力发挥的一个重要限制因素[25]。因此，基于咖啡叶片光合速率对光照强度的反应，适当荫蔽有助于咖啡光合作用的增强。

六、适宜的间作密度有利于咖啡产量提高

间作与单作种植系统相比充分提高了土壤水平的光照可用性[29]。研究表明，相对于单作大多数间作系统都显示出产量优势[30]。间作系统中物种多样性的提高与作物总产量之间存在一定的正相关关系[31]。究其原因，首先，适度的遮阴能够改变林冠下层光照强度，降低土壤温度，改善作物的冠层微环境，调节土壤养分环境及微生物活性，进而优化小粒咖啡冠层结构及土壤养分结构[32]。前期研究表明，当荫蔽度为 60% ～ 80% 时，小粒咖啡产量增加；而当荫蔽度为 30% ～ 40% 时，小粒咖啡急剧减产[33]。在一定范围内增加施肥量，能够显著提高作物的土壤养分含量，提高作物

的产量及肥料利用率[34]。其次，间作模式下咖啡与其他作物根系互作具有对土壤养分资源利用的互馈效应[1]，不但能提高土地复种指数，而且能够获得咖啡稳定的高产[35]。最后，咖啡间作与经济林下不仅能够提高土壤微生物的多样性还对土壤微生物数量、种群分布和土壤养分含量有良好的调节作用[36]，间作系统搭配合理施肥以及适宜的遮阴，能够改善小粒咖啡微生长环境、改善光合特性且增加生物量累积[37]、促进咖啡生长，提高产量及品质[38]。

七、间作有利于减轻产生枯枝、僵果和天牛类害虫危害

咖啡原产于非洲热带地区，喜静风、荫蔽或半荫蔽、湿润环境。适当荫蔽有利于咖啡的生长，但荫蔽过大（60%～70%），植株茎干徒长，花果稀少，产量低。因此，林下栽培咖啡需选择合适的遮阴树种与间作密度。咖啡枯枝、僵果与缺钾生理失调、植物长势弱导致褐斑病菌侵染和不抗日灼等因素有关。咖啡开花结果的自控性差，只要条件适宜，即使长势弱也能大量开花坐果造成枯枝、僵果甚至死亡，因此适当荫蔽并合理控制开花结果量，可减轻产生枯枝、僵果的概率。

咖啡旋皮天牛和灭字虎天牛是危害咖啡的主要钻蛀性害虫。由于荫蔽条件下咖啡养分与结果量比较平衡，不易出现枯枝落叶，加上园内环境湿润，对喜欢在干燥、向阳部位产卵的天牛有一定的抑制作用。

第三节　林下栽培咖啡的生产实践

一、林下栽培咖啡模式

林下栽培咖啡模式是现代咖啡的主要生产模式之一。在海南等热带低海拔地区，常见的中粒种咖啡复合栽培模式主要在橡胶、槟榔、椰子等林下栽培咖啡。云南干热河谷地区主要采用橡胶间作咖啡或者橡胶、咖啡与茶的复合栽培模式。此外，咖啡还可以间作于柚木、龙眼、澳洲坚果等林下，也有在咖啡园中间作茶树、斑兰叶等经济作物。这些间作模式可以根据具体地区的气候条件、土壤类型和农民的经验进行适当的调整和优化，以达到最佳的生产效益（图3-2至图3-8）。

图3-2　橡胶—咖啡复合种植

图3-3　槟榔—咖啡复合种植

图3-4　椰子—咖啡复合种植

图3-5　澳洲坚果—咖啡复合种植

图3-6   香蕉—咖啡复合种植

图3-7   台湾相思—咖啡复合种植

图3-8 龙眼—咖啡复合种植

二、林下栽培咖啡技术

林下栽培咖啡种植技术主要包括园地选择与准备、园地开垦、植穴准备、定植、田间综合管理、咖啡病虫害防治、采收管理等7个关键步骤，具体过程如下：

1.园地选择与准备

槟榔间作咖啡园的建立，应根据槟榔和咖啡两者习性及其所需环境条件综合考虑，做到全面规划，合理安排，充分利用有利的自然条件，克服不利因素，以获得咖啡和槟榔高产、稳产、优质和高效益的效果。

（1）气候条件。要求年均气温大于23℃，最低月均气温≥17℃，极端最低气温>0℃，基本无霜；年降水量1 000～2 300毫米，干旱地区应选择具有良好灌溉条件的园地。

（2）地貌条件。我国东南部热带地区选择海拔300米以下；西部高原地区选择海拔700～1 000米地区，一般不宜超过1 200米，宜选低山、丘陵、平缓台地；一般不选冷空气流通不畅且易于沉积的低凹地、低台地、冷湖区、峡谷。冬季气温较高（月均温>13℃，极端最低温>1℃）的地区可选用阳坡、半阴坡、缓阴坡；冬季气温较低（月均温<13℃，极端最低温<1℃）的地区

宜选阳坡；冬季强平流型为主降温区宜选背风坡，坡度选用<20°地段。辐射型低温区选用中上坡位；平流型低温区宜选中下坡位。

（3）土壤条件。应选择土层深厚，肥沃，结构良好易于排水的壤土或沙壤。pH 5.5 ～ 6.8，地下水位1米以下。

（4）园区道路。分为主干道、次干道和步行园区道路。主干道是咖啡园连接园外道路的通道，宽3 ～ 4米，次干道与主干道相连，是园区的作业与运输道路，宽2.5 ～ 2米，步行道与次干道相连，宽1米。

（5）灌排水系统。

灌溉系统：山丘、坡地的水渠灌溉系统布设斗渠、农渠和毛渠，斗渠沿等高线布设，农渠与斗渠相连并垂直于等高线和等高梯田，修筑农渠输配水系统设施，每条农渠灌地面积控制在300亩[*]左右，毛渠为园地直接灌溉渠道，沿种植带布局。

水肥池：在园区适当位置应建造水肥池，容积10 ～ 18米^3，视管理面积可适当增减容积大小。水肥池靠近园内运输路旁，接通水、肥管道，以便向池内运送水肥。

排水系统：缓坡地、平台地的排水系统由环园大沟、园内纵沟和垄沟或梯田内壁小沟组成。大沟宽80厘米、深60 ～ 80厘米，离防护林2米，主要用于排除园内积水，阻隔防护林树根，纵沟垂直于垄面和梯田，每隔30 ～ 40米开一条纵沟，垄沟或梯田内壁小沟与纵沟相连。

（6）防风林。为了防御台风与寒流袭击，槟榔间作咖啡园四周应营造防风林，沿山脊、迎风处，与主风方向垂直设主林带，主林带宽9米左右，副林带与主林带垂直，副林带宽5米左右。防护林树种有木麻黄、台湾相思、马占相思、小叶桉等。

2.园地开垦

保留防护林、水源林和园中散生独立树，清除园内高草、灌丛；深锄或机耕30 ～ 40厘米，清除树根、杂草、石头等，随即平整、修筑梯田、开排水沟。坡度超过15°的坡地要开内向倾斜15° ～ 20°的环山行，15°以下修建大梯田或隔沟梯田。

（1）植穴准备。在新开垦园区采用以下间作种植方法：咖啡种植行和槟榔种植行交替种植，相邻两个咖啡种植行的行间距为5.0米，每个咖啡种植行中咖啡的株距小粒种咖啡为0.8米，中粒种为2.0 ～ 2.5米；槟榔种植行位于相

＊亩为非法定计量单位。1亩=1/15公顷。——编者注

邻两个咖啡种植行的行间，相邻两个槟榔种植行的行间距5.0米，每个槟榔种植行中的槟榔与相邻槟榔种植行中的槟榔交错种植，每个槟榔种植行中槟榔的株距为2.5米。

小粒种咖啡园挖定植沟，沟面宽60厘米、深50厘米、底宽40厘米；中粒种咖啡园挖植穴，穴面宽60厘米、深60厘米、底宽50厘米。槟榔植穴长宽均为80厘米、深60厘米的立方体。挖穴时表土、底土分开放置。定植前半个月回土，放入基肥。先将表土回穴至1/3，然后每穴将充分腐熟有机肥、过磷酸钙与表土充分混匀回穴，做成比地面稍高一点的土堆，准备定植。最好在定植前2～3个月挖穴，定植前15～20天，结合表土回穴，每穴施腐熟有机肥5～10千克。近咖啡植穴边缘种山毛豆、猪屎豆或田菁等速生绿肥，为幼苗提供遮阴，并可作有机肥。

（2）定植。

定植时间：在春季2—3月或秋季8—9月移栽为宜，而春季干旱缺水的地区以秋季定植为好。冬季气温较低的地区定植时间宜早不宜迟，可根据降水量情况，于3—5月定植较好，让植株有较长时间生长，利于越冬。但这时气温较高，比较干旱，必须注意荫蔽和淋水，保持土壤湿润，才能保证植株成活。定植一般在阴天或晴天下午进行。雨天或雨后土壤湿度大，种苗所带土球易散开，导致苗木定植后恢复生长期长，影响成活率。

定植方法：咖啡定植时选用6～8个月当年生种苗，要求顶芽稳定、植株生长健壮、根系发达、无病虫害的壮苗定植。定植时宜选阴天进行。苗床培育的种苗，起苗前1天先淋足水，挖带土苗，使起苗时少伤根，蘸牛粪泥浆后运往大田定植。采用袋装苗定植时，按株行距挖穴定植，去除塑料袋，将苗木放入植穴中，尽量不使袋装苗泥土松散，以免伤根，定植深度同苗木原来的深度相同，不宜过深，以根颈入土3厘米左右为宜并压实土壤。坡地或地下水位低的植地，穴面低于地面10～15厘米，以利抗旱及后期培土；地下水位高或易积水地块，穴面与地面平，以免引起根系腐烂。植后盖草，或插小树枝遮阴和立即淋定根水。如遇干旱，要适时淋水防旱，以提高成活率。

植后管理：植后及时淋足根水。未恢复生长时，要经常保持土壤湿润，每1～2天淋水1次，成活后淋水次数减少。在定植后的最初几年，根浅芽嫩，为了保护幼嫩的槟榔苗和咖啡不受烈日暴晒和减少地面水分蒸发，可在行间种植覆盖植物。最好提前种植临时荫蔽树，如木豆、山毛豆，提前半年种植。植后随即在植株冠幅范围内盖草，以降低土温，保持土壤湿润，利于新根生长。

定植后1个月左右，种苗已经成活，检查成活率。如有死株，应及时补植，补得太迟，园内植株生长不平衡，大小不一致，管理不方便。

（3）田间综合管理。

除草、培土：槟榔和咖啡植株成活后，及时砍除灌木，留下一年生的革命菜等叶生杂草覆盖地面，保持土壤湿润，有利于槟榔和咖啡生长。每年除草3～4次，将除下的杂草覆盖作物根围。成龄园荫蔽度较大，杂草生长较为缓慢，每年除草2～3次，并结合松土，以提高土壤保水能力和通气性。槟榔茎节在外界条件适宜时，能大量萌生不定根定期培土不仅能保护因雨水冲刷而裸露的老根，而且能促进萌发新根，提高植株吸水、吸肥能力，使植株生长良好，提高产量。

覆盖：在咖啡和槟榔幼苗期，为抑制杂草生长，增加土壤有机质和养分，可用矮生豆科绿肥、蔬菜等作为活覆盖抑制杂草的生长，对改良土壤和保持水土均有良好的作用。

灌溉：在咖啡开花和幼果发育初期及槟榔开花期和壮果期，均需要充足水分。没有降雨的地区，在花期和幼果发育期内必须灌溉，才能使咖啡正常开花和提高稔实率，满足槟榔生殖生长，提高坐果率。在雨水较少的季节，应加强灌水。在多雨的季节，要注意排水，避免积水，造成病害蔓延。灌溉方法可用喷灌、沟灌、滴灌等方法，视天气情况决定灌溉的次数。灌水时使吸收根生长的该层土壤（深度20～30厘米）渗湿为度。

施肥：①幼龄树施肥。定植1～2年内，幼树主要是营养生长，应以氮肥为主，适当施用磷钾肥，以促进树冠的形成和根系的发育。人畜尿或绿叶沤肥亦可施用，特别在旱季，效果更好。第一次施肥在定植后2个月，以后每隔1～2个月施肥一次。人畜尿单施或加入尿素、硫酸钾等速效肥料混合施用。如单施化肥，雨后在树冠外15厘米处挖浅沟施，幼树施肥要掌握勤施薄肥的原则。②投产树施肥。根据咖啡不同生育时期叶片养分变化规律，在咖啡果实成熟期11—12月，花期、幼果期3—5月应及时施肥2～3次，每公顷施尿素150～225千克、钾肥225～300千克；在幼果生长、枝条大量生长期6—9月施肥2次，以氮、钾肥为主，钙镁磷肥酌情施用，以补充植株生长及果实发育所需养分，每公顷施尿素150～225千克、钾肥225～300千克。10月至翌年1月施肥1次，以氮、钾肥为主，及时补充果实成熟所消耗掉的养分。结果树每年5月应施1次有机肥，每公顷施7.5～15吨，加入150～225千克的磷肥混匀，沿树冠外挖深30厘米、宽20厘米的浅沟施入。镁肥在4—5月、7—9月，幼果、幼叶生长期各施1次。

（4）咖啡病虫害防治。

危害咖啡的病害主要有咖啡锈病、咖啡炭疽病、咖啡褐斑病、咖啡细菌性叶斑病等；虫害主要有咖啡灭字虎天牛、咖啡旋皮天牛、咖啡黑小蠹、咖啡绿蚧等。

防治咖啡病害的方法有：加强栽培管理，合理施肥和灌溉，适时修剪和荫蔽，控制结果量，以提高植株抗病性；掌握发病规律，适时喷施农药；选用抗病耐病品种。

咖啡锈病：在病害流行期定期喷施0.5%～1%波尔多液，1个月喷施1次；或每公顷用25%三唑酮可湿性粉剂525～975克或5%三唑酮可湿性粉剂250～450克，兑水450千克，喷雾，连续喷施2～3次。

咖啡炭疽病：病害流行期，选用0.5%～1.0%等量式波尔多液、10%多抗霉素1000倍液、80%代森锰锌可湿性粉剂800倍液或50%多菌灵可湿性粉剂500倍液，每隔7～10天喷施1次，连喷2～3次。炭疽病同时有粉虱、虫等，可选用30%苯甲丙环唑10毫升+72%克露可湿性粉剂20克+200万IU农用链霉素3克+10%吡虫啉10克兑水15千克喷于叶片及树干。叶斑病细菌性条斑病、叶枯病并发，同时有蚜虫、介壳虫、粉虱危害时，可用30%苯甲丙环唑5克+20%叶青双20克+10%吡虫啉20克兑水15千克喷雾于叶片，以湿透为宜，间隔10天喷1次。若发生生理性黄化，如叶斑病、炭疽病、细菌性条斑病，或天气干旱、缺水缺肥等造成的黄叶，或已经染病的植株，目前尚无有效的防治方法，可用复硝酚钠30克和乙酸铜30克兑水20千克灌根，促进根系生长，后培塘泥或火烧土，逐步恢复长势。

咖啡旋皮天牛：危害1～2年龄的小粒种咖啡，5月中下旬至7月上中旬间，用4.5%高效氯氰菊乳油40%毒死蜱乳油1200～1500倍溶液，每间隔15～20天，每株淋喷树干1次，杀死卵和尚未钻入木质的幼虫。加强咖啡园科学管理，对于因虫害而枯死的植株应连根挖除集中烧毁，以消灭其中的害虫。对于枝叶发黄的被害株，如发现有新的木屑和树液流出，应及时将其连同树皮刮除，露出蛀孔，用注射器将90%敌百虫晶体500倍液注入，杀死其中的害虫。在冬季，每间隔15～20天咖啡地灌水1～3次，以杀死部分入土滞育越冬的旋皮天牛幼虫。

咖啡黑小蠹：危害中粒种咖啡的主要害虫，每年12月及翌年1—2月及时彻底地清除受害的活枝条及枯枝，以减少虫源基数。在害虫发生时期，田间枯枝随时出现，随时清除烧毁。在成虫飞出洞外活动高峰期，用2.5%溴氰菊酯、48%乐斯本1 000倍药液进行喷雾，杀死洞外活动的成虫，降低健康枝条受害。

咖啡绿蚧：40%乐斯本乳油1 000 ～ 2 000倍液或25%噻嗪酮可湿性粉剂1 500 ～ 2 000倍液或0.3%苦参碱水剂200 ～ 300倍液或25%功夫乳油1 000 ～ 3 000倍液等喷洒在树体上，连续喷2 ～ 3次。

（5）采收管理。

果实适时进行采收，才可保证产量和质量。小粒种咖啡果熟期在9月下旬至翌年1月。中粒种果熟期12月中旬至翌年4月下旬。咖啡果实呈红色即可采收；槟榔采收期从8月至翌年4月左右。果实达到24 ～ 32个/千克时即可采收。

三、林下栽培咖啡的经济效益

林下栽培咖啡是一种将咖啡种植与林业相结合的农业模式，可提高土地利用率，同时咖啡树的落叶等废弃物还可以为植物提供有机肥料，促进植物的生长，具有明显的经济效应。

1.提高土地利用率

林下栽培咖啡可以合理利用林下空间，提高土地利用率，使得土地资源得到更好地利用和发挥。在林下栽培咖啡时，可以利用树木的荫蔽，提供适宜的咖啡生长环境。这样可以充分利用林下闲置空间，增加土地利用效率，提高农业产出。值得注意的是，林下栽培咖啡需要合理选择树种和咖啡品种，确保两者之间不会相互影响。一般来说，咖啡树适合在海拔1 500米以下的热带和亚热带地区生长，而林下栽培咖啡则需要选择适宜的林下环境，如郁闭度适宜的林地、茶园等。除了提高土地利用率之外，林下栽培咖啡还可以带来其他经济效应，如增加农民收入、促进农村经济发展、推动产业转型升级和促进生态保护等，这些经济效应也是非常重要的。

2.增加农民收入

种植咖啡可以增加农民的收入来源，提高农民的经济收入。随着咖啡消费的不断增加，咖啡市场在不断扩大，咖啡价格也在逐渐上升，农民因此可以获得更多的收益。一方面，咖啡是一种高附加值的农产品，市场需求量大，价格相对较高。在林下栽培咖啡的过程中，农民可以获得更多的咖啡豆产量，从而提高自己的收入。另一方面，林下栽培咖啡可以带动相关产业的发展，增加就业机会，进而增加农民的收入来源。例如，农民可以参与咖啡豆的加工、包装和销售等环节，获得更多的收益。林下栽培咖啡可以增加农民的收入来源，提高农民的经济收入。

3.促进农村经济发展

林下栽培咖啡可以促进农村经济的发展。在咖啡种植过程中，需要投入人力、物力和财力，这可以带动相关产业的发展，增加就业机会，促进农村经济的发展。首先，咖啡是一种高附加值的农产品，市场需求量大，价格相对较高。其次，林下栽培咖啡可以带动相关产业的发展，增加就业机会。例如，农民可以开设咖啡加工厂、咖啡店等，增加就业机会，促进农村经济的发展。此外，林下栽培咖啡可以促进农村旅游的发展。一些地区的咖啡种植园已经成为旅游景点，吸引大量游客前来参观和品尝咖啡，从而带动当地餐饮、住宿等产业的发展。林下栽培咖啡可以促进农村经济的发展，带动相关产业的发展，增加就业机会，提高农民的经济收入。

4.推动产业转型升级

林下栽培咖啡可以推动产业转型升级。传统的农业种植模式往往效益较低，而林下栽培咖啡可以将农业与林业相结合，实现产业升级和转型，提高农业和林业的生产效益和附加值。在林下栽培咖啡的过程中，农民可以引进更先进的咖啡种植技术和管理方法，提高咖啡的品质和产量，从而获得更多的收益。此外，林下栽培咖啡可以促进农村产业结构的调整和优化，推动农村经济的发展。林下栽培咖啡可以推动产业转型升级，提高农业和林业的生产效益和附加值，促进农村经济的发展。

5.典型案例

林下种植咖啡提高经济收益的典型案例可以参考海南琼海市大路镇的槟榔间作咖啡模式。槟榔作为大路镇的传统经济作物，具有一定的经济价值。2022年，琼海市大路镇开展了经济林下复合种植咖啡示范与推广项目，并在礼合村得到了实施。具体来说，槟榔林下套种咖啡的种植布局大多是按照行间距约3米，株间距约2.5米的标准来种。每公顷坡地大概种1 800株槟榔，在其中套种的咖啡树，一般不超过1 500株。这种种植布局确保了槟榔树和咖啡树都能得到充足的生长空间和养分。

通过引入咖啡的套种模式，农民们不仅保留了槟榔的收益，还额外增加了咖啡的收入来源。据估算，每公顷槟榔林下的咖啡种植，在成熟后每年可为农民带来约75 000元的额外收入。考虑到礼合村已经实施了20公顷的槟榔林下咖啡种植，这意味着每年可为当地农民增加至少150万元的经济收益。不仅如此，槟榔林下套种咖啡树，形成了一种独特的共生模式。槟榔树为咖啡树提供了适当的遮阴，使得咖啡树能够充分吸收土表的营养成分，同时遏制了杂草的生长，几乎不需要再给槟榔树除草，从而降低了除草的成本。咖啡树和槟榔树之间的共生关系也降低了病虫害的发生概率，进一步减少了农药的使用，提高了槟榔园的土地利用率，降低了种植成本。这些成本的降低也间接提高了农民的经济收益。更重要的是，槟榔林下种植咖啡的模式还促进了当地农业产业的多元化发展。咖啡作为一种高附加值的农产品，其市场需求旺盛，价格稳定。在礼合村，槟榔林下种植咖啡的面积已达到20公顷，且均为高产咖啡品种。通过与香饮所的兴科公司签订咖啡豆保护价回收协议，农民们不必担心市场价格的波动，确保了农民可以更加稳定地获取收益。这种稳定的收入来源也鼓励更多农民参与到槟榔林下种植咖啡的行列中来，进一步推动当地农业产业的发展。

槟榔林下种植咖啡的典型案例展示了这种套种模式在提高经济收益方面的巨大潜力。通过引入咖啡的种植，农民们不仅保留了槟榔的收益，还额外增加了咖啡的收入来源，实现了经济收益的双重提升。同时，这种套种模式还降低了种植成本，促进了农业产业的多元化发展，为当地农民带来了更加稳定的收入来源，也为其他地区的农业发展提供了有益的借鉴。

四、林下栽培咖啡的社会效益

林下栽培咖啡除了能带来经济效益外，还能产生广泛的社会效益。

1.增加就业机会，提高农民收入

林下栽培咖啡可以促进当地农业的发展，从而创造更多的就业机会。咖啡从种植到采摘、加工等各个环节都需要大量的人工，因此可以为当地农民提供更多的就业机会，增加农民的收入来源，促进农村经济发展。此外，咖啡是一种高附加值的农产品，市场价格较高，因此种植咖啡可以为农民带来更高的经济收益。同时，复合种植还可以提高土地的利用率和产出率，进一步提高农民的收益。

2.改善农村环境，促进产业发展

林下栽培咖啡可以改善农村环境。咖啡树是一种具有较高观赏价值的植物，可以美化农村环境，提高农村的绿化覆盖率，有助于提高当地农民的生活质量和福利水平。咖啡种植可以带动相关产业的发展，如农产品加工、物流、旅游等，从而为当地农村地区提供更多的经济机会和就业岗位，促进农村地区的经济发展和产业繁荣。同时，咖啡树的生长需要精心地管理和养护，因此可以减少对环境的破坏和污染，保护农村生态环境。

3.促进文化旅游，繁荣乡村社区

林下栽培咖啡可以促进当地文化旅游的发展。咖啡文化已经成为一种时尚和潮流，通过发展林下栽培咖啡，可以通过建设咖啡园和咖啡店、打造咖啡文化品牌、开发咖啡文化旅游线路、举办咖啡文化节庆活动和增加旅游纪念品和特色商品等方式，可以让游客更加深入地了解和体验咖啡文化，促进文化旅游的发展和繁荣农村当地的乡土"咖啡"文化。

五、林下栽培咖啡的生态效益

咖啡树喜欢阴凉的环境，林下栽培咖啡不仅有助于保护和改善生态环境，还可以促进森林的生长发育。咖啡树是一种生长缓慢的植物，需要精心管理和养护，因此林下栽培咖啡可以减少对环境的破坏和污染。同时，咖啡树的残余物还可以作为有机肥料还田，提高土壤的肥力，促进生态环境的改善。合理的肥料使用和避免过度采伐等措施也可以实现可持续的咖啡种植方式，保护生态环境。具体而言，林下栽培咖啡的生态效应主要体现在以下几个方面：

1.保护土壤和水源

咖啡树是一种具有良好生态保护功能的植物，它可以保护土壤和水源。在林下栽培咖啡，可以减少水土流失，保持土壤的肥力，同时还可以净化水源，保持水质清洁。

2.提高森林生态系统的多样性

在林下栽培咖啡，可以增加森林生态系统的多样性，并与各种植物和动物共生，形成复杂的生态系统。这种多样性可以使森林生态系统更加稳定，提高生态系统的生产力。

3.减缓气候变化

咖啡树可以吸收大量的二氧化碳，并将其转化为有机物质。在林下栽培咖啡，可以减少大气中的二氧化碳含量，减缓全球气候变暖的趋势。此外，咖啡树还可以释放氧气，改善空气质量。

4.保护生物多样性

咖啡树可以生长在不同的生态环境中。在林下栽培咖啡，可以保护咖啡树的生物多样性，同时还可以保护与咖啡树共生的各种生物种群，维护生态系统的平衡。

第四章

林下栽培可可理论与实践

第一节 可可概况

可可树又称巧克力树，是梧桐科（Sterculiaceae）可可属（*Theobroma*）的木本植物，原产于中南美洲亚马孙河流域，是在热带雨林下生长的土生树种（图4-1）。

图4-1 可可

一、可可生物学特性

1.形态特征

可可树是常绿乔木，高达4～7.5米，树冠繁茂；树皮厚，暗灰褐色；嫩枝褐色，被短柔毛。可可的经济寿命因土壤和抚育管理的不同而有差别，管理好的可可树经济寿命可达50年左右，在常规栽培条件下2.5～3年结果，6～7年进入盛产期。

（1）根系。可可的根为圆锥根系，初生根为白色，以后变成紫褐色。苗期主根发达，侧根较少。成龄树侧根深度在35～70厘米，在50厘米土层处分布最多，须根位于前表土层，侧根伸展的水平范围为3～5米。

（2）主干与分支。可可实生树定植后第2年主干长出8～10蓬叶，高度达50～150厘米，分出3～5条轮状斜生分支，形成扇形枝条，依靠组织上抽生的直生枝来增加树体高度。主干上分出的扇形枝条的位置叫作分支部位。分支部位高度取决于光照、土壤、肥力等自然条件以及植株的树龄。主干有抽生直生枝的能力。直生枝具有和主干一样的生长特点，直生枝如果在主干基部抽生可形成多干树形。如果在上部抽生可形成多层树形，理论上在没有外界干扰的自然条件下，可可树体的高度没有限制。主干上的扇形枝对称发育形成轮状树冠。当树冠上的枝条发育密实后，下部的枝条会自然凋落，可形成高达10米以上的主干。直生枝与扇形枝虽然在形态上有差异，但均能开花结果。可可枝条的每个叶腋间都有休眠芽，当顶芽生长受到抑制或遭损伤时，就会促使休眠芽萌发。

（3）叶。叶具短柄，卵状长椭圆形至倒卵状长椭圆形，长20～30厘米，宽7～10厘米，顶端长渐尖，基部圆形、近心形或钝，两面均无毛或在叶脉上略有稀疏的星状短柔毛；花托条形，早落。

（4）花。花排成聚伞花序，花的直径约18毫米；花梗长约12毫米；萼粉红色，萼片5枚，长披针形，宿存，边缘有毛；花瓣5片，其下部盔状并反卷，顶端急尖淡黄色，略比萼长，退化雄蕊线状；发育雄蕊与花瓣对生；子房倒卵形，稍有5棱，5室，每室有胚珠14～16个，排成两列，花柱圆柱状。

（5）果实与种子。核果椭圆形或长椭圆形，长15～20厘米，直径约7厘米，表面有10条纵沟，干燥后内侧5条纵沟不明显，初为淡绿色，后变为深黄色或近于红色，干燥后为褐色；果皮厚，肉质，干燥后硬如木质，厚4～8毫米，每室有种子12～14个；种子卵形，稍呈压扁状，长2.5厘米，宽1.5厘米，子叶肥厚，无胚乳。花期几乎全年。

2.生长及开花结果习性

（1）开花习性。可可终年开花。在海南每年5—11月花最多，1—3月开花少。可可的开花高峰期在6—9月。可可虽然为昆虫传粉植物，但花不具香味，也没有吸引昆虫的蜜腺。此外，雄蕊隐藏在花瓣中，而假雄蕊围绕柱头妨碍传粉，有些可可树花粉量较少，甚至没有花粉，花粉粒的生命力仅能维持12小时，所以可可花的构造不利于正常传粉和受精，导致可可结实率偏低，平均结实率仅有2.1%。

（2）结果习性。在正常管理条件下，3年树龄的可可树就能够开花结果，5年树龄的可可树大量结果。在海南岛可可有两个主要的果实成熟期，第一期在每年的2—4月。这时采收的果实为春果，春果量多约占全年果实总量的80%。第二期在每年的9—11月，此时采收的果实称为秋果，量不多，约占全年果实总量的10%。可可开花结果都在主干及多年生主枝上。子房受精后膨大，果实生长迅速，在受精后的2～3个月尤其迅速，4～5个月果实定型。在海南秋果发育期温度较高，只需140天就能够成熟，而春果因发育期温度较低，需170天左右才能够成熟。可可树植后4～5年开始结实，10年以后收获量大增，到40～50年后则产量逐渐减少。

二、可可的经济意义

可可作为多年生热带经济作物，已有2 000多年的栽培历史，与咖啡、茶并称为"世界三大饮料作物"，可可的种子为制造可可粉和巧克力的主要原料。可可树适宜生长在南纬17°至北纬22°之间，主要分布在非洲、拉丁美洲、东南亚和太平洋岛屿，可可豆主产国有科特迪瓦、加纳、喀麦隆、巴西、厄瓜多尔、委内瑞拉、印度尼西亚；我国可可树主要分布在海南、云南、台湾等地。据国际可可组织统计，目前世界可可收获面积为1 500万公顷，可可豆总产量470多万吨。

可可全果均可利用。可可豆具有较高的营养价值与保健功能，营养丰富，味醇香。经加工后用于生产可可液块、可可脂和可可粉等。可可脂是制作巧克力的主要原料，可可粉是饮料、糖果、冰激凌的重要配料。以可可为主要原料的巧克力能缓解情绪低落，对于集中注意力和加强记忆力都有帮助。巧克力中含有的儿茶素能够增强免疫力，预防癌症。越来越多的研究表明，吃黑巧克力有益于身体健康，持续食用适量的黑巧克力可以增加血液中的抗氧化成分，有利于预防心脑血管疾病发生，降低中风、心肌梗死和糖尿病的患病风险，以及调节血脂和血压。果肉含有丰富的还原糖、蔗糖和酸类，可直接用于制作饮料和果酱，也可用来酿酒、制醋酸和柠檬酸。果壳晒后磨成粉可作饲料，经堆制后可作有机肥和杀线虫剂，还可提取一种与果胶相似的胶类物质，用于制作膳食纤维和生产果酱、果冻。可可种皮提取物具有抗菌特性，可代替氯己定用于儿童并避免后者产生的副作用，或提取可可碱作为利尿剂和兴奋剂在医药上使用。可可产业是热带地区许多国家的支柱产业，在我国仍属于新兴产业。随着国民经济的快速发展和人民生活水平的不断提高，我国居民对可可制品的消费需求日益增加，每年进口可可豆及其制品超过15万吨，并以年均10%～15%的增长率快速发展。近10年来，在市场需求的不断推动下，我国可可种植面积持续增加，属朝阳产业。

第二节　林下栽培可可的理论研究

一、光合有效辐射是影响可可光合速率的主导环境因子

可可正常生长发育需要一定的荫蔽度，适宜与椰子、槟榔等热带经济林间作，可充分利用土地，增加单位面积的经济效益，受到越来越多农业经营者的青睐[39]。虽然光合作用不能直接影响作物产量，但光合特性变化决定着作物对生长环境的适应性[40, 41]。赵溪竹等人[42]前期研究了椰子间作可可条件下可可光合日变化特性及其与光合有效辐射、温度和相对湿度等环境因子的关系，确定影响可可光合作用的主要环境因子是光合有效辐射，为优化可可间作管理技术提供了理论依据。

间作可可净光合速率日变化呈双峰曲线，呈现光合"午休"现象，10:00达到最大值，此后下降，16:00再次达到高峰，而可可净光合速率与环境因子间相关性不显著，其变化主要受环境因子间接作用的影响。光合有效辐射通过间接影响叶温和气温，成为影响间作可可净光合速率的主要环境因子。光合有效辐射、叶温和气温等环境因子的相互作用综合影响间作可可净光合速率[43]。全日进程中，除16:00外，各时段间作可可净光合速率均高于单作可可，说明间作模式的适度遮阴对可可光合作用具有促进作用[44]。不同时间单作可可的空气温度均高于间作可可，间作降低了叶片温度。仅在14:00，间作可可相对湿度高于单作可可，说明间作在温度较高时有利于保持空气湿度，促进蒸腾作

用。冠层特性是可可光合速率的影响因子之一[40, 41]，因此，在可可的栽培管理中，应充分考虑发挥主导作用的环境因子，尤其是光合有效辐射的作用，促进光合作用和进一步提高产量。

二、适宜的荫蔽度是可可良好生长的必要条件

适宜的荫蔽度是可可（尤其是幼龄可可）良好生长的必要条件。为了形成一个良好的荫蔽度，同时避免荫蔽树与可可树过度争夺水分和养分，理想的荫蔽树应是生长迅速、叶片细小、树冠开阔、枝条稀疏、耐修剪、根深、抗强风，没有与可可相同的病虫害，与可可树不竞争或少竞争水分、养分的植物。林下栽培可可模式是一种综合利用土地和资源的种植方式，需要根据不同的地理、气候和土壤条件进行科学规划和管理，确保在不会对原有的森林生态系统造成损害的基础上，提高可可的产量和品质。我国可可复合栽培模式主要有3种：橡胶间作可可、槟榔间作可可和椰子间作可可。

成龄橡胶园荫蔽度在30%～45%，椰树园和槟榔园的荫蔽度为40%～60%，能够满足可可生长，可充分提高土地和光能利用率。研究表明，可可非常适宜与槟榔复合栽培，槟榔—可可复合栽培模式土地当量比可达1.74，产量优势比单作槟榔提高74%。成龄结果椰树根系横向分布主要集中在以椰树为中心、半径2米的范围内，纵向30厘米表层没有功能根，约85%根系分布在30～120厘米的土层。一般种植密度的椰树园（150～180株/公顷），约有75%土壤未被根系有效利用，而可可的根为圆锥根系，成龄树侧根深度在35～67厘米，以50厘米处分布最多，主根向下深度可达3～6米。在高温、雨量充沛的地区，因地制宜地开展椰子—可可、槟榔—可可高效栽培模式，能够有效减少槟榔树干受太阳直射，调节土壤温度和可可凋落物降解，既抑制杂草、保持水土、增加土壤有机质和养分、改良土壤结构，同时减少肥料投入和劳动力支出，增加单位面积经济效益，是一项有效增加经济收入的有效农业措施。

三、合理的种植密度提高林下栽培可可的产量与经济效益

研究表明，在印度地区，林下可可以2.7米×2.7米株行距间作于同样株行距的槟榔园时有利于提高单位面积产量和总收入，但无论间作密度为2.7米×2.7米或2.7米×5.4米，均以较大冠层修剪处理的可可产量较高[45]。我国于20世纪80年代开始对椰子间作可可种植模式进行研究，随着我国可可加工企业

对原料需求的不断增大，更应注重在提高土地利用率的同时，筛选提高土地生产力，增加农民收入的林下栽培可可的种植密度[46]。因此，前期研究通过对不同种植密度间可可产量等综合效益的比较，筛选出适宜的林下可可栽培方案，为海南可可产业快速可持续发展奠定基础[39]。前期研究表明，可可与间作作物的种植密度对可可产量具有重要影响[47]。赵溪竹等人的研究发现，间作可可的椰园土壤有机质、全氮、有效磷、速效钾等养分含量均显著高于单作椰园[39]。国内外可可园管理均比较粗放，许多种植户为了减少投入几乎不对可可施肥[48]，而成龄后的可可树主要通过分解每年产生大量的枯枝落叶凋落物等，用以保持生态系统的养分循环[49]。当养分不充足时，可可与适合的遮阴树间作并不会对作物早期生长产生竞争性抑制，还可改善可可树的光照和养分状况[49]。椰子间作可可通过对可可的施肥与管理，加上可可凋落物的反馈，使椰园土壤养分含量增加，这也是目前普遍应用且有效的农业措施。因此，以适宜种植密度的可可为间作物有利于提高土壤养分含量。

间作可可显著提高了椰子产量，随着种植密度的增加，可可产量呈增加趋势，间作后的纯收入显著高于单作，但不同密度间纯收入差异不显著。较低间作密度处理下的可可产投比和土地当量比最高的结果表明，虽然间作高密度的可可有利于提高总产出和纯收入，但是由于投入成本的增加，并未提高产投比和土地当量比，而适当降低种植密度，不仅有利于提高产投比和土地利用率，起到节本增效的作用，还可降低作物间的竞争效应[39]。通过对尼日利亚的可可与可拉间作体系的研究发现，1.00公顷间作产量等同于1.75公顷单作产量，即间作提高了单位面积产量[50]。因此，适宜的林下栽培可可种植密度能够有效提高种植园单位面积的经济效益。

四、适当地修剪促进林下栽培可可的生长

海南具有独特的气候和地理环境，是我国可可的主产区[41]。一直以来，可可的修剪依赖于传统经验，缺乏科学依据，并且不同的修剪方法对可可产量的影响目前尚未可知。因此，热科院香饮所可可研究团队前期通过比较槟榔间作可可条件下连续3年不同修剪方式处理对可可生长和产量的累积效应，筛选适宜的槟榔间作可可修剪方式，旨在提高可可质量，为海南槟榔间作可可配套种植技术的研发提供依据[51]。

结果表明，中度修剪可提高可可株高、干周和主枝粗度，重度修剪和控冠幅降低了可可树干和主枝粗度。采用中度修剪可促进可可平衡生长，过度

修剪和仅控冠幅不利于其形成健康树形。不仅如此，中度修剪的可可叶片净光合速率显著高于轻度修剪和仅控冠幅处理，可能是由于修剪提高了新梢叶片叶肉细胞光合能力[52]。可可徒长枝会消耗树体的水分与养分，需要及时剪除[53]。轻度修剪使可可冠层徒长枝数量和重量均显著提高，中度修剪降低了徒长枝数量和重量，但产量最高；重度修剪后虽然徒长枝数量较少，但其生物量较大。采用仅控冠幅方式修剪后诱发徒长枝萌发，也降低了可可产量。这说明，修剪程度过轻会使植株枝条过多地抽生徒长枝，不仅消耗养分肥料，也增加了修剪工作量[54]。因此，在槟榔间作可可种植模式下，采用中度修剪的方式有利于可可形成健康平衡的树形，提高光合作用效率，降低徒长枝养分消耗，提高产量，是适宜在海南槟榔间作可可园推广的生产管理措施。

五、施用生物有机肥促进林下栽培可可的生长和产量

生物有机肥含有多种供植物吸收和利用的营养元素和活性物质，可改善作物根系微生态环境中的理化性状及微生物活性，促进植物生长[55, 56]。其中部分有益微生物可活化土壤中的矿质养分，提高土壤中养分的有效性和酶活性[57]。因此，可可作为多年生作物，施用生物有机肥能够促进可可根系吸收、转化和储藏养分，并间接影响地上部生物量，是反映作物生长状况的重要指标。土壤中各有机、无机营养物质转化速度，主要取决于磷酸酶、脲酶和其他水解酶类等的酶促作用，其中土壤磷酸酶可加快有机磷脱磷速度，对提高土壤磷素有效性具有重要作用；脲酶酶促产物——氨是植物氮源之一；蔗糖酶与土壤有机质、微生物数量等相关，可增加土壤中易溶性营养物质[13, 58]。一般土壤肥力越高，蔗糖酶活性越强[59]。与此同时，使用枯草芽孢杆菌等微生物有机肥经固体发酵制得的生物有机肥，能够显著促进西瓜、黄瓜等作物的生长以及产量提高[55, 56]。因此，通过施用不同生物有机肥可能通过影响土壤酶活性，促进可可生长与提高产量。

基于上述研究，香饮所可可研究团队通过开展为可可施用生物有机肥的大田实验，明确施用促生菌与有机肥（微生物解菜粕蛋白制成的氨基酸肥料和猪堆肥）经固体发酵制得的生物有机肥，能够显著提高可可苗植株干重和根系生长参数，其原因一方面可能与生物有机肥中有益菌株可产生促进植物生长的生长素等活性物质有关[60]，其中，氨基酸肥料中含有小分子多肽等利于被作物吸收利用的氮源，有助于可可植物植株光合作用、蒸腾速率及叶绿素含量等反映植物生长代谢状况的重要指标的显著提高。另一方面，有机肥料具有较

强的酶活性，土壤酶活性能够更迅速地反映施肥措施对土壤肥力的影响[57, 61]。施用生物有机肥和牛粪的处理土壤酸性磷酸酶、脲酶和蔗糖酶活性显著提高，且施用生物有机肥的处理均不同程度地高于施用牛粪的处理，其中，氨基酸有机肥可活化土壤养分，土壤酸性磷酸酶和蔗糖酶活性明显增加[62]，此外，施用适当量的味精废液可改善花生氮代谢，增强土壤酶、蔗糖酶和酸性磷酸酶的活性[63]。育苗期施用生物有机肥可显著增加可可苗生物量，促进可可根系生长，增强植株新陈代谢能力，提高土壤中相关酶活性，且施用效果优于牛粪。

第三节　林下栽培可可的生产实践

一、林下栽培可可模式

可可喜生于温暖和湿润的气候和富含有机质的冲积土所形成的缓坡上，在排水不良的黏土上或常受台风侵袭的地方则不适宜生长。多用种子繁殖，但也有用芽接繁殖的。可可适宜种植于经济林下，在实际栽培实践中，可可常种植于椰子、槟榔和香蕉林下，一般情况下橡胶林下的郁闭度较高，不宜于可可的生长，但橡胶宽窄行种植模式下，可以间作可可。此外，在可可园中还能间作种植斑兰叶、油茶、糯米香、木薯和海南蒟等经济作物，用于提高单位面积农田产值（图4-2至图4-4）。

图4-2　槟榔—可可复合种植

图4-3　椰子—可可复合种植

图4-4　木薯—可可复合种植

二、林下栽培可可技术

林下栽培可可种植技术主要包括园地选择与准备、园地开垦、植穴准备、定植、田间综合管理、病虫害防治、采收管理等7个关键步骤，具体过程如下：

1.园地选择与准备

根据可可对环境条件的要求，选择适宜的栽培地，温度是首先要考虑的因素。此外，要生产优质可可，海拔与坡向选择，适合的光照、温度、湿度等小气候环境，也是非常重要的。园地的正确选择与规划能为可可园管理打下良好基础。

（1）气候条件。选择月均温22～26℃，年降水量1 800～2 300毫米的地区建园。

（2）土壤条件。选择土层深厚、疏松、有机质丰富、排水和通气性能良好的微酸性土壤。

（3）立地条件。在海拔300米以下的区域，选择湿度大、温差小、有良好防风屏障的经济林地、缓坡森林地或山谷地带。

（4）园地规划。根据地形、植被和气候等情况，周密规划林段面积、道路排灌系统、防风林带、荫蔽树的设置。

（5）小区与防护林。小区面积2～3公顷，形状因地制宜，四周设置防护林。主林带设在较高的迎风处，与主风方向垂直，宽10～12米；副林带与主林带垂直，一般宽6～8米。平地营造防护林选择刚果12号桉、木麻黄、马占相思、小叶桉等速生抗风树种，株行距为1米×2米。

（6）道路系统。根据种植园的规模、地形和地貌等条件，设置合理的道路系统，包括主路、支路等。主路贯穿全园，并与初加工厂、支路、园外道路相连。山地建园的主路呈"之"字形绕山而上，且上升的斜度不超过8°。支路修在适中位置，把大区分为小区。主路和支路宽分别为5～6米和3～4米。小区间设小路路宽2～3米。

（7）排灌系统。在园地四周设总排灌沟，园内设纵横大沟并与小区的排水沟相连，根据地势确定各排水沟的大小与深浅，以在短时间内能迅速排除园内积水为宜。坡地建园还应在坡上设防洪沟，以减少水土冲刷。无自流灌溉条件的种植园应做好蓄水或引提水工程。

2.园地开垦

（1）垦地。新建立的间作可可园最好全部开垦，清除杂草，以利可可生长。栽培可可时宜等高栽培，避免或减少土壤侵蚀。如与成龄经济林间作，可可不宜采用机耕，直接挖穴定植即可。

（2）荫蔽树的配置。可可定植前6个月、如永久荫蔽树尚未起作用，可在可可植穴的行间栽培临时荫蔽树，一般采用香蕉、木薯、木瓜、山毛豆等作物。可可树长大结实或永久荫蔽树起作用后，便可将临时荫蔽树逐渐疏伐。同时，在空地上可栽种花生、黄豆等作地面覆盖。

（3）栽培密度与配置方式。可可株行距取决于荫蔽树的栽培方式、品种、土壤和气候条件等。槟榔株行距为平地2.5米×2.5米，坡地2.5米×3米，可可与槟榔行间交错栽培，株行距与槟榔一致。如在现有槟榔园间作可可，同样依据槟榔株行距栽培，栽培方式与新开垦的种植园相同。新开垦的椰子间作可可园：可采用正方形（7米×7米，8米×8米）、长方形（7米×8米）和宽窄行密植（6米×9米+6米×6米）/2的栽培方式，在椰子行间和株间间作可可，可可采用2.5米×2.5米、2.5米×3.0米或3.0米×3.0米的株行距。注意在椰子茎基2米半径的活动根系内不宜栽培可可。

3.植穴准备

（1）挖穴。可可植前1个月按株行距挖60厘米×60厘米×60厘米的大穴，并将表土、底土分开放，同时清除树根、石块等杂物暴晒15天左右，按照原土层进行回土。

（2）施基肥。根据土壤肥沃或贫瘠情况施穴肥。每穴施充分腐熟的有机肥（牛粪、猪粪等）10～15千克、钙镁磷肥0.2千克作基肥，先回入20～30厘米表土于穴底，中层回入表土与肥料混合物，表层再盖底土，回土时土面要高出地面约20厘米，呈馒头状为好。植穴完成后，在植穴中心插标。

4.定植

可可苗根系较弱，叶片大，易失水，定植时必须随起苗、随运输、随定植、随淋水、随遮阴、随覆盖等作业。如苗出圃后因故延迟定植时，应将苗木置于荫蔽处，并淋水保持湿润。

（1）定植时期。定植时期视各地的气候情况及幼苗的生长情况而定。在海南，春、夏、秋季均可定植，但以雨水较为集中时定植最佳，多选择在7—9月高温多雨季节进行，有利于幼苗恢复生长。在春旱或秋旱季节，灌溉条件差的地区不宜定植。在冬季低温季节，定植后伤口不易愈合，且不易萌发新根，影响成活率，这些地区应在早秋季节定植完毕，有利于幼苗在低温干旱季节到来之前恢复生机，次年便可迅速生长。

（2）定植方法。起苗时伤根过多的植株，可根据苗木强弱剪去1/2 ～ 2/3 的叶片，以减少水分蒸腾，但剪叶不可过度，否则会影响可可树的生长。按种苗级别分小区定植，定植时把苗放于穴中，除去营养袋并使苗身正直，根系舒展，覆土深度不宜超过在苗圃时的深度，分层填土，将土略微压实，避免有空隙，定植过程中应保持土团不松散。植后以苗为中心修筑直径80厘米树盘并盖草，淋足定根水，以后酌情淋水，直至成活。植后应遮阴并立柱护苗，一般可用木棍插入土中直立在苗旁或将木棍斜插在土中与苗的主干交叉立柱后用绳子把苗的主干适当固定在木棍上。植后约半年，当苗木正常生长后，可除去木棍。

（3）植后管理。定植后3 ～ 5天如是晴天和温度高时，每天要淋水1次，在植后1 ～ 2个月内，应适当淋水以提高成活率，如遇雨天，应开沟排除积水，以防止烂根。植后1个月左右抽出的嫩芽要及时抹掉，并及时补植缺株，保持果园苗木整齐。

5.田间综合管理

（1）土壤管理。可可根系比较纤弱，主要根系都分布在表土层，因此，加强土壤的管理，保护好土壤表层的有机质和良好的结构就显得十分重要，尤其是树冠尚未郁闭的幼龄可可园。可可原产于热带雨林下，高温高湿的环境使其快速生长，故从幼树期到树体本身能通过落叶形成覆盖层前，应进行树盘周边根际覆盖，形成与原产地相似的雨林根际环境，减少土壤水分蒸发，夏降土温，冬升土温，增加表土有机质，减少杂草。覆盖的材料主要分为两种：一种是死覆盖，即在直径2米树冠内修筑树盘，以枯枝落叶椰糠或秸秆作为覆盖物，厚3 ～ 5厘米，并在其上压少量泥土，需要注意的是覆盖物不应接触树干；行间空地可保留自然生长的草。另一种是活覆盖，即在可可行间栽培卵叶山蚂蝗、爪哇葛藤、毛蔓豆等豆科作物作为覆盖物，但是不宜间作甘蔗、玉米等高秆作物或耗肥力强的作物，且间作物距可可树冠50厘米以上，对活覆盖必须加强管理，防止其侵害可可植株。植株成活后，每年应中耕除草，般幼龄树每年3 ～ 4次，并结合松土，以提高土壤的保水保肥能力和通气性。可可成龄后一般不主张在植株附近深耕与松土，而是于每年夏季或冬季进行深翻扩穴压青施肥，以改良土壤。具体方法是沿原植穴壁向外挖宽和深各40厘米、长80 ～ 100厘米的施肥沟沟内施入杂草、绿肥，并撒上石灰，再施入腐熟禽畜粪肥或土杂肥等有机肥约10千克、钙镁磷肥或过磷酸钙300克后盖土。每年扩穴压青施肥1 ～ 2次，逐年扩大。

（2）水分管理。在雨水分布不均匀、有明显旱季的地方，当土壤水分减少到只有有效水的60%时，可可的光合作用与蒸腾作用开始下降。因此，为了保证土壤有足够的水分供应可可正常生长，在旱季应及时灌溉或人工灌水。在雨季，如果园地积水，排水不畅，也会影响可可的生长。因此，雨季前后应对园地的排水系统进行整修，并根据不同部位的需求扩大排水系统，保证可可园排水良好。

（3）荫蔽树管理。为了形成一个良好的荫蔽，在对可可树进行整形修剪的同时还必须根据气候、土壤条件和植株生长情况对荫蔽树进行修剪，否则荫蔽度过大会导致可可树不能正常抽芽、开花、结果。随着可可树的生长，其自身树冠逐渐郁闭地面，此时荫蔽树造成的荫蔽度必须逐渐减小，尤其是土壤比较肥沃的园地，一般当永久荫蔽树起作用时，应及时将临时荫蔽树砍掉。当荫蔽度过大时，应对过密的荫蔽树枝条进行修剪或疏伐荫蔽树，当可可的荫蔽度不足时，就应栽培或补种荫蔽树。

（4）施肥管理。对可可的生产管理可同时提高槟榔园和椰园施肥量。另外，大量可可枯枝落叶凋落物分解为天然肥料，增加了槟榔园和椰园土壤有机质等养分含量，促进了土壤有益微生物活动，土壤养分比例趋向平衡，同时可防控杂草。可可树生长迅速，幼树每年抽生新梢6次左右，进入结果期后，除了营养生长外，还终年开花结实。可可对养分的需求量还与其所处的荫蔽度有关，荫蔽度低时需要更多的养分才能达到高产，如果荫蔽合适则达到高产时的需肥量就要少得多。可可树在成龄时，一般40%～60%的荫蔽度较合适，以下论证的施肥量都是指在该荫蔽度下的施肥量。按每公顷平均年产可可豆800千克计，每年可可从每公顷土壤吸收氮16千克、磷7千克、钾10千克、钙2.4千克、镁4千克。但是可可果实所消耗的养分在可可园所消耗的总养分中仅占很小的比例，植株的根、干、枝和叶片等组织及荫蔽树消耗了更多的养分，还有一些养分被雨水淋溶或暂时不能利用。因此，每年必须给土壤补充大量的养分，才能保证可可树持续开花结果。香饮所可可团队的研究表明，幼龄可可每年施有机肥15千克/株，能够使幼苗月平均增粗达0.21厘米，比未施肥对照增加133.3%，且在定植18个月后有40%植株开花，而对照未开花施有机肥促进了可可根系的伸展，增加了吸收根的数量，故充足的有机肥是可可速生丰产的重要条件根据。可可生长结实对养分的要求较高。除了充足的有机肥外，还要配合施用化肥，其中钾肥的施用可减少可可树干果，提高坐果率，对增产效果十分显著，可可豆产量比试验前增加了247%；氮肥的施用对幼龄可可的生长发育有显著效果，可以提高初产期的产量，但在可可树冠已发育起来、互相荫蔽以后，施用氮肥的效果就不显著，如在磷肥不足的条件下，甚至可能抑制可可生长，施用磷肥也能使可可获得增产效果。此外，养分间比例的平衡比实际施用量更重要，钾、钙、镁的最适比例为1：8.5：3，氮和磷的最适比例为2：1，按这一配方对4年生的可可树施肥，在第2年就可使每公顷增加干豆300～600千克，同时钙可促进可可枝条的发育与生长，提高产品的品质；镁可消除脉间褪绿病；适量的锌可提高产量；适量的硼可促进生长。因此，可可需要充足而平衡的土壤养分。此外，荫蔽树本身每年消耗土壤中储备的大量养分也必须靠施肥不断予以补充。

根据多年研究和经验，总结我国复合栽培可可施肥技术如下：

幼龄可可园勤施薄肥，以氮肥为主，适当配合磷、钾、钙、镁肥。定植后第1次新梢老熟、第2次新梢萌发时开始施肥，每株每次施腐熟稀薄的人畜粪尿或用饼肥沤制的稀薄水肥1～2千克，离幼树主干基部20厘米处淋施。以后每月施肥1～2次，浓度和用量逐渐增加。第2～3年每年春季（4月）分别在植株的两侧距主干40厘米处轮流穴施1次有机肥10～15千克，5月、8月、10月在树冠滴水线处开浅沟分别施1次硫酸钾复合肥（15：15：15），每株施用量30～50克，施后盖土。

成龄可可园施肥应在每年春季前，可可冠幅外轮流挖一深30～40厘米、长60～80厘米、宽20厘米左右的沟，结合压可可落叶、施1次有机肥，每株施用量12～15千克。5月、8月、10月在树冠滴水线处开浅沟分别施1次硫酸钾复合肥（15：15：15）每株施用量80～100克，施后盖土。开花期、幼果期、果实膨大期、根据树体生长情况每月喷施0.4%尿素混合0.2%磷酸二氢钾和0.2%硫酸镁，或氨基酸、微量元素、腐殖酸等叶面肥2～3次。

（5）整形修剪。合理的整形修剪使可可树主干通透，分枝层次分明，树冠结构合理，叶片光合作用率高，促进生长和开花结果。整形修剪是项长期而重要的工作。具体而言，可可实生树主干长到一定高度在同一平面自然分枝5条左右，保留3～4条适宜的健壮分枝作为主枝。如果主干分枝点高度适宜，将主干上抽生的直生枝剪除，如果分枝点部位80厘米以下，则保留主干分枝点下长出的第1条直生枝，保留3～4条不同方向的分枝作为第2层主枝，与第1层分枝错开、形成"一干、二层"的双层树形。可可扇形枝自根系植株和芽接树分枝低而多，扇形枝迟早会抽出直生枝，如果让一条直生枝任意生长，会抑制其他扇形分枝而使植株形成实生树的树形。生产试验证明，修去全部直生枝的扇形枝树和让一条基部直生枝发育并除去原始扇形枝的直立形树，它们之间的产量在7龄以内有显著的差异。因此，为了使这些植株形成一个较高的树形，前分枝应当修去，一般只留下80～100厘米处的3～4条健枝，让其发育形成骨架，使树枝伸展成框架形，树冠发育成倒圆锥形。此外，整形应在植后两年逐步轻度进行，过度剪除幼龄植株的叶片对其生长不利。修剪即除去不必要的枝条，以改善树形、控制高度、方便采收。可可树修剪宜在旱季进行，修剪工具必须锋利，前口要求光滑、洁净。修剪次数各地不一，1龄可可树应2～3个月修剪1次，之后每年进行轻度修剪3～5次，剪除直生枝、枯枝及太低不要的分枝，且将主枝上离干30厘米以内和过密的、较弱的、已受病虫侵害的分枝剪除，并经常除去无用的徒长枝，使树冠通气、透光。这一措施在环境潮湿、长期阴天的地区、植株密度较大和荫蔽度大的可可园尤为必要。

6.可可病虫害防治

可可生产中病虫害防控应贯彻预防为主、综合防治的基本原则。可可有多种病虫害，应结合园内除草控制，以整形修剪、化学防治、生物防治等多种措施进行综合管理。一般情况下，可可的主要病害有黑果病、干果病等；主要虫害有茶角盲蝽、介壳虫、小蠹虫等。

（1）可可黑果病。引起可可黑果病的主要病原菌为棕榈疫霉（*Phytophthora palmivora*）和柑橘褐腐疫霉（*Phytophthora citrophthora*）的真菌。其主要症状病菌主要侵害果荚，也常侵害花枕、叶片、嫩梢、茎干、根系。果荚染病后，表面开始出现细小半透明状的斑点，斑点迅速变成褐色，再变成黑色，病斑迅速扩大，直到黑色病斑覆盖整个果荚表面。在潮湿环境中，染病黑色果蔓表面长出一层白色霉状物，果荚内部组织呈褐色，病果逐渐干缩、变黑、不脱落。花枕及周围组织受害，开始皮层无外部症状，但在皮下有粉红色变色受害叶片，先在叶尖湿腐、变色，迅速蔓延到主脉；较老的病叶呈暗褐色、枯顶，有时脱落。嫩梢受害常在叶腋处开始，病部先呈水渍状，很快变暗色、凹陷，常从顶端向下回枯。茎干受害产生水渍状黑色病斑，病斑横向扩展环缢后，病部以上的枝叶枯死。根系受害变黑死亡。可可黑果病主要发生在高温高湿环境，通过黑蚂蚁、白蚁和其他昆虫传播，这些昆虫往树干上搬运含有致病菌孢子的土壤，致病菌散播到可可果荚。裸露的地表会加剧可可黑果病传播，暴雨天气雨滴飞溅，将致病菌孢子溅播到可可果荚。感染可可黑果病的果荚也是病菌传播的主要源头，下雨或有风天气，将致病菌孢子冲刷或吹到健康果荚上，导致果荚染病。可可黑果病危害严重，果荚一旦感染而又未及时处理，会传染到树上大部分果荚，并造成严重的产量损失。

黑果病防控方法主要是：①修剪荫蔽树及可可树，降低园内荫蔽度，保证可可枝条阳光充足。②清理染病可可果荚，集中堆放在可可园内行间地面，并用修剪的枝叶覆盖。③清理病枝和枯枝并及时修剪直生枝。④定期收获成熟果实，树上不要留有过熟的可可果实。⑤地表以落叶、有机物等进行覆盖，防止雨滴传播致病菌。⑥定期清理树干、树枝上蚂蚁搭建的泥土巢穴和通道。⑦刚投产的可可种植园，发现病果及时清理，以免产生持续性影响。⑧种植抗病性强的可可品种，如阿门罗纳多（Amelonado）类品种。⑨在可可黑果病的高发期（海南地区主要是9—11月的雨季）及时喷药防控。选用的药剂为58%平霜灵·锰锌可湿性粉剂800 ~ 1 200倍液、50%烯酰吗啉可湿性粉剂500 ~ 1 000倍液、整株喷药，每隔10 ~ 15天喷1次，直到雨季结束。

（2）可可干果症。在幼龄期可可树或部分成熟可可树，当可可幼果水分失去平衡，果荚膨胀压下降，果荚木质部导管出现黏液状物质，其阻塞水分进入果荚，整个果荚丧失膨胀压，随后从果荚顶端开始变黄，并在1周内蔓延至整个果荚。果荚完全黄化后，再逐渐萎蔫成黑褐色。在果荚萎蔫末期，子房加速生长导致果荚不同组织差异化膨胀，与此同时果皮细胞和内部维管束组织仍在增大，然而果荚外层组织木质化，最终导致果荚僵化，萎蔫成黑褐色的干果仍附着在枝干上。其成因主要是可可植株叶片大量抽生期，由于树体无法通过光合作用产生足够的能量，同时支撑嫩叶与幼果生长发育养分竞争导致干果数量上升，植株的根冠平衡与干果直接关联。可可开花量大，然而仅有0.5% ~ 2%的花成功授粉坐果，未能授粉成功的花会在开放后32小时凋落。可可花成功授粉后6 ~ 8天，子房出现发育迹象，这些未成熟的荚果常被称为幼果。由于虫害及其他原因，一般有多达75%的幼果出现生理性干果，只有少部分的幼果能发育成为成熟的果荚。可可干果发生在果实发育的两个时期：第一个高峰期是从授粉后50天开始到胚乳细胞形成细胞壁结束；第二个高峰期是在授粉后70天，之后随着果荚新陈代谢能力的提升，干果现象便逐渐消失。

干果病的主要防控方法就是在可可种植园内保持合适的荫蔽度，降低园地湿度，减少原生藻菌和真菌病原体的传播与孢子形成。控制可可植株高度，适当降低园地荫蔽度，可有效降低干果率。在果实发育初期，及时修剪新生直生枝与过密扇形枝，降低养分竞争。生产中，增加内生型芽孢杆菌的菌落数量，不仅可以减少黑果病发生频率，也可以降低干果的发生。

（3）茶角盲蝽。茶角盲蝽（*Helopelfis theivora* Waterh）属半翅目，盲蝽科昆虫。体褐色或黄褐色。体长4.5～7.0毫米，宽1.3～1.5毫米。可可盲蝽成虫和若虫多在傍晚和清晨取食香草兰嫩梢、花蕾、幼荚等幼嫩组织。初孵若虫经2小时后便开始取食，取食时，以口针刺吸组织汁液，1分钟便能出现一个斑点，而后被害部出现由浅灰色水渍状到黑褐色坏死的斑纹；取食后显现的斑点依虫龄不同有别，虫龄小则斑点小而密集，虫龄大则斑点大而稀疏；平均每只成虫或若虫一天可危害2～3个嫩芽。受害部位出现坏死斑点，严重时可使嫩叶嫩梢干枯，豆荚畸形。

防治方法：加强田间管理，及时清除园中杂草和周边寄主植物，减少可可盲蝽的繁殖滋生场所。每年3—5月、10—12月为茶角盲蝽高发期，应及时喷药防治。喷药时间选在上午9时前或下午4时后，每隔7～10天喷药1次，连喷2～3次。可用20%氰戊菊酯6 000倍液、1%阿维菌素5 000倍液、50%杀螟硫磷、50%马拉硫磷喷施嫩梢及花芽。

（4）介壳虫。危害可可的介壳虫主要有双条拂粉蚧（*Ferrisia virgata* Cockerel）和康氏粉蚧（*Pseudococcus comstocki* Kuwana），属半翅目，蚧科。介壳虫是一类小型昆虫，主要侵害植物的根、树皮、叶、枝或果实。常群集于枝、叶、果上常和蚂蚁互利共生。成虫、若虫以针状口器插入果树、枝组织中吸取汁液，造成枝叶枯萎，甚至整株枯死。幼果受害多成畸形果。排泄蜜露常引起煤污病发生，影响光合作用。

防控方法主要有：认真清园，消灭在枯枝、落叶、杂草与表土中的虫源。介壳虫自身传播扩散力差，生产过程中如发现有个别枝条或叶片有介壳虫，虫口密度小时，可用软刷轻轻刷除，或结合修剪，剪去虫枝、虫叶，集中烧毁。保护和利用天敌。如捕食吹绵蚧的澳洲瓢虫、大红瓢虫，捕食寄生盾蚧的金黄蚜小蜂、软蚧蚜小蜂、红点唇瓢虫等都是有效天敌，可以用来控制介壳虫的危害，应加以合理的保护和利用。介壳虫在若虫孵化后，先群居取食，爬行一段时间后即固定危害，一般固定3～7天后就可形成介壳。介壳虫刚形成的前几天体壁软弱，是药剂防治的关键时期。因此，应在介壳虫蜡质层未形成或刚形成时，用10%高效氯氟氰菊乳油1 000～2 000倍液、杀螟硫磷1 000倍液喷雾防治。发生期每7～10天喷1次，连续喷2～3次。对已经开始分泌蜡质介壳虫的若虫，可喷施含油量5%的柴油乳剂（柴油乳剂的配制方法为柴油：肥皂：水100：7：70，先将肥皂切碎，加入定量水中加热，待肥皂完全融化后，再将已热好的柴油注入热肥皂水中，充分搅拌即成），也有很好的防控效果。

（5）小蠹虫。危害可可的小蠹虫主要是暗翅足距小蠹（*Xylosandrus crassiusculus* Motschulsky），属鞘翅目，象甲科，虫体 2 ~ 4 毫米大小，成熟成虫体红棕色，体粗壮。暗翅足距小蠹侵入可可枝干部分，成虫先在可可树上钻侵入孔，交尾后再咬蛀与树干平行的母坑道，并将卵产在坑道两侧，幼虫孵化后，在母坑两侧横向蛀食，咬蛀与树干略成垂直的子坑道。被害树体表面可见针锥状蛀孔，并有黄褐色木质粉柱。暗翅足距小蠹可携带真菌 *Ceratocystis cacaofunesta* 传播枯萎病，这种真菌在可可树干或枝条内部组织中繁殖，阻塞水分和营养传播，造成树体萎蔫或干枯。当虫体在虫洞内爬行时会携带真菌孢子，病菌随着虫体运动而传播扩散。暗翅足距小蠹除在扬飞期会外出活动寻找新宿主，其余大部分时间都隐藏在植株枝干内，侵入孔也被蛀屑堵住，使用化学防治方法较难防治。同时，暗翅足距小蠹虫体较小，难以观察检出，在虫害检测和调查时容易被忽略。

因此，在生产上常用以下方法进行防控。加强可可园抚育管理，适时合理地修枝、间伐，改善园内卫生状况。肥水充足，保持树体长势旺盛和抗虫能力。定期检查可可园，对虫害死树、残桩或经治理无效的严重受害树及时砍伐，并集中烧毁，消灭虫源。锯除伤残枝干的伤口，用沥青柴油混合剂涂封。定期清除可可园内杂草、枯枝及周边野生寄主等，发现可可园附近有被小蠹虫钻蛀死亡的宿主，应焚烧处理。在 3 月成虫刚开始活动时，在种植园周围放置一些衰弱的枝条，引诱成虫；在 5 月和 7 月再分别引诱扬飞的子代成虫，集中烧毁诱木，可大幅减少虫口数量，有效降低虫口大规模暴发。在可可园悬挂酒精及类似双环螺缩醛类化合物进行引诱、并在引诱器附近辅助悬挂 525 纳米的绿色光源或 395 纳米的紫色光源，能达到良好的引诱效果。在成虫羽化盛期外出活动时，可选用 25% 溴氰菊酯乳油 1 000 倍液或 48% 毒死蜱乳油 800 倍液，喷雾降低虫口密度。

7.采收管理

（1）采果。可可果实成熟后呈现黄色或橙黄色，在果实成熟季每 1 ~ 2 周集中采摘一次。采摘果实时，剔除病果、坏果。用剪刀或镰刀将可可果实采下。用手直接将果实从树干上拉下或拧下，会损伤果枕，病菌也会从扭伤部位进入树体而致病。过早采摘果实，果肉含糖量低，种子不充实，发酵不良；过熟采摘果实，果肉含水量降低，种子可能感染病害，也可能发芽，发酵速度过快致使可可豆品质不一。采收后的可可果可以存放2～7天，长时间存放会加速可可的预发酵，发酵时可可豆温度升高过快，影响发酵质量。

（2）取豆。可可果实采摘后应及时取豆加工，采摘后的果实放置时间不宜超过1周，通常用长方形木块或合适刀具破开果实，将可可湿豆收集在簸箕或塑料桶等容器。破果时，不要用锋利的刀切开果实，以免划破可可豆。要避免下雨天取豆，否则雨水会冲刷出果肉中的糖分，影响后续发酵。必须剔除感染黑果病、过熟的可可种子。

（3）发酵。可可湿豆一般在木箱中发酵。一般在取豆后24小时内开始发酵；不同批次的可可湿豆单独发酵，不要将不同批次的可可湿豆混合发酵，发酵中途不要再加入新鲜的可可湿豆。可可湿豆需要连续发酵5～7天。发酵过程中，从第三天开始每天翻一次湿豆，促进空气进入木箱内部，同时分离粘连的湿豆。每次翻豆，将位于木箱角落、边缘的湿豆与内部的湿豆充分混合，使得湿豆能均匀发酵。发酵后的可可豆呈棕色或者紫棕色，不经过发酵的可可豆干燥后呈石板色。采用不经过发酵的可可豆加工巧克力，苦涩味为主要风味，缺乏明显的巧克力香气，而且外表呈现灰棕色。

（4）干燥。可可湿豆发酵完成之后，应及时干燥。可可湿豆种皮会在12～24小时内变干，阻碍湿豆内部水分挥发，不及时干燥，湿豆就会发霉腐烂。采用的方法多为日晒干燥，在少雨季节，可以直接将发酵好的可可豆晾晒在水泥地面上，但在雨季，需要晾晒设施来辅助干燥。晾晒设施由木架、顶棚构成，木架离地面高1米左右、宽2米左右，顶棚位于木架上，中间凸起，顶部覆盖透明塑料膜。晾晒前2天内勤翻豆子，每2～3小时用耙子翻晾1次，耙开粘连的可可豆防止结块。可可豆日晒7～8天即可完成干燥。

（5）包装储藏。干燥好的可可豆自然冷却后，装入包装袋，保证可可豆含水量在7%以下。环境湿度大，可以在包装袋内加装一层塑料膜。可可豆储藏仓库应选在排水良好、干燥的高地，密闭通风，防止老鼠等动物盗食。搬动装有可可豆的包装袋动作要轻，不要在装有可可豆的包装袋上踩踏坐卧，以免损伤袋内可可豆。

三、林下栽培可可的经济效益

可可是一种重要的经济作物，其果实可制成巧克力、可可粉等产品。通过种植可可树，农民可以收获可可果实，并将其出售给巧克力加工厂或其他食品生产企业。由于可可的市场需求量大且价格相对较高，农民可以通过林下栽培可可，可以在原有的土地上获得更多的收益，也可以通过销售可可果实以及可可产品获得额外且可观的利润收入。此外，通过充分利用林下资源，减少土地租赁费用等成本支出，同时提高灌溉与施肥效率，显著提高生产效益。

林下栽培可可可以促进农业结构的调整和优化。可可复合栽培能够最大限度地利用土地，并提高土地利用率和生产效益，是对经济农田中主要作物生产的良好补充。通过发展林下栽培，可以增加农业生产的多样性，可以使农户在不同的季节和市场条件下获取稳定和多样化的农产品收入来源，在提高农业竞争力的同时增强抗风险能力，促进农业长期稳定发展。

林下栽培可可还可以提高农业生产的可持续性。相比传统的单一作物种植，林下栽培可可可以降低土地的单一性和生产风险，增强土地的耐受性和抗灾能力。因为林下栽培可可可以促进土壤的水分保持和养分循环，减少使用化肥和农药的需求，降低土地的环境污染，进一步降低农产品生产过程中的成本，通过合理利用林下资源，可以增加农作物的种植面积和质量，提高农产品的产量和品质，增强农业的竞争力和可持续发展能力。

可可的种植和加工可促进第三产业发展，丰富产业结构、能够促进区域经济的发展。通过种植、加工和销售可可，可以带动相关上下游产业的发展，如加工业、包装业、运输业、服务业等，增加就业机会和区域经济活力。林下栽培可可可以发展区域性第三产业，在多个行业产业之间形成有机交互链条，刺激与促进产品设计、物流运输等行业同步发展。林下栽培可可可以针对性地改变本地区产业结构单一、产业发展活力不足等共性问题，符合当前高要求的林下栽培技术应用。

海南省琼中县上安乡槟榔林下种植可可是一个提高经济效益的典型案例。上安乡地处海南岛中部，拥有得天独厚的自然环境，丰富的林地资源和适宜的气候条件，为林下种植可可提供了得天独厚的条件。近年来，上安乡积极响应国家关于发展林下经济的号召，结合本地实际，大力推广槟榔林下种植可可，取得了显著的经济效益和社会效益。

上安乡在推广林下种植可可之前，主要以传统农业为主，农民收入水平相对较低。为了改变这一现状，上安乡政府决定依托本地丰富的林地资源，发展林下种植可可产业。通过引进优质可可品种，提供技术支持和资金扶持，鼓励农民利用林地资源进行林下种植可可。具体应用为：

（1）品种引进。上安乡从热科院香饮所引进适应当地气候和土壤条件的优质可可品种，确保种植成活率和产量。

（2）技术培训。乡政府组织热科院香饮所的可可栽培专业技术人员对农民进行可可种植技术培训，包括育苗、移栽、施肥、病虫害防治等方面的知识，提高农民的可可种植技术水平。

（3）资金支持。乡政府为农民提供资金支持，包括种子、化肥、农药等生产资料的补贴，以及贷款优惠政策，降低农民种植成本。

（4）市场开拓。乡政府积极与中国热带农业科学院等科研机构合作，科技赋能可可生产与加工技术；并加强与国内外可可加工企业建立合作关系，建立可可果收获、仓储、运输体系，确保可可产品的销售渠道畅通。

通过林下种植可可，上安乡农民的收入水平得到了显著提高。据统计，林下种植可可的农户人均年收入增加了近万元，有效带动了当地经济的发展。

四、林下栽培可可的社会效益

1.促进农村经济发展

林下栽培可可可以增加农民的收入来源，提高农村经济的整体水平。通过林下栽培，农民可以在不增加土地面积的情况下，通过合理利用林下空间，增加农作物的种植面积，提高农作物的产量和质量，从而获得更多的收益。

2.改善农村生活环境

可以改善经济林生态系统多样性与稳定性，减少农药与化肥的使用，提高农作物的抗灾能力，减少农村地区的面源污染；与此同时，可可也能够作为一种观赏作物，显著改善农村的景观与生活环境。

3.推动农村产业升级

林下栽培可可可以促进农村产业升级，提高农业现代化水平。通过发展林下栽培，可以引入更多的先进技术和经营理念，提高农业生产效率和管理水平，推动农业现代化进程。

4.促进农民就业创业

林下栽培可可可以提供更多的就业机会和创业平台，帮助农民实现就业创业。通过发展林下栽培，可以带动相关产业的发展，如加工、销售、物流等，从而提供更多的就业岗位和创业机会，促进农民增收致富。此外，林下栽培可可可以增加经济类型，对于人才引进与民生就业等均有深刻影响。

5.传承历史文化

林下栽培可可还能带来文化价值和教育价值。可可在南美洲印第安人社会中拥有悠久历史，与土著文化、民族历史紧密相连，种植和加工可可还能传承和展示当地重要的文化和历史。种植和加工可可也可以被用于各种工艺和艺术中，如手工艺品、美食、艺术品等。同时，在学校课程中引入林下栽培可可的知识，也可以促进学生对生态、经济和文化的认识和理解。

　　总之，林下栽培可可的社会效益非常显著，不仅可以促进农村经济发展、改善农村生态环境、推动农村产业升级、促进农民就业创业，还可以增强农业可持续发展能力，为农业的长期稳定发展和农村的经济文化繁荣奠定坚实基础。

五、林下栽培可可的生态效益

　　林下栽培可可的生态效益非常显著，不仅可以改善土壤质量、保持水土、调节气候、保护生物多样性，还可以促进生态系统的稳定性，为农业的可持续发展提供有力保障。主要体现在以下几个方面：

　　1.资源利用效率高

　　在经济林中种植可可树，不仅可以利用已有的土地资源，还可以最大限度地减少土地资源的浪费，显著提高土地利用率。可可复合栽培可以更好地利用光能、水资源和养分。不同作物的组合可以共享土壤中的养分，降低肥料的使用量。此外，树木的树荫可以减少水分蒸发，提高水资源的利用效率。

　　2.土壤保护和生态平衡

　　可可复合栽培有助于保护土壤的健康和生态平衡。树木和其他植物可以减少水土流失，有提供遮阴和保持土壤湿润的功能。同时，不同植物之间的相互作用也可以减少病虫害的发生。

　　3.促进经济林生态系统健康发展

　　可可树的树冠可以起到遮阴作用，减少森林内部的水分蒸发和土壤侵蚀。同时，可可树的根系也可以增加土壤的保持力，并提供有机物质来改善土壤肥力。这样一来，可可树与森林中的其他植物形成了良好的生态循环，促进了森林的健康发展。

　　4.提高农业生态系统的多样性和稳定性

　　在森林中种植可可树，可以为许多动物提供食物和栖息地，促进野生动物的繁衍和生物多样性的保护。同时，可可树还可以吸收大量二氧化碳，有助于缓解气候变化带来的负面影响。

　　5.改善农村生态环境

　　林下栽培可以促进林木的生长和发育，提高森林的生态效益。同时，可可树的种植也可以改善土壤质量，增加土壤肥力，提高农作物的抗灾能力，减少农业灾害的发生。

综上所述，可可复合栽培是一种可持续发展的种植模式，可以提高土地利用效率，保护环境，增加农民收入，维护生态健康。

第五章

林下栽培胡椒理论与实践

第一节 胡椒概况

胡椒（*Piper nigrum* L.）是胡椒科胡椒属多年生常绿藤本植物，是世界上重要的香辛料作物（图5-1）。胡椒原产于印度西高止山脉的热带雨林，早在2000年前已有栽培，后来传入马来群岛、斯里兰卡和印度尼西亚，现已遍及亚洲、非洲、拉丁美洲三大洲的40多个国家和地区，其中绝大多数是发展中国家。主要生产国为印度、越南、巴西、印度尼西亚、中国、马来西亚，种植面积和产量均占世界胡椒种植面积和总产量的85%以上。我国胡椒最早于1947年引种，现已遍及海南、广东、广西、云南和福建等五省（自治区），种植面积近2.7万公顷、年总产量逾4万吨，种植面积和年产量分别居世界第六位和第五位。其中海南是主产区，种植面积和产量均占全国的90%以上，目前，海南胡椒已发展成一个年均产值超过10亿元、关系100万以上农村人口收入的重要产业。胡椒产业已成为海南省农业规划确定的发展重点及我国热区农民经济收入的重要来源。

图5-1　胡椒

一、胡椒的生物学特性

1.形态特征

（1）植株。胡椒植株在高温潮湿地区生长茂盛，自然状态下生长高度可达7～10米。在生产上，一般让胡椒植株攀爬在一根支柱上，将其高度控制在2.5～3米之间，通过整形修剪等技术措施促使植株树冠成为圆筒形，冠幅达到120～160厘米；也可以槟榔、厚皮树等树体做支柱，一般高度控制在5米左右。

（2）根系。胡椒生产上主要采用插条苗种植，种子苗多用于育种工作。插条繁殖的植株无真正主根。根系包括骨干根、侧根和吸收根。骨干根由气生根及切口根生长发育而成。骨干根长出侧根，侧根上有细小的吸收根。插条繁殖的根系分布在垂直方向0～60厘米土层，以10～40厘米土层最多。部分深度可达1米。种子苗繁殖的根系由主根、侧根等组成。

（3）藤蔓。蔓上长有庞大的节，节上长有气生根，植株由气生根附着而攀爬于支柱上。蔓节上的叶腋内有处于休眠状态的叶芽，叶芽可抽生成新的主蔓。新蔓基部两侧长有两个副芽，当新蔓损坏后两个副芽可抽生1条或同时抽生2条新蔓。

（4）枝条。从蔓节上的叶腋抽生而来，有庞大的节，枝节上无气生根、叶片和果实生长。枝节上的叶腋内有处于休眠状态的叶芽，可抽生成新的枝条或生长叶片、花穗、果穗。

（5）叶片。叶全缘，单叶互生，椭圆形或卵形，表面深绿色，有光泽。背面浅绿色。掌状脉有一条明显的主脉，侧脉从近基部发出一般5～7条，叶柄较短，1～2厘米，无毛。

（6）花。穗状花序，雌雄同株。花穗生长在枝条节上，叶片的对侧，一般长6～12厘米，30～150朵小花螺旋排列其上。卵圆形柱头3～5裂，雄蕊分布在雌蕊两侧。

（7）果实和种子。花穗上的小花授粉十天后，子房开始膨大，逐渐形成小果，果实为浆果，初期为绿色，成熟时变为红色。种子呈球状，黄白色，种子由种皮、内胚乳、外胚乳和胚等组成。

2.开花结果习性

胡椒花穗由枝条上的侧芽发育而来，而侧芽是混合芽，花芽和叶芽同时分化。花芽在养分和水分充足时发育成正常的花穗，然后开花结果。所以胡椒几乎全年都可以抽穗开花，具有周年开花结果的习性。

周年开花比一季花产量低，采收投入劳动成本高，长期养分消耗会导致树体早衰。所以生产上根据产地气候条件选择适合的季节放一季花称为主花期，一般为春花、夏花和秋花。我国海南冬天气温较高，全年降水丰富，在9—11月放秋花；我国其他产区冬天温度较低，在4—5月放春花；东南亚等产区冬天高温干旱，干湿分明，在7—8月放夏花。胡椒花期较长，从开始抽穗至抽穗终期需2～3个月。

坐果后在30～40天内生长发育较快，40～75天果实增大速度逐渐变慢，75天之后增长速度更慢，以至于出现间歇性生长现象，此后转入灌浆充实时期，胡椒从抽穗至果实成熟需要9～10个月。

二、胡椒的经济意义

胡椒的种子含有挥发油、胡椒碱、粗脂肪、粗蛋白等成分，是人们喜爱的调味品；在医药工业上可用作健胃剂、解热剂及支气管黏膜刺激剂等，可治疗消化不良、寒痰、咳嗽、肠炎、支气管炎、感冒和风湿病等；深加工产品胡椒油、胡椒油树脂和胡椒碱等是制药行业中多种药物的必需原料和中间体；在食品工业上可用作抗氧化剂、防腐剂和保鲜剂；经过生物工程改造后，可广泛应用于现代制药、戒烟、戒毒和军事等领域。随着科技的发展，胡椒的食用和药用价值将不断拓宽，需求量也日益增长。胡椒是多年生作物，一般种植后2～3年即开始有少量收获，3～4年后开始进入盛产期，经济寿命可达20年以上，年产量达1 500～2 250千克/公顷（白胡椒，以下同），管理良好的胡椒园年产量可达3 750～4 500千克/公顷，小面积年产量甚至达到7 000～10 000千克/公顷。

第二节　林下栽培胡椒的理论研究

一、间作模式下的胡椒产量提升，且品质不受影响

槟榔间作可以显著提高胡椒产量。研究表明不同地点、不同种植模式以及二者交互作用均对胡椒产量存在极显著的影响[64]。不同试验点之间表现为不同产量水平，主要与各点养分投入、土壤基础肥力、胡椒树体状况等存在差异有关；但在同一地点、不同种植模式之间均表现为间作模式胡椒产量显著高

于胡椒单作。其中，在单作胡椒产量水平较低的琼海东红、大路，间作对胡椒产量的增产效果最为明显，增幅在25.0%～135.5%；单作产量水平较高的万宁龙滚镇和文昌迈号镇，增幅在18.9%～52.9%。这一结果说明，在种植管理条件基本一致的条件下，胡椒园间作槟榔显著提高了胡椒产量。

二、胡椒具有耐阴特性，适宜在林下栽培

胡椒具有耐阴特性，适宜在林下栽培。胡椒须在一定的荫蔽条件下才能生长良好，具有耐阴特性，槟榔适度遮阴可以促进胡椒叶片光合作用，进而实现增产。胡椒光合作用与光照强度、温度的关系极为密切，叶片的净光合速率与光照强度、温度均呈单峰曲线变化，光补偿点较低，为100勒克斯，光饱和范围为2 500～5 000勒克斯，净光合速率高峰值为25℃，在高光强照度和高温下叶片光合速率显著降低，说明胡椒须在一定的荫蔽条件下才能生长良好，具有耐阴特性[65]。2013—2015年，研究人员开展了胡椒各生育期适宜荫蔽度研究[66]。胡椒一个生育周期包括树体恢复期（8月）、主花期（9—11月）、果实膨大期（10月至翌年2月）、灌浆期（翌年3—5月）、成熟期（翌年5—7月），结果表明，随着处理年限增加，遮阴对胡椒产量影响减弱，处理最后一年遮阴对胡椒产量无显著影响，说明胡椒对遮阴有耐受适应过程，进一步证明了胡椒具有耐阴特性。

灌浆期正值旱季，适当遮阴可以促进光合作用，这是增产的主要原因。对胡椒产量有主要影响的生育时期为主花期、灌浆期和成熟期。主花期光合参数与产量均呈不显著正相关关系；灌浆期光合参数都与产量呈显著或极显著正相关关系，其中气孔导度与产量相关性最强；成熟期与产量显著相关的光合参数只有光合有效辐射。三个时期净光合速率、气孔导度、蒸腾速率都显著或极显著正相关，与产量极显著正相关的指标为灌浆期的气孔导度。以主要生育期的气孔导度为解释变量，产量为因变量做回归分析，得出对胡椒产量有主要贡献的生育期为灌浆期，其对产量的贡献率达52%，表明灌浆期为胡椒叶片光合作用影响产量的关键生育期，槟榔适度遮阴促进胡椒叶片光合作用是胡椒增产的原因之一[67]。

综上所述，胡椒须在一定的荫蔽条件下才能生长良好，具有耐阴特性；遮阴对胡椒碱、挥发油和总灰分等白胡椒主要品质指标含量无显著影响，还可降低白胡椒水分含量，有利于储存；探明不同时期适宜荫蔽度，树体恢复期为60%、主花期为低于30%，有利于促花，果实膨大期选择75%、灌浆期15%、

成熟期低于15%或高于75%，有利于控花；灌浆期为胡椒叶片光合作用影响产量的关键生育期，槟榔适度遮阴促进胡椒叶片光合作用是胡椒增产的原因之一。

三、间作模式可以提高土壤速效磷浓度，进而促进作物养分吸收

土壤肥力反映了长期田间管理对土壤养分状况的影响。实验表明，不同试验点间，胡椒园土壤pH均小于5，酸化程度较高；土壤有机质、全氮、全磷、全钾、土壤速效氮磷钾含量在不同试验点间存在显著差异，这主要与不同试验点施肥水平差异有关[64]。在施肥量较低的大路镇，有机质、土壤氮磷钾全量与速效指标均显著低于其他试验点；施氮肥最多的迈号镇试验点土壤全氮和碱解氮含量最高；施磷量最多的东红农场试验点全磷和有效磷含量也最高。在同一地点、相同施肥水平下，胡椒单作和胡椒—槟榔间作土壤有机质无显著性差异；间作模式土壤氮磷钾全量含量均略低于单作，但未达到显著水平，这可能与间作模式下胡椒、槟榔两种作物需要吸收养分，从而引起成土壤养分库消耗略高于单作；间作模式土壤速效磷和速效钾含量均高于单作，且速效磷差异达到了显著性水平。上述结果表明，在大田条件下，槟榔间作提高了胡椒园土壤磷有效性，表现为土壤中速效磷浓度增加。

在盆栽条件下，间作体系下胡椒根系氮、磷、钾、钙和镁等养分吸收量均高于单作，但未达到显著水平；但间作显著提高了胡椒地上部养分吸收量，其中氮、磷、钾、钙和镁等养分含量较单作分别提高了66.82%、30.33%、51.74%、48.58%和47.53%[68]。间作槟榔除根系氮、磷、钾养分含量略高于单作外，其他根系养分以及地上部养分含量均低于单作，且地上部中氮和磷含量显著低于槟榔单作。上述结果表明，胡椒—槟榔间作可以促进胡椒养分吸收，抑制了槟榔养分吸收，这可能与二者根系分泌物互作有关。在大田条件下，分析对比了2009—2011年胡椒单作与胡椒-槟榔间作两种模式下的胡椒叶片养分周年变化[68]。结果表明，胡椒叶片氮素含量除肥料施入后1个月（8月）间作模式略高于单作，其他时间差异不明显；磷素含量除施肥施前的7月外，均为间作高于单作，且在9月二者差异达到极显著水平；钾素含量周年均为间作高于单作，且在2011年7、8、9月和2012年2、3、4月达到极显著差异。因此，在大田条件下，槟榔间作有效促进了胡椒对磷、钾等养分的吸收，并表现为叶片中磷、钾等养分含量增加。

盆栽试验和大田试验结果充分证明，在间作体系中，胡椒养分吸收不仅没有受到影响，而且槟榔间作还有利于胡椒养分吸收利用，特别是促进胡椒对磷、钾等养分的吸收。这可能与二者根系分泌物作用有关，槟榔根系分泌物活化土壤中难溶性养分供胡椒吸收利用，而胡椒根系分泌物则可阻止槟榔根系向胡椒根层扩散，避免空间竞争对胡椒根系的影响。

四、槟榔间作可以提高胡椒根际微生物多样性

槟榔间作对胡椒土壤微生物区系有显著影响。将胡椒单作与胡椒-槟榔间作体系中不同土壤样品细菌菌门水平上比较发现，不同处理的土壤样品间细菌相对丰度组成及比例存在明显差异。对比胡椒、槟榔根际细菌可知，槟榔根际土壤中优势相对丰度少于胡椒，说明槟榔根际土壤中多样性大于胡椒根际，这也表明槟榔根系分泌物相对胡椒根系分泌物，能够提高土壤中非优势细菌数量；在槟榔根系分泌物作用下，间作体系非根际土中细菌也受到影响，表现为间作体系非根际土优势相对丰度少于单作体系非根际土。引起单作和间作体系中胡椒根际土和非根际土细菌相对丰度出现差异的原因与间作体系中槟榔根系分泌物影响有关[69]。

Chao1 指数在各土样间仅表现为单作胡椒非根际土显著高于间作槟榔根际土，不同作物根际土间、单作与间作土体土间均未出现显著性差异。Shannon 指数表现为非根际土显著高于根际土，但单作与间作非根际土间，以及单作与间作体系中胡椒、槟榔根际土间均未有显著性差异。上述结果说明，在根系分泌物作用下，作物根际土微生物群落相对于土体微生物群落结构趋于单一，微生物多样性下降；但单作与间作体系中胡椒、槟榔根际微生物群落多样性在各自根系分泌物影响下未表现出显著差异[70]。

第三节　林下栽培胡椒的生产实践

一、林下栽培胡椒模式

除单作外，胡椒可与椰子、槟榔、橡胶、菠萝蜜等生产期长的作物间种，从而达到增加复种指数、提高土地利用率以及以短养长、产生良好经济和社会效益的目的（图5-2至图5-5）。其中胡椒与槟榔间作经济效益最好，是海南目前种植面积最广的复合栽培模式。

图5-2　橡胶—胡椒复合种植

图5-3　槟榔—胡椒复合种植

图5-4 椰子—胡椒复合种植

图5-5 菠萝蜜—胡椒复合种植

二、林下栽培胡椒技术

林下栽培胡椒种植技术主要包括园地选择与准备、园地开垦、胡椒定植、槟榔定植、幼龄植株管理、结果植株管理、病虫害防治、采收管理等8个关键步骤，具体过程如下：

1. 园地选择与准备

选择以年均温21～26 ℃、日最低温＞3℃且基本无霜，且较接近水源、水量充足且方便灌溉的地方为宜，不宜选用低洼地或地下水位较高的地方，最高水位距地表1米以上。一般选择坡度10°以下的缓坡地种植，以3°～5°为宜；10°以上的坡地应等高梯田种植。应选择土层深厚、土质肥沃、结构良好、易于排水、pH 5.0～7.0的砂壤土至中壤土。不宜集中连片种植，每个园区面积以0.2～0.3公顷为宜。具体要求如下：

（1）防护林。台风、寒害多发区的园区四周应设置防护林，林带距边行植株4.5米以上，株行距约1米×1.5米。主林带位于高处与主风向垂直，植树5～7行；副林带与主林带垂直，植树3～5行。宜采用适合当地生长的高、中、矮树种混种，距园区较近的林带边行可种植较矮的油茶、黄皮和竹柏等树种，距园区较远的林带可植较高的木麻黄、台湾相思、小叶桉和火力楠等树种。

（2）道路系统。道路系统由干道和小道互相连通组成。干道设在防护林带的一旁或中间，宽3～4米，外与公路相通，内与小道相通；小道设在园区四周、防护林带的内侧，宽1～1.5米。

（3）排水系统。每个园块内排水系统由环园大沟、园内纵沟和垄沟或梯田内壁小沟互相连通组成。环园大沟一般距防护林约2米，距边行植株约1.7米，沟宽60～80厘米，深80～100厘米；园内每隔12～15株胡椒开1条纵沟，沟宽约50厘米、深约60厘米。每个园块的排水系统应独立设置，园块之间的排水系统应尽量互不连接，如若连接必须通过开大沟的方式进行连接。

（4）水肥池。一般每0.2～0.3公顷园块应修建1个直径3米、深1.2米的圆形水肥池，中间隔开成2个池，分别用于蓄水和沤肥。

2. 园地开垦

（1）垦地。应清理园区内除留作防护林以外的植物；在定植前3～4个月深耕全垦，深度50厘米左右，并清除树根、杂草、石头等杂物。

5°以下的缓坡地宜修建大梯田，面宽5～6米，双行起垄种植，垄高

20～30厘米，垄间宽30～35厘米；5°～10°的坡地宜修建小梯田，面宽2.5～3米，向内稍倾斜，并在内侧开一条排水沟，深15厘米，宽20厘米，单行种植；10°以上的坡地宜修建环山行，面宽1.8～2米，向内稍倾斜，并在内侧开一条排水沟，深15厘米，宽20厘米，单行种植。

平地种植时应起垄，垄面呈龟背形，垄高约20厘米，以后逐年加高到30～40厘米。

（2）施基肥。胡椒定植前2个月内挖穴，穴规格为长80厘米、宽80厘米、深70～80厘米。挖穴时，应将表土、底土分开放置，清除树根、石头等杂物，暴晒20～30天后回土。回土时先将表土回至穴的1/3，然后将充分腐熟、干净、细碎、混匀的有机肥15～25千克（过磷酸钙0.25～0.5千克一起堆沤）与土充分混匀回穴踏紧，再继续填入表土，做成比地面高约20厘米的土堆，以备定植。

槟榔植穴挖长宽均80厘米，60厘米深，挖穴时将底土和表土分开，表土混以适量有机肥，回填于植穴的下层，底土覆于上层。植穴应于定植前1～2个月完成准备。

（3）竖支柱。一般采用石支柱和水泥支柱，石支柱宜做成方形，规格为柱头12厘米×（12～14）厘米、柱尾10厘米×12厘米，周身均匀；水泥支柱宜做成圆形，规格为头径不小于12厘米、尾径不小于10厘米。

定植前2个月内，在植穴外侧约15厘米处，竖立支柱。台风多发地区，支柱地上部长度≥2.2米时，埋入地下深度约80厘米；支柱地上部长度<2.2米时，埋入地下深度约70厘米。非台风地区支柱埋入地下深度约70厘米。

3.胡椒定植

（1）种苗规格。以生长健壮、无病虫害、树龄1～3年的优良植株作为母树，割取健壮主蔓做种苗。

（2）定植时间。每年春季（3—4月）或秋季（9—10月）定植。春季干旱缺水地区在秋季定植为宜，春季温度较低地区在初夏定植较好。定植应在晴天下午或阴天进行，雨后土壤湿度过大不宜定植。

（3）定植规格。平地或缓坡地，支柱地上部长度约1.5米，株行距以1.8米×2米为宜；支柱地上部长度大于1.5米、小于2米，株行距以2米×2.3米为宜；支柱地上部长度2～2.2米，株行距以2米×2.5米为宜。土壤肥沃、坡度大的地方，支柱地上部长度2.2米以上，株行距以2.2米×（2.5～3）米为宜。

（4）定植方法。定植方向应与梯田走向一致，胡椒头不宜朝西；在距支柱约20厘米处挖一"V"形小穴，宽30厘米，深40厘米，使靠近支柱的坡面形成约45°斜面，并压实；一般采用双苗定植，两条种苗对着支柱呈"八"字形放置。定植时每条种苗上端2个节露出垄面，根系紧贴斜面，分布均匀，自然伸展，随即盖土压紧，在种苗两侧施腐熟的有机肥5千克，回土，淋足定根水，在植株周围插上荫蔽物，荫蔽度80%～90%。

4.幼龄胡椒管理

（1）淋水。定植后连续淋水3天，之后每隔1～2天淋水1次，保持土壤湿润，成活后淋水次数可逐渐减少。

（2）查苗补苗。定植后20天检查种苗成活情况，发现死株应及时补种。

（3）施肥。应贯彻勤施、薄施、干旱和生长旺季多施水肥的原则。水肥由人畜粪、人畜尿、饼肥、绿叶、过磷酸钙和水一起沤至腐熟（搅拌不起气泡），沤制时水肥池上方需适当遮盖。一般用量如下：

1龄胡椒1 000千克水加入牛粪约150千克、饼肥约5千克、过磷酸钙约10千克、绿肥约150千克；

2龄胡椒1 000千克水加入牛粪约200千克、饼肥约10千克、过磷酸钙约15千克、绿肥约150千克；

3龄胡椒1 000千克水加入牛粪约250千克、饼肥约15千克、过磷酸钙约20千克、绿肥约150千克。

施用量及方法为正常生长期10～15天施水肥1次，1龄、2龄和3龄胡椒每次每株施用量分别为2～3千克、4～5千克和6～8千克。在植株两侧树冠外和胡椒头外沿轮流沟施，肥沟距树冠叶缘10～20厘米，沟长60～70厘米、宽15～20厘米、深5～10厘米。

种植1年后，春季或秋季结合施有机肥，在植株正面及两侧分3次进行，应在3年内完成。第1次在植株正面挖穴，穴内壁距胡椒头40～60厘米，穴长约80厘米、宽40～50厘米、深70～80厘米，每穴施腐熟、干净、细碎、混匀的牛粪堆肥30千克左右（或羊粪堆肥20千克左右），过磷酸钙0.25～0.5千克（与有机肥堆沤），施肥时混土均匀；第2、3次分别在植株两侧挖穴，方法和施肥量与第1次相同。

（4）除草。一般1～2个月除草1次，保持园内清洁。但易发生水土流失地段或高温干旱季节，应保留行间或梯田埂上的矮生杂草。结合除草进行槟榔培土，把露出土面的肉质根埋入土中。

（5）松土。分深松土和浅松土。浅松土在雨后结合施肥进行，深度约10厘米；深松土每年1次，在3—4月或11—12月进行，先在树冠周围浅松，逐渐往树冠外围及行间深松，深度约20厘米。

（6）覆盖。干旱地区或保肥保水能力差的土壤，应在旱季松土后用椰糠或稻草等覆盖，但当胡椒瘟病发生时不宜覆盖。

（7）绑蔓。新蔓抽出3～4个节时开始绑蔓，以后每隔10天左右绑1次。一般在上午露水干后或下午进行。绑蔓时将分布均匀的主蔓绑于支柱上，调整分枝使其自然伸展，每2个节绑1道，做种苗的主蔓应每节都绑。未木栓化的主蔓用柔软的塑料绳或麻绳绑，木栓化的主蔓用尼龙绳绑。

（8）摘花。应及时摘除抽生的胡椒花穗。

（9）修剪整形。应在3—4月和9—10月进行，不宜在高温干旱、低温干旱季节和雨天易发生瘟病时剪蔓。

第1次剪蔓：定植后6～8个月、植株大部分高度约1.2米时进行。在距地面约20厘米分生有2条结果枝的上方空节处剪蔓，如分生的结果枝较高，则应进行压蔓。新蔓长出后，每条蔓切口下选留1～2条健壮的新蔓，剪除地下蔓。

第2、3、4、5次剪蔓：在选留新蔓长高1米以上时进行。在新主蔓上分生的2～3条分枝上方空节处剪蔓，每次剪蔓后都要选留高度基本一致、生长健壮的新蔓6～8条绑好，并及时剪除多余的纤弱蔓。

封顶剪蔓：最后1次剪蔓后，待新蔓生长超过支柱30厘米时在空节处剪蔓，在支柱顶端交叉并用尼龙绳绑好，在近支柱顶端处用铝芯胶线绑牢。

修芽：剪蔓后植株往往大量萌芽，抽出新蔓。应按留强去弱的原则，留6～8条粗壮、高度基本一致的主蔓，及时切除多余的芽和蔓。

剪除送嫁枝：降水量较大地区，可在第2次剪蔓后，新长出的枝叶能荫蔽胡椒头时剪除送嫁枝；干旱地区或保肥保水能力差的土壤种植胡椒，可保留送嫁枝。

5.结果胡椒植株管理

（1）摘花。除主花期外其余季节抽生的花穗都应及时摘除。

（2）摘叶。为提高胡椒产量，每隔2～3年对生势旺盛、老叶多的植株进行合理摘叶。一般在主花期前1个月进行，长果枝（4～7个节的果枝）留顶端2～3片叶，短果枝（1～3个节的果枝）留顶端1～2片叶。

（3）修徒长蔓及顶芽。应及时剪除树冠内部抽出的徒长蔓。每年从植株封顶处抽出大量蔓芽，长期生长会影响产量，应及时剪除。

（4）换绑加固。应用较粗的尼龙绳将主蔓绑在支柱上，每隔40厘米绑一道，每道绳子绕两圈，松紧适度，打活结，并在每年台风或季节性阵风来临前1个月检查，将绑绳位置向上或向下移动10～15厘米，及时更换损坏的绑绳。

（5）灌排水。连续干旱，应在上午、傍晚或夜间土温不高时进行。可采用喷灌、沟灌或滴灌。灌溉不宜过度，保持土壤湿润即可。沟灌时，水位不宜超过垄高的2/3。

雨季来临之前，应疏通排水沟，填平凹地，维修梯田。大雨过后应及时检查，排除园中积水。

（6）松土。每年立冬和施攻花肥时各进行一次全园松土，先在树冠周围浅松，逐渐往树冠外围深松，深度15～20厘米。松土时要将土块打碎，并维修梯田和垄。

（7）覆盖。同幼龄植株管理。

（8）培土。降水量较大、水土流失严重地区和胡椒瘟病易发区，暴雨后或每年冬、春季应对胡椒头进行培土，每次每株培肥沃新土50～75千克。先将冠幅内枯枝落叶扫除干净，浅松土，然后把表土均匀地培在胡椒头周围，使其呈馒头形，高出畦面约30厘米。

（9）施肥。以有机肥为主，无机肥为辅，施用标准按照《绿色食品　肥料使用准则》（NY/T 394—2021）的规定执行。常用的有机肥有：牛、羊等畜禽粪便，以及畜粪尿、鲜鱼肥、豆饼、芝麻饼和绿肥等。畜粪尿、饼肥一般沤制成水肥；畜粪、鲜鱼肥一般与表土或塘泥沤制成干肥；常用的无机肥有：尿素、过磷酸钙、硫酸钾、钙镁磷肥和复合肥等。禁止使用含有重金属和有害物质的城市生活垃圾、工业垃圾、污泥和医院的粪便垃圾；不使用未经国家有关部门批准登记的商品肥料产品。

施肥方法。第1次：胡椒重施攻花肥+槟榔青果肥，在8月中下旬，胡椒植株中部枝条侧芽萌动时，在胡椒头两侧，每株沟施约0.25千克芝麻饼沤制的水肥5千克，水肥干后施约0.08千克尿素、0.05千克氯化钾和0.1千克过磷酸钙，然后覆土；第2次：胡椒辅助攻花肥+槟榔入冬肥，在10月中下旬，在胡椒头一侧，每株沟施约0.25千克芝麻饼沤制的水肥5千克，水肥干后施约0.08千克尿素、0.05千克氯化钾和0.1千克过磷酸钙，然后覆土施辅助攻花肥；第3次：胡椒养果保果肥+槟榔花前肥，在翌年1—2月，在胡椒头两侧，每株沟施约0.25千克芝麻饼沤制的水肥5千克，水肥干后施约0.08千克尿素、0.05千克氯化钾和0.1千克过磷酸钙，然后覆土；第4次：胡椒养果养树肥+槟榔青果肥，在翌年5—6月，在胡椒头一侧，每株沟施沤制腐熟的芝麻饼肥约10千克，在胡椒头两侧，再施约0.08千克尿素、0.05千克氯化钾和0.1千克过磷酸钙，然后覆土。

6.病虫害防治

（1）胡椒瘟病。胡椒瘟病的病原菌为辣椒疫霉（*Phytophthora capsici* Leon.）和寄生疫霉（*P. parasitica* Dast.），属于鞭毛菌亚门卵菌纲霜霉目疫霉属病菌。通过侵染胡椒的根、茎、枝、叶和花穗及果穗等器官，形成斑点或使组织腐烂，导致植株大量落叶和死亡。在病害流行期间，发病胡椒园最显著的特征是叶片大量脱落和凋萎。甚至在短期内病害可把整个胡椒园植株摧毁。叶片和胡椒头（茎基部）感病症状是识别胡椒瘟病的典型特征。病菌的主要来源为带菌的土壤、病死植株的病残屑及其他寄主，其传播主要通过水流（灌溉水、大雨期地面径流水），风雨以及人、畜、工具和种苗等。主要采用以控制胡椒园水分为主的综合农业措施，尽早发现病害，及时、适当地使用化学农药，对胡椒瘟病的防治有良好的效果。在采用药剂防治时，应首先清除病叶，用68%精甲霜·锰锌、25%甲霜·霜霉威或50%烯酰吗啉500倍液整株喷药，或在离最高病叶50厘米以下的所有叶片喷药。喷药时喷头向上，并由下而上喷以确保叶片正反面都喷湿，以有药液滴下为好。每隔7～10天喷1次，连喷2～3次，直到无新病叶产生为止；发病初期在中心病区（即病株的四个方向各2株胡椒）的胡椒树冠下淋68%精甲霜·锰锌或25%甲霜·霜霉威250倍液，每株5～7.5千克/次，视病情轻重，淋药2～3次；淋药后，用1%硫酸铜，或68%精甲霜·锰锌，或25%甲霜·霜霉威，或50%烯酰吗啉500倍液对中心病区的土壤进行消毒。雨天湿度大时亦可用1∶10粉状硫酸铜和沙土混合，均匀撒在冠幅内及株间土壤上。

（2）根结线虫病。引起胡椒根结线虫病的主要类群为南方根结线虫（*Meloidogyne incognita* Chitwood），少量为花生根结线虫（*Meloidogyne arenaria*）。雌雄异体，幼虫呈细长蠕虫状，雄成虫线状，尾端稍圆，无色透明，雌成虫梨形，多埋藏在寄主组织内。该属线虫世代重叠，终年均可为害。根结线虫侵入根部，多开始于根端，被害组织因受它的分泌物刺激，细胞异常增殖而膨大，使受害部呈现不规则、大小不一的根瘤，多数呈球形，宛似豆科作物的根瘤。由于侵入时间不同而使根瘤形状多种多样，有的呈人参状或甘薯状，又因幼根生长点未遭损害而继续生长，根端继续遭受侵害而发生根瘤，使被害的根形成念珠状。根瘤初形成时呈浅白色，后来变为淡褐色，或深褐色，最后呈黑褐色时根瘤开始腐烂。旱季根瘤干枯开裂，雨季根瘤腐烂，影响吸收根的生长及植株对养分的吸收。植株受害后，生长停滞，节间变短，叶色淡黄，落花落果，甚至整株死亡。其主要防治方法为选用无病种苗，避免选用前作（寄主）严重感病的地段培育胡椒苗或栽培胡椒，种植前深翻土壤并加强抚育管理，如用禾本科植物作死覆盖或栽培非寄主植物活覆盖。多施腐熟有机肥，深层施有机肥等。使用化学防治方法为采用3%氯唑磷颗粒剂（米乐尔），或10%噻唑磷颗粒剂（福气多），或3%丁硫克百威颗粒剂50～100克埋在发病植株根盘10～30厘米深处，盖土并淋水保湿。此外，使用阿维灭线磷颗粒剂、吡虫啉1∶4颗粒剂、阿维菌素＋辛硫磷乳油等均有较好的防效。受害严重的植株可将受害根切除，培上新土，加强水肥管理，促其恢复生长。

7.胡椒鲜果的采收

主花期为春季的采收期为当年12月至次年1月；主花期为夏季的采收期为次年3—4月；主花期为秋季的采收期为次年5—7月。整个采收期采果5～6次，每隔7～10天采收1次，主花期前1.5个月应将所有果实采摘完毕。

采收前期，每穗果实中有2～4粒果变红时，即可采摘整穗果实；采收后期，胡椒果穗上大部分果实变黄时，即可采摘整穗果实。

三、林下栽培胡椒的经济效益

胡椒在中国种植面积逾2.7万公顷，年总产量逾4万吨，居世界第5位，目前已发展成为年产值30多亿元、关系近百万农村人口收入的重要热作产业，海南种植面积和总产量均占全国90%以上。然而，世界胡椒市场长期存在需求旺盛与供应不足问题，中国则更为突出，长期进口以满足内需。我国胡椒主要分布在海南、云南、广东、广西和福建等省（自治区），据农业农村部发展南亚热带作物办公室统计，2024年种植面积约为38万亩，总产量4.78万吨，种植面积和产量均居世界第5位。由于经济价值高，因而早在20世纪八九十年代，胡椒就成为我国热区，特别是老少边穷地区农民脱贫致富的重要经济来源之一。经过60多年的发展，目前已形成海南和云南优势区域，其中海南产区优势明显，主要分布在文昌、琼海、万宁、海口和定安等东部市县，种植面积和总产量均占全国90%以上。随着产业不断发展壮大，胡椒已发展成为我国热区年产值30多亿元、关系100万以上农村人口收入的重要产业，将对我国热区精准扶贫、全面建成小康社会目标的实现起到积极促进作用。

前期调研发现，生产中胡椒主要与槟榔、橡胶、椰子、厚皮树等间作，其中与槟榔间作符合单/双子叶作物搭配原则，且两者地上部彼此干扰少，经济效益远高于其他间作模式。近年来，由于胡椒和槟榔市场价格高位稳定，种植收益可观，胡椒—槟榔间作模式发展速度较快，2000年之前仅有数千亩，目前已发展至近10万亩，占胡椒复合种植总面积的80%以上。这项技术带动产业发展并在我国海南、云南及柬埔寨桔井省示范推广，应用效果良好，研究表明，胡椒园间作槟榔的平均间作优势为2 466千克/公顷，土地当量比为1.78，与单作相比间作体系中胡椒产量平均提高40%，这说明两种作物相互作用对胡椒生长有促进作用。该间作模式在我国海南、云南主产区及柬埔寨桔井省示范推广，应用效果良好，间作体系年平均每公顷增产2 878千克、增收6.8万元。

四、林下栽培胡椒的社会效益

胡椒与槟榔间作使得经济效益提升，还能产生许多社会效益。该技术在我国胡椒主产区的应用，可有效扭转当前胡椒连作障碍对我国胡椒产业严重危害的困局。为生产上复合种植提高土地产出率、抵御多年生经济作物的市场价格波动风险提供重要参考。同时，配套技术研发及推广将在国内外首次尝试解决胡椒连作障碍问题，这为配套技术研发提供重要依据，也为国内外同行开展同类研究提供借鉴以及生产上复合种植克服多年生经济作物连作障碍提供重要参考，对世界胡椒产业可持续发展将产生重要实际影响。并且有助于海南"国际旅游岛"发展及"生态省"建设。胡椒还是云南红河州等"三区"（边远贫困地区、边疆民族地区和革命老区）精准扶贫的重要产业，该技术的推广应用可促进农民增收、农业增效，有利于扶贫政策的落实。海南是我国面向东盟地区的"桥头堡"，近年来农业交流不断深入，前期项目承担单位已在柬埔寨桔井省推广该技术，项目成果将有利于与东盟国家的合作，支撑热带农业科技"走出去"，服务国家"一带一路"倡议。

五、林下栽培胡椒的生态效益

胡椒与槟榔间作具有良好生态效益，间作可充分利用水土光热等资源提高单位面积土地产量，在农业生产中占据举足轻重的地位。胡椒园间作槟榔种植模式被认为是较为理想的种植模式，该模式符合间作种植的单双子叶、高矮作物搭配原则；槟榔植株高，叶片少，与胡椒地上部彼此干扰少，有利于通风透光；胡椒须在一定的荫蔽条件下才能生长良好，槟榔叶片可为胡椒正常生长提供适度遮阴。并且槟榔为木本植物，种植7年左右才可投产，非生产期长、土地利用率低；种植密度均较小，单作水土流失严重，土壤肥力降低，生态环境易受破坏；且单作槟榔易滋生杂草，病虫害较为严重，管理成本高。而将胡椒与槟榔间作种植，不仅可以解决槟榔非生产期长造成的土地利用率低等问题，达到以短养长，也是提高产能，全面提升胡椒和槟榔产业的有效措施。

第六章

林下栽培香草兰理论与实践

第一节　香草兰概况

　　香草兰（*Vanilla planifolia* Andrews）属兰科香草兰属，为多年生热带藤本香料植物，有"食品香料之王"的称誉（图6-1）。适合生长于潮湿、荫蔽的树林里，是重要的林下经济作物，主要分布在海南、广东、广西和云南等省份。

图6-1　香草兰

一、香草兰的生物学特性

1.形态特征

（1）根。香草兰属浅根系植物，气生根从每个茎节的叶腋对侧长出，地上部每个茎节均能长出1～2条气生根，一条用于缠绕支柱物，称固定根，若接触湿润处，根端长出根毛，也能起吸收作用；另一条根一般比固定根长，常多分支根，根端密生白色茸毛，具有吸收水分和养分的功能，称吸收根。

（2）茎。茎浓绿色，圆柱形，肉质（多液、黏性大），多节，茎粗0.4～1.8厘米，节长5～15厘米。

（3）叶。叶为单叶互生，肉质，浓绿色，长椭圆或披针形，长8～24厘米，宽2～8厘米，叶脉平不明显，叶柄几乎没有。

（4）花。花为雌雄同株，腋生，总状花序，长6～20厘米，一般每个花序有20～30朵花；花浅黄绿色，呈近似于螺旋状相互排列于花序轴上，盛开的花朵略有清香，花萼3枚，为花的外轮；花瓣3枚，为花的内轮，左右两枚较萼片小，中央一枚为唇瓣，短而大，呈喇叭状；蕊柱可称合蕊柱，由雄蕊的花丝和雄蕊的花柱愈合而成；花粉囊两室；花药浅黄色；柱头两裂、黏性大；子房下位，有3个侧膜胎座，每一个胎座着生无数细小的胚珠，受精后发育成种子。

（5）果荚。果为开裂蒴果，长10～25厘米，直径为0.5～1.5厘米，基部细，呈弧状，种子黑色，细小，略呈圆形，平均长0.312毫米，宽0.260毫米，每条果荚有几百到几万粒种子。

2.开花结果习性

香草兰是典型热带雨林的攀缘植物，在其生长发育期间，要求温暖、湿润，雨量充沛，年降水量为1 500～3 500毫米，均能正常生长发育。年日照时数达2 473～2 564小时，日照百分率为56%～58%，平均每日实照时数为6.8～7.0小时。最冷月平均气温及年平均最低气温都在19℃以上，越冬没有问题。喜静风和微风环境。广泛分布于热带和亚热带地区，目前主要分布在南北纬25°以内、海拔700米以下地带。

在海南地区，1月上旬至2月中旬为香草兰花芽萌发时期。2月下旬至3月上旬为显蕾期，3月中下旬为初花期，4月为盛花期，5月为末花期。香草兰花芽刚萌发时类似营养芽，但芽尖较饱满，大部分着生于较粗壮的当年生茎蔓上。在一条茎蔓上能同时抽生1～30个花序。每一个花序有7～24朵小花，花序上的小花由基部自下而上顺序开放，每个花序每天同时开放的小花一般只有1～3朵。花朵全开放时间一般在6：00—9：00。花被在当天11：00开始闭合。

二、香草兰的经济意义

香草兰豆荚发酵生香后含有250多种风味成分，被广泛用于高档食品、化妆品及医药等领域。除从豆荚中提取香兰素直接使用外，还可用有机溶剂浸提制成酊剂，以苯或丙酮抽提浸提物制取精油，或将豆荚研磨成纯粉用作家用调香料。香草兰不仅是极佳的天然香料，还是用途广泛的天然药材，有补肾、健胃、消胀、健脾的疗效，适合制造芳香型神经系统兴奋剂和补肾药，被用于治疗癔病、低热等，能改善脑机能，有提神作用，也可增强肌肉力量。在欧洲，它被用来治疗忧郁症、虚热、风湿病、胃病和补肾及解毒等。在墨西哥，人们把香草兰用来通经、促进分娩、促使死胎流产、健胃、排除胃肠胀气和解毒。在英国、美国和德国等许多国家的医学药典中都曾记载其药理作用。

第二节　林下栽培香草兰的理论研究

一、槟榔适当的株行距间作香草兰可以充分利用光合作用和提高产量

通过槟榔间作香草兰3种不同株行距的对比试验，研究不同荫蔽度对香草兰光合作用与产量的影响。通过指标测定，槟榔间作香草兰株行距为2.0米×2.5米时，随着新叶的老熟，香草兰叶面积、叶绿素含量、光合速率和蒸腾速率的指标最高，除了光合速率变化趋势不大外，其余指标和产量都具有较强的增长趋势；槟榔间作香草兰株行距为2.0米×3.0米时，香草兰各项测定指标居中，叶面积、叶绿素含量和产量有较强的增长趋势，光合速率和蒸腾速率增长趋势不明显；槟榔间作香草兰株行距为2.5米×2.5米，香草兰各项测定指标最低，除了叶面积叶绿素含量具有较强增长趋势，光合速率、蒸腾速率和产量增长趋势不明显。本试验通过对槟榔间作香草兰不同株行距的香草兰光合作用和产量比较，总结得出株行距为2.0米×2.5米的槟榔较适合间作香草兰。

二、在槟榔行上间作香草兰可以充分利用光合作用和提高产量

在2种不同间作方式的香草兰光合作用与产量对比试验中，试验结果表明在槟榔行间间作的香草兰，随着新叶的老熟，叶面积、叶绿素含量、光合速率和蒸腾速率等指标数值都较高，除了光合速率变化趋势不大外，其他指标和产量都具有较强的增长趋势。在槟榔行上间作的香草兰，随着新叶的老熟，叶面积、叶绿素含量、光合速率和蒸腾速率等指标均较低，除了叶面积的叶绿素具有较强的增长趋势外，其他指标和产量均增长趋势不明显。针对在相同株行距槟榔行间、行上间作的香草兰光合作用和产量进行比较，初步得出在槟榔行间间作香草兰的方式较好。

三、高密度槟榔间作香草兰提高叶绿素荧光特性

槟榔间作香草兰运用了高位作物对低位作物的遮阴效应，从光合生理的角度出发，运用叶绿素荧光这一光合作用的探针，分析香草兰光能利用途径的相关信息，为选择适当的配置方式而不影响作物的生长发育提供理论依据。初始荧光（F_0）、暗适应下的最大荧光（Fm）和最大光化学量子产量 Fv/Fm 和 Fv/F_0 分别反映了最大光化学效率和潜在光化学活性。试验结果表明，高密度槟榔（2.0 米 × 2.5 米）和中密度（2.0 米 × 3.0 米）间作情况下，能显著提高香草兰的最大光化学效率和潜在光化学活性，低密度处理（2.5 米 × 2.5 米）间作条件下，香草兰受到了相当程度的光抑制。表观光合电子传递速率（ETR）直接影响光合作用二氧化碳的固定与同化，因此可以在一定程度上反映潜在的最大光合能力，与植物净光合速率呈显著正相关。随着槟榔密度的依次降低，香草兰的净光合速率显著降低。实际光化学量子效率（$Yield$）反映了实际光合能力，本试验结果证明，低密度槟榔间作显著降低了香草兰的实际光合效率或原始光能捕获效率。光化学淬灭系数（qP）是天线色素吸收并用以光合作用部分的能量的直接体现。高密度槟榔间作香草兰能显著提高香草兰叶片用于电化学反应的光能；中密度槟榔间作条件下香草兰叶片吸收的光能用于叶片热耗散的份额最低，天线转化效率（Fv'/Fm'）PSII激发能压力（$1-qP$）的变化趋势更进一步验证了 $Yield$ 的变化；然而研究发现，高密度槟榔间作条件下有较高的非光化学淬灭系数（qN）值，这可能与原始光能捕获效率较高有关。试验结果得出，高密度槟榔（2.0 米 × 2.5 米）较适合间作香草兰。

四、林下栽培香草兰促进土壤养分含量和微生物数量增加

以槟榔3个种植密度间作香草兰为处理,人工荫棚单作香草兰为对照,测定和分析土壤中微生物的数量和土壤养分的含量。试验结果表明,槟榔株行距为2.0米×2.5米的处理,土壤pH及有机质、全钾、碱解氮、速效磷、速效钾、交换性钙、有效铁、有效硼含量均显著提高。Pearson积矩相关分析表明,土壤中各类微生物的数量与土壤养分含量之间存在多种显著的相关关系。槟榔株行距为2.0米×2.5米间作香草兰对土壤微生物数量及其比例与土壤养分含量具有良好的调节作用,且彼此具有显著相关性。

五、林下栽培香草兰长期连作会造成部分养分的缺失

对海南省主要槟榔间作香草兰种植区的土样进行连续测定,试验结果表明,pH呈酸化的趋势,低于临界值;有机质含量适中,呈上升趋势;碱解氮含量适中,呈下降趋势;速效磷和速效钾含量呈下降趋势,且低于临界值;交换性钙含量呈上升趋势,但低于临界值;交换性镁含量低于临界值,呈下降趋势;有效硼含量高于临界值,呈上升趋势;有效铁、有效锰、有效铜和有效锌含量均高于临界值,呈下降趋势,其中有效锰含量超标。

六、林下栽培香草兰可以促进植株氮养分转化与利用

以槟榔与香草兰间作系统为研究对象,探讨氮素养分利用规律。以热引3号香草兰和热研1号槟榔为试验材料,研究槟榔单作、香草兰单作和槟榔间作香草兰3种种植模式,在纯氮112.5千克/公顷、225千克/公顷、300千克/公顷和不施氮肥4个氮肥处理条件下,对植株生物量、氮素吸收和利用、土壤全氮含量和氮肥利用率的影响。结果表明,随着氮肥施用量的增加,不同种植模式下各施氮处理的植株鲜和干生物量差异显著($P<0.05$),间作模式的植株鲜和干生物量最高,分别比对照增加61.3%、34.9%、43.1%和47.2%、62.7%、33.8%;间作模式的植株全氮含量比单作植株的高0.43～2.63毫克/克;间作模式显著增加了植株的吸氮量,分别比对照增加了40.44千克/公顷、47.79千克/公顷和53.92千克/公顷;间作模式还显著增加植株的氮吸收效率、氮利用效率和氮肥利用率,但对土壤全氮含量影响不明显。

七、林下栽培香草兰可以促进土壤碱解氮和微生物数量的增加

槟榔和香草兰间作根系互作能够固定土壤氮素元素，且能改善土壤的微生物群落结构，但其分布特征与吸收利用机理尚不明晰。以槟榔与香草兰间作系统为研究对象，设置纯氮112.5千克/公顷、225千克/公顷、300千克/公顷和不施氮肥4个氮肥处理，研究间作对土壤碱解氮累积、分布和微生物数量的影响，探讨间作系统土壤氮素养分和微生物累积与分布规律。试验结果表明，在30厘米土层内，间作模式的土壤微生物数量最多，土壤碱解氮累积量最低为1.119～1.641千克/公顷，且有明显表聚现象，并随着土层深度的增加下降趋势不明显，随着施氮量的增加呈上升趋势。

第三节　林下栽培香草兰的生产实践

一、林下栽培香草兰模式

林下栽培香草兰可为香草兰提供湿润且光照条件适宜的生长环境，提高自然资源利用率，减少生产投入成本。一般选择在槟榔、椰子等林下进行间作（图6-2，图6-3），定植方式可分为行上种植和行间种植两种。

图6-2　槟榔—香草兰复合种植（活支柱）

图6-3　槟榔—香草兰复合种植

二、林下栽培香草兰技术

槟榔间作香草兰种植技术主要包括园地选择与规划、开垦定植、土壤管理、水分管理、施肥管理、整形修剪、病虫害防治等7个关键步骤，具体过程如下：

1. 园地选择与规划

适宜在年均温20～25℃、靠近水源、排水良好、坡度20°以下的土质疏松、肥沃的土壤建园，土壤pH 6～7，平均风速低于2.0米/秒。每个园区面积以0.6～0.8公顷为宜，不宜集中连片种植。应根据园区地形、地势和面积修建干道和小道。干道宜建在园区边缘，宽约2.5米，内与小道相通；小道以槟榔行间距为宜。园区应设排水系统，由环园大沟、园内纵沟和垄沟互相连通组成。环园大沟一般距防护林约2米，距边行槟榔约2.5米，沟宽约50厘米，深约40厘米；园内每隔12～15行槟榔开1条纵沟，沟宽约40厘米、深约30厘米。宜根据园区面积建立水肥池，一般每1.5～2.0公顷园应修建1个直径约3米、深约1.2米的圆形水肥池，中间隔开成2个池，分别用于蓄水和沤肥。

2.垦地

在定植前2个月深耕全垦，深度60厘米左右，清除树根、杂草及石头等杂物，并撒施石灰进行土壤消毒。畦宽80厘米、高20厘米、畦沟宽40厘米，畦面平整，便于排水和管理。

3.定植

每年春季（4—5月）或秋季（9—10月）定植。定植应在晴天下午或阴天进行，雨后土壤湿度过大不宜定植。在槟榔行上起畦，槟榔在畦面中间。畦面呈龟背形，走向与槟榔行向一致，用槟榔植株作为支柱引拉攀缘线，定植时，保持香草兰与槟榔植株的间距在15厘米以上。在槟榔行间固定攀缘柱，攀缘柱可用石柱、水泥柱或木柱等，规格为柱面长10～12厘米，柱面宽8～10厘米，柱高160～180厘米，入土深度为40厘米，露地120～140厘米，攀缘柱间距160～180厘米，按攀缘柱走向起畦，引拉攀缘线。定植时，用手指在覆盖物上划一条深2～3厘米的浅沟，将苗平放于浅沟中，盖上1～2厘米覆盖物，苗顶端指向攀缘柱（槟榔）。露出叶片和切口处一个茎节，茎蔓顶端用细绳轻轻固定于攀缘柱（槟榔）上。植后淋足定根水，以后据天气情况适时淋水，保持覆盖物的湿润。香草兰采用双苗定植，定植方向应与畦面走向一致；将充分腐熟的牛粪均匀薄撒于整理好的畦面并与表土一起耙匀后，铺盖椰糠厚度5厘米，牛粪施用量7 500千克/公顷。在植株上部遮盖荫蔽物，荫蔽度65%～75%。槟榔采用袋装苗定植，定植时先去掉袋子再回土，淋足定根水，在植株周围插上荫蔽物进行适度遮阴。

4.水肥管理

香草兰种植园以施有机肥为主，尽量少施化学肥料，禁止单纯施用化学肥料和矿物源肥料。香草兰施腐熟的有机肥2次/年，每次施用量5 000～7 000千克/公顷；根外追肥2次/月，喷施0.5%复合肥和0.5%氯化钾或硫酸钾。槟榔应在植株四周沟施，肥沟规格均为宽15～20厘米、深5～10厘米。

5.除草、覆盖和修剪

香草兰畦面不得用铁器或机械除草，其余区域可以使用。尽量保留行间或畦沟里的矮生杂草。结合除草进行槟榔培土，把露出土面的肉质根埋入土中。采用椰糠、干杂草或经过初步分解的枯枝落叶等进行覆盖，使畦面保持3～4厘米的覆盖。新抽生的香草兰茎蔓应及时用绳子将其固定在攀缘柱或槟榔植株上，使其向上攀缘生长。当茎蔓长到一定长度（1.0～1.5米）时，将其牵引成圈缠绕于攀缘线上，使茎蔓在横架或铁线上均匀分布且尽量不重叠。

11月底或12月初对香草兰进行修剪，剪掉老蔓及弱病蔓，同时摘去茎蔓顶端4～5个茎蔓节。两株槟榔（攀缘柱）之间保留2～3条粗壮新蔓即可。11月上中旬对槟榔进行修剪，清除槟榔树下垂叶片并覆盖于香草兰根部。

6.主要病虫害防治

贯彻"预防为主、综合防治"的方针，坚持以"农业、生物和物理防治为主，化学防治为辅"的治理原则。人工释放椰甲截脉姬小蜂、椰心叶甲啮小蜂防治槟榔椰心叶甲。每0.4～0.6公顷安装诱虫灯或捕虫板等害虫诱杀设备1套。优先选用生物源农药和矿物源农药。禁用国家和海南省颁布禁止使用的农药。采果前1个月内禁止使用任何农药。若病害发生要及时清除感病部分，减少传播。

7.采收

香草兰从开花授粉到果荚成熟需8个月的时间。当鲜荚从深绿色转为浅绿色，略微晕黄或果荚末端0.2～0.5厘米处略见微黄时为最佳采收时期，一般每周采收1～2次。根据果实成熟度、用途、市场需求和气候条件决定果实采收时间。采收时，用收果剪或锐利的收果叉（钩）将果穗整穗切下，植株高的，在底下铺设编织网承接以免摔坏槟榔果、砸伤香草兰植株。采收后及时处理，依据成熟度、果实大小进行分级，剔除病虫果、损伤果和畸形果，分级包装。

三、林下栽培香草兰的经济效益

世界香草兰种植面积约6.7万公顷，年产商品豆荚5 000～7 500吨，香草兰豆荚世界贸易额80多亿元。其中主产国家和地区有墨西哥、马达加斯加、科摩罗和印度尼西亚，而主要消费国有法国、英国、美国、日本等发达国家。马达加斯加种植面积和年产量占全球总量的50%以上。全球年消费香兰素10万吨以上，99%以上为人工合成，而50%的香兰素在我国合成。随着人们对天然绿色原材料需求不断增加，香草兰在国际市场供不应求。我国每年消费香草兰豆荚约1 000吨，基本依赖进口。

香草兰为兰科藤本攀缘植物，喜荫蔽，对土壤肥力要求不高，适宜林下栽培。热带经济林天然橡胶、槟榔、椰子等在我国热带亚热带地区广泛种植，面积有66.7多万公顷。林下栽培香草兰可以实现农林资源共享，降低经营者的劳动成本，减少化肥农药等生产成本，提高单位土地面积综合效益，达到以短补长，解决间作物非生产期缺少收入的问题，又可减少市场价格波动和自然灾害等对产业发展造成的不利影响。2012年，国务院办公厅文件《关于加快林下经济发展的意见》（国办发〔2012〕42号），明确提出要加大科技扶持和投入力度，重点加强适宜林下经济发展的优势品种的研究与开发；推进示范基地建设，形成一批各具特色的林下经济示范基地，通过典型示范，推广先进实用技术和发展模式，辐射带动广大农民积极发展林下经济。经济林下栽培香草兰不需建立设施荫棚，投入成本低，香草兰一般种植2～2.5年即可开花结果。按每公顷产750千克鲜豆荚、销售价格300元/千克计算，平均年产值可达22.5万元/公顷，是一种经济价值较高的香料作物。早在20世纪80年代，已经有相关企业投资3 000余万元，在海口市琼山区渔丰镇，建立起种植香草兰基地，初期试种香草兰2.53公顷，平均每公顷收获香草兰干豆荚492千克（合鲜豆荚1 500～1 875千克），质量和产量均超过国际市场的收购标准。因此，在我国热带亚热带地区发展林下栽培香草兰种植业前景广阔。

四、林下栽培香草兰的社会效益

在我国广大农村地区，由于人口急剧增长，土地资源开发强度不断加大，带来了一系列诸如粮食不足、能源紧张、土地退化、水土流失、水源污染、劳动力过剩、人均收入低下等生态环境恶化和经济发展缓慢的问题，严重影响了农村的环境建设和经济持续发展。依靠传统的单一农业生产经营模式已经无法满足人们的需求，人们要从有限的土地上获得更多的产出，同时保护、改良和合理利用土地资源，以促进农村经济持续稳定发展。近年来，热带林业、热带水果和槟榔产业迅速发展，但由于种植方式单一，受价格波动影响，经济效益不明显。发展复合栽培模式是现代农业的发展趋势，在提高土地利用率和增加收入的同时，加大统筹城乡发展力度，进一步夯实农业农村发展基础，建成优质绿色农产品供应基地，并成为乡村休闲游的新起点，项目市场前景广阔。

五、林下栽培香草兰的生态效益

目前研究普遍认为，复合栽培模式能够使间作的作物协调发展、相互促进，充分利用地力及光、热、水资源，在同一土地上取得最大经济效益和良好生态效益。利用林下空间种植香草兰，既能改善生态环境，抵御不良气候的侵袭，又能提高系统生物多样性指数，还可以满足香草兰喜温湿和漫射光的生物学特性，又符合生物多样性有利于生态平衡的自然法则，有利于提高作物营养成分和生产能力，发展复合栽培模式前景广阔。

第七章

林下栽培斑兰叶理论与实践

第一节　斑兰叶概况

　　斑兰叶，学名香露兜（*Pandanus amaryllifolius* Roxb.），又称斑斓叶、香兰叶或板兰叶，是一种常见的热带植物，是露兜树科露兜树属的多年生草本香料植物（图7-1），主要分布在亚洲地区，特别是东南亚国家如泰国、马来西亚等地。

图7-1　斑兰叶

一、斑兰叶生物学特性

1.形态特征

（1）植株。斑兰叶的茎很短，根部发达，能够扎根固定在土壤中。植株通常呈圆锥状或喇叭状，高度可达1～2米。

（2）根。斑兰叶的根分为地下根和气生根。生产上主要采用分裂插条苗种植。插条繁殖的植株，地下根无真正的主根、根系包括骨干根、侧根和吸收根。骨干根由气生根及切口根生长发育而成。骨干根长出侧根，侧根上有细小的吸收根。斑兰叶根系发达，吸收根较多，因此可以种植在水位较高的地方，气生根主要着生于茎上起支撑作用。

（3）茎。斑兰叶茎绿色，茎粗1～5厘米，茎上着生叶，叶片脱落后茎上有环状叶痕，生长初期茎直立，通常高度为50～150厘米，随着生长年限增长。和受生长环境影响将逐渐倒伏在地上，匍匐在地上的茎着生气生根。分蘖萌发小苗。斑兰叶茎可无限生长。

（4）叶。叶片通常较长且狭窄，呈线形或剑形，长约30厘米，宽约1.5厘米，叶缘偶被微刺，叶尖刺稍密，叶背面先端有微刺，叶鞘有窄白膜。花果未见。叶片有明显的纵向条纹，呈深绿色。叶片的表面光滑，质地较硬，边缘有锐利的刺。具有明显的纵向叶脉，叶脉间距较密，呈平行排列。其根系发达，主要通过根部吸收水分和养分。根部通常呈锥形或锚状，扎根在土壤中，起到支撑和吸收养分的作用。

（5）花。斑兰叶的花序较小且不明显，多呈穗状或圆锥状，顶端生长。花序由许多小花组成，单个小花较小且无明显颜色，通常带有淡黄色或淡绿色的花瓣。

2.开花结果习性

由于斑兰叶花果少见，因此一般使用健康茎段的根蘖苗进行无性繁殖，并提供适宜的环境条件。同时，斑兰叶的生长周期较长，一般经济寿命能达到15年以上。

二、斑兰叶经济意义

斑兰叶散发出一种独特的香味——粽香。这种香味主要来自叶片中的挥发性化合物——2-乙酰-1-吡咯啉（2-acetyl-1-pyrroline）。斑兰叶片常被用于制作甜点、糕点、冰激凌、果汁和茶等食品和饮品，如泰国的绿咖喱和香米、马来西亚的南洋美食等。斑兰叶的整体形态结构简单而优雅，给人一种热带气息和自然美感。斑兰叶还被人们赋予一定的药用价值，其叶片富含叶绿醇、角鲨烯、亚油酸等多种活性成分，具有增强细胞活力、加快新陈代谢、降尿酸、镇静和助消化等功效，常被用于治疗一些胃肠道疾病、呼吸系统疾病和皮肤病等疾病。因此，在一些传统医学中，斑兰叶也被用于制作药膏、食品补品和草药配方，通常情况下，其叶片以制成草药水或药膏的形式使用。斑兰叶中的香味成分可以提取制成精油，用于制作香水、香料和个人护理产品，如香皂、洗发水和沐浴露等。斑兰叶的香味被认为能够带来放松和舒缓的效果。值得注意的是，斑兰叶被发现具有驱蚊的效果，因此常常用于制作蚊香或防虫剂。其香味对蚊虫具有一定的驱避作用，可用于室内和室外的蚊虫防护。斑兰叶也能够作为室内或庭院的装饰材料，斑兰叶的独特外观和鲜绿色使其成为室内和室外装饰的理想选择。叶片可以用于制作花环、花束、盆景和花艺设计，为环境增添绿意和美观。总之，斑兰叶不仅在烹饪和药用领域有广泛应用，还在食品工业、香料、装饰和草药疗法等方面发挥着重要的作用。它以其独特的香气和美丽的外观，为人们的生活和健康带来诸多益处。

斑兰叶的原生生境为热带低地雨林下层，其光饱和点较低 [550 ~ 600 微摩尔/（米²·秒）]，斑兰叶的叶片呈深绿色，其比叶绿素含量较高，这使得斑兰叶能够更有效地吸收和利用光线。叶片的形态和结构还有助于最大程度地利用光线资源。它们具有较宽的表面积，以提供更多的光合作用面积，因此在一定程度上具有适应荫蔽条件的能力，可在较低光照条件下存活和生长。相对于其他植物来说，斑兰叶对于较低光照条件的适应性较好，可以在较弱的阳光照射下生长。尽管斑兰叶具有一定的耐阴属性，但它更适合在明亮的环境中生长。基于上述斑兰叶生理特性，生产上一般使用农林复合种植模式，即在经济林下栽培斑兰叶。斑兰叶可以吸收树下的光线和营养，同时在树下形成一个小型的生态系统，有助于提高土壤质量和保护环境。经济作物也可以从斑兰叶的芳香物质中受益，如增加作物的花期、增强抗病性等。在实际操作中，斑兰叶的种植需要注意合理施肥、灌溉和管理等工作，以提高其产量和品质。同时，也需要合理调整不同作物之间的间距和密度，以充分利用空间和资源。综合利用农林资源，林下栽培斑兰叶不仅可以提高农民的收入，还可以促进农林生态的协同发展和可持续发展。

第二节　林下栽培斑兰叶的理论研究

一、斑兰叶光补偿点极低，适宜进行林下栽培

作物的光响应曲线是指在不同波长的光照下，植物光合作用速率的变化曲线，其描述了不同光照强度下植物的光合作用效率。光响应曲线通常以植物的净光合速率（Net Photosynthetic Rate，NPR）或光解氧速率（Photochemical Efficiency，PE）作为纵轴，以光照强度（光子通量密度，Photon Flux Density，PFD）作为横轴所绘制的平滑曲线，一般用于研究光合作用机制、光照对植物生长和产量的影响，并为植物的光合系统设计和优化提供参考[71]。在低光强度下，植物的光合作用效率较低，主要原因是光合色素受限，能量传递不足。随着光照强度的增加，植物的光合作用效率逐渐增加，达到光饱和点（Light Saturation Point），此时植物的光合作用已经达到最大速率，进一步增加光照强度并不会使光合作用速率更高[72]。超过光饱和点后，光照强度的增加反而会导致光合作用效率下降。这是因为光过度强烈会造成光合色素的破坏和光氧化损伤，影响植物的光合作用效率[72]。

不同类型的植物可能具有不同的光响应曲线形态，受到光照适应性和光合色素组成等因素的影响。斑兰叶的原产地为印度尼西亚马古鲁群岛的热带低地雨林，由于其处于雨林下层面临着较为特殊的光照条件，这使得它们在光合特征上表现出一些独特的适应性特点：首先是低光适应性，斑兰叶生长过程中受到上层树冠的阻挡，光线强度较低。为了在这样的环境中进行光合作用，造成斑兰叶光补偿点非常低，仅为20微摩尔/（米^2·秒）；其次是高效光能利用率，斑兰叶的叶片通常富含叶绿素和其他光合色素，以提高对光能的利用效率，既适应较低的光照强度，利用光合色素对散射的光线进行捕获，并通过光反射、光透射等方式最大限度地利用光能；再次是光能利用的调节，斑兰叶具有较高的光能利用效率和较低的光饱和点，能够在低光照条件下进行光合作用，并在光线适宜时调节光合作用速率。这样的调节机制使得它们能够更好地适应不稳定的光照条件；最后是抗光损伤能力，尽管斑兰叶在原产地需要应对短暂的高光照强度，例如透过林冠时直射光（林窗），为了抵御光氧化损伤，它们通常会产生抗氧化剂以保护细胞结构和功能。然而，长时间的高强度辐射同样会引起斑兰叶叶片的光损伤。综上所述，斑兰叶适宜在类

似于原产地的生境下种植，即在热区经济林下复合种植，为斑兰叶提供半遮阴的生长生境。

二、遮阴促进斑兰叶生长

香饮所斑兰叶研究团队于2019年开展斑兰叶遮阴试验，结果显示遮阴对斑兰叶光合特性的影响，随着荫蔽度的增加，斑兰叶净光合速率（Net photosynthesis，P_n）、气孔导度（Stomatal conductivity，G_s）、胞间二氧化碳浓度（Intercellular CO_2 concentration，C_i）和蒸腾速率（Transpiration rate，T_r）均呈先上升后下降的变化趋势。30%和60%荫蔽度处理下净光合速率、气孔导度和蒸腾速率均显著高于全光照和90%遮阴处理，且30%荫蔽处理的净光合速率和气孔导度显著高于60%处理，表明30%～60%的遮阴处理能够显著提高斑兰叶的光合作用。遮阴处理3个月后，60%～90%遮阴处理叶片数量显著高于全光照和30%遮阴处理。随着遮阴处理时间的延长，斑兰叶叶片数量随着荫蔽度的增加呈先升后降的趋势。斑兰叶分蘖数均随着荫蔽度的增加逐渐降低，60%和90%遮阴处理分蘖数均显著低于全光照处理，且90%荫蔽时斑兰叶无分蘖，说明30%～60%的荫蔽度可以促进斑兰叶叶片生长，遮阴处理抑制了斑兰叶的分蘖。

三、林下栽培促进斑兰叶光合速率与香气成分累积

香饮所斑兰叶研究团队前期监测了槟榔间作斑兰叶体系中的斑兰叶光合特性以及香气成分等指标。结果表明，间作于槟榔林下的斑兰叶叶片温度显著降低，但光合速率显著提高。斑兰叶荫蔽度在30%～60%之间长势良好，叶片光合能力强，是一种喜阴植物。喜阴植物在间作后，光利用能力增强，能量消耗减少，有利于净光合速率的提高以及碳积累。遮阴后植物体内总碳减少，总氮增加。遮阴促进氮循环，抑制碳循环；植物光补偿点和光饱和点均出现降低，更适合有机物的积累。叶片温度是表征叶片生理生化活动的重要指标，也是影响叶片光合和呼吸作用、叶片水分以及叶片形态等的关键因子。间作产生的遮阴效果使叶片温度降低、荫蔽度提高，对叶片中的光合结构形成有效保护，可以使叶肉细胞光合活性提高，净光合速率提升[71]。

斑兰叶挥发性香气成分共有27种，分别为吡咯类、醇类、酚类、呋喃类、呋喃酮类、烃类、酮类和酯类等8类。随着荫蔽度的增加斑兰叶香气成分的种类呈先上升再下降趋势，且在不同遮阴处理下斑兰叶香气成分种类中酯类化合

物数量最多，其次是醇类、烃类以及酮类。不同遮阴处理斑兰叶叶片香气成分种类组成无较大差异，然而香气成分种类含量差异较大[73]。30%和60%荫蔽处理斑兰叶叶片吡咯类、醇类、呋喃类、呋喃酮类等化合物种类均显著高于全光照和90%处理，30%荫蔽度下醇类、酚类、烃类等化合物种类均显著高于其他处理，60%荫蔽度下吡咯类、呋喃酮类、酮类和酯类等化合物种类均显著高于其他处理。30%荫蔽度斑兰叶叶片香气成分与全光照相似。斑兰叶叶片富含角鲨烯、叶绿醇、丙酮醇、2，3-二氢苯并呋喃、3-甲基-2-（5h）-呋喃酮等化合物，2-乙酰-1-吡咯啉（2AP）、3-甲基-2-（5h）-呋喃酮和亚油酸乙酯含量在60%荫蔽处理中显著高于30%和90%荫蔽处理[72]。综上所述，间作斑兰叶可以为斑兰叶提供一定的荫蔽条件，增加斑兰叶叶片的光合作用，降低斑兰叶叶片温度；有利于斑兰叶叶片中2AP、角鲨烯、叶绿醇等主要香气成分的形成，从而提升斑兰叶的风味品质。可以为在生产运用间作斑兰叶高效栽培模式[73]。

四、林下栽培斑兰叶有助于维持间作生态系统土壤健康

间作系统不仅能够提高斑兰叶光合速率和香气成分含量，还能够显著促进间作系统土壤微生物群落多样性以及维持土壤微生物区系的相对稳定。笔者课题组前期选取海南岛东部市县琼海、万宁和陵水等地同时具有槟榔单作、斑兰叶单作和槟榔间作斑兰叶种植模式的样地作为定点观测样点，进行土壤取样分析后发现，间作显著降低土壤有机质、速效氮等养分含量，但是间作模式下土壤微生物多样性并未随土壤养分的降低而降低。槟榔间作斑兰叶对真菌群落的影响较小，却显著改变土壤细菌群落组成与多样性指数。槟榔间作斑兰叶显著提高土壤细菌丰富度与多样性指数，所有土壤样品中的细菌群落优势菌群均为变形菌门（Proteobacteria）、酸杆菌门（Acidobacteria）、放线菌门（Actinobacteria）和厚壁菌门（Firmicutes），其相对丰度分别为22.59%、19.60%、16.66%和16.11%[74]。尽管间作模式不改变细菌群落丰度，却相比于槟榔单作显著提高酸杆菌门细菌丰度75.09%，同时降低厚壁菌门细菌丰度75.42%[75]。相关性分析与RDA分析结果共同表明土壤细菌丰富度与多样性指数主要受土壤速效氮、磷、钾含量以及土壤pH的影响[76]。土壤养分含量变化是驱动酸杆菌门和厚壁菌门细菌演替的主要因子，槟榔与橡胶等经济作物间作斑兰叶能够显著改善槟榔单作土壤微生物区系，有助于槟榔与橡胶林土壤健康保育及相关产业可持续发展[77]。

第三节　林下栽培斑兰叶的生产实践

一、林下栽培斑兰叶模式

斑兰叶需水量较大。它喜欢湿润的环境，但同时需要良好的排水，以免根部受潮。保持适度的土壤湿润是斑兰叶生长的关键之一。林下栽培斑兰叶模式是现代农业生产的一种创新模式，旨在最大程度地利用土地资源，提高农作物的产量和质量。在生产过程中，主要的斑兰叶间作生产模式包括林下种植槟榔、橡胶、椰子、香蕉、菠萝蜜、可可和咖啡等热带经济作物（图7-2至图7-7）。在一些热带地区国家，咖啡与可可林下栽培斑兰叶较为常见。这些斑兰叶间作模式可以根据具体地区的气候条件、土壤类型和农民的经验进行适当的调整和优化，以达到最佳的生产效益。

图7-2　橡胶—斑兰叶复合种植

图7-3　槟榔—斑兰叶复合种植

图7-4　椰子—斑兰叶复合种植

图7-5　菠萝蜜—斑兰叶复合种植

图7-6　香蕉—斑兰叶复合种植

图7-7　黄槿—斑兰叶复合种植

二、林下栽培斑兰叶技术

椰子、橡胶、槟榔林下栽培斑兰叶种植技术主要包括园地选择与准备、定植、田间管理、病虫害防治、采收管理等5个关键步骤，具体过程如下：

1.园地选择与准备

在海南岛区域内选择海拔400米以下、年均气温21℃以上、年降水量大于1 000毫米、生态条件良好、靠近水源、交通便利、排灌方便的农业生产区域，作为选择园地的标准。斑兰叶对土壤要求不高，平地、丘陵地区、河岸边、村边、路边、房屋旁的红壤土、沙壤土、腐殖土、河岸冲积土，甚至轻度盐碱和酸性土壤均可种植。如有条件，选择土层深厚、土质疏松、富含有机质、保水力强、排水良好的土壤能够显著促进斑兰叶生长，有助于其产量的提升。斑兰叶生长需要一定的荫蔽环境，其最适宜郁闭度0.3～0.6，宜选择在槟榔、橡胶、椰子、菠萝蜜、面包果、油棕、香蕉和可可等林下栽培种植为主。

斑兰叶种植前7天进行园地规划，首先设置园区道路，道路系统由主干道、支干道、小道等互相连通组成，方便通行和物资运输；其次设置灌溉与排水系统，应因地制宜，充分利用附近河流、水沟、水塘、水库等排灌配套工程，做好蓄水和引提水工作。在种植园四周设置环园大沟，园内设纵沟和横沟，且与小区的排水沟互相连通，根据地势地形确定各排水沟的大小与深浅。坡地建园还应在坡上设置防洪沟，减少水土流失。除了利用天然的沟灌水外，同时应根据实际情况铺设节水灌溉系统，以铺设喷灌和微喷为主，顺着园地的行间纵向埋管，在间作林行上或行间纵向平铺一条微喷带或喷灌，孔口朝上，可根据间作林行宽大小在行间增加一条微喷带或喷灌；最后进行园地整理，清除园地杂草、石头、树枝等杂物。整地时施基肥，基肥以有机肥为主。每公顷施用有机肥（或商品有机肥）750～1 500千克、复合肥（15—15—15）45～75千克。基肥宜于翻地前均匀撒施于土壤表面。

2. 斑兰叶定植

选择斑兰叶健康、无病虫害的种苗，苗龄要适中，苗龄过小定植后生长缓慢，苗龄过大会造成斑兰叶种苗根系穿透育苗袋而影响种苗出圃及种植。种苗运输过程中要注意保护，防止风以及人为的机械损伤等。准备定植的斑兰叶种苗临时存放地点要求阴凉且通风。以3—10月定植较好，或者选择定植期间以有降水、土壤湿润、日均温20℃以上的适宜时期。斑兰叶一般定植于间作林的行间，距离间作林行50厘米以上，根据间作林行距宽度，可采用双行、三行或多行定植，斑兰叶株行距以（40～60）厘米×（40～60）厘米为宜，可根据间作林的郁闭度坡度等特点适当调整定植规格，一般每公顷定植斑兰叶种苗22 500～37 500株。

具体的定植方法为：除去育苗容器后栽入植穴，植穴长度、宽度和深度一般为（15～20）厘米×（15～20）厘米×（15～20）厘米，植穴底部土壤需要疏松，以促进斑兰叶根系生长。植穴深度以苗土与地面齐平或稍深为宜，叶片全部露出植穴，回填土壤，并踩实种苗四周土壤。回填后的植穴，应与周边地面持平或略低。全部定植完成后，淋足定根水。

3. 田间管理

根据土壤墒情与土壤保水性决定灌溉频次。定植后第一次灌水应灌透；定植7天内灌水3～5次，保持土壤湿润。定植7天后苗成活抽新叶，可减少灌水次数，每5～7天灌水1次。灌水后浸透土壤深度以20～30厘米为宜，灌水时间为10:00前或17:00后。若遇到雨天应及时排除园内积水。定植后1个月内全面检查种苗成活情况，及时补苗。斑兰叶定植后，应对间作带进行及时除草，不宜使用除草剂。

根据园地肥力情况、作物生长情况和肥料效率确定施肥时间、次数和每次施肥量。推荐测土配方，以有机肥为主，化肥为辅。增施有机肥，基肥结合追肥，有机肥结合化肥，水溶性肥结合常规肥。追肥以土壤施肥为主，叶面喷肥为辅。其中，幼龄期斑兰叶因缺肥发黄，每公顷追施尿素22.5～30千克、复合肥（15—15—15）30～45千克；开割期每年宜施肥2次。气温高，长势欠佳时，可增加施肥1次。每公顷单次追施尿素37.5～45千克、复合肥（15—15—15）45～75千克、优质有机肥（或商品有机肥）150～225千克。

4.病虫害防治

遵循"预防为主，综合防治"的植保工作方针，体现可持续植保的理念，协调运用综合防治技术，优先采用农业、物理和生物防治措施，科学合理地使用高效、低毒、低残留农药，并改进施药技术，降低农药使用量，达到有效、安全、经济和环保的目的。主要防治斑兰叶茎腐病、拟茎点霉叶斑病和拟盘多毛孢叶斑病等病害，蛾类幼虫和蝗虫等虫害。具体的防治手段分为4种。一是农业防治。通过培育和采用健康种苗，加强种苗检疫，防止检疫性病害蔓延；做好园区规划，搞好排灌系统，确保排灌便利；提倡施用商品有机肥、生物有机肥、微生物肥；及时排出田间积水，减少病菌滋生条件。二是物理防治。即使用人工捏除蛾类幼虫，或摘除虫卵块，并集中杀死。或撒施草木灰、石灰粉、信息素等诱杀害虫。三是生物防治。即在合适的地区和时间段释放天敌，如蝗虫、微孢子虫等，保护天敌，选择对天敌杀伤力低的农药，创造有利于天敌生存的环境。四是化学防治方法。也是目前较为常用的防治手段，即根据斑兰叶有害生物发生实际对症下药，合理选用高效、低毒、低残留的农药，优先使用植物源、微生物源农药和昆虫生长调节剂。有限度地使用部分高效、低毒化学农药。适时防治，尽量减少农药使用次数和用药量，以减少对斑兰叶和环境的污染。严格执行国家和行业有关规定，禁止使用高毒、高残留农药。

5.采收管理

斑兰叶种植10～12个月后就可以采收叶片，一年可收割叶片6～8次。不同季节的温度、降水量、斑兰叶生长量等有所差异，不同时期采收间隔期不同。4—9月，每30～45天可采收1次；10月至翌年3月，每45～60天可采收1次。当植株高度≥60厘米，可采收的叶片长度≥50厘米，叶片中部宽度≥3厘米，即达到斑兰叶收割标准。目前，斑兰叶以人工采收为主。采收时从植株顶部4片以下割取叶片，剔除发黄及干枯叶片。采收的叶片可以使用橡皮筋扎成小捆，再使用捆绑架子叠放整齐，捆绑成大捆，或直接叠放整齐捆绑成大捆。捆绑后及时运送至加工厂或销售地点。

运输过程中要注意遮阴，避免太阳暴晒，以免叶片水分散失过多影响斑兰叶品质。如长途运输，建议使用冷链运输。运输过程中应使用干净、无异味的车辆运输，不应与有毒、有害、有异味、易污染物品混装混运。

三、林下栽培斑兰叶的经济效益

我国南方热带地区农产品市场价格受供需关系、季节性变化、天气因素、市场需求等多种因素影响，在不同时期具有明显波动，其对农业经济效益有着重要的影响。首先，农产品价格波动也可能导致农业经济效益下降。价格的不稳定性会增加农民的风险，尤其是在生产周期较长或生产成本较高的作物上。如果价格突然下跌，农民可能会遭受损失，导致利润减少。此外，价格波动还可能影响农民的投资计划和决策，降低农业生产的稳定性和可持续性。因此，为了降低农产品价格波动对农业经济效益的负面影响，除了政府和相关部门可以采取一些措施，如制定稳定农产品市场价格的政策、建立农产品市场信息系统、提供农产品价格补贴和保险等，以帮助农民应对价格波动带来的风险之外。农民也可以通过复合种植生产、多元化经营、加强农产品加工和市场营销等措施来降低农产品价格波动对经济效益的影响。

农作物的复合种植生产是一种农业实践，其中不同种类的作物在同一块土地上同时种植可以带来多种经济效益。首先可以提高土地的资源利用效率。不同作物具有不同的生长特点和需求，通过混合种植，可以充分利用土壤养分、水分和阳光等资源，使土地得到更有效的利用。其次可以丰富农产品种类。复合种植模式可以在有限的土地上同时种植多种作物，从而丰富农产品的种类。这为农民提供了更多的选择，可以根据市场需求和价格波动来调整作物种植组合，减少对单一作物收成的依赖，最大程度地降低经济风险，增加农产品价格稳定性。再次可以增加收入来源。多种作物的间作可以增加农民的收入来源。不同作物的生长周期、市场需求和价格波动可能不同，通过合理的间作安排，农民可以实现作物的连续种植和供应，从而增加收入。最后能够保护和改良土壤。间作可以改善土壤的结构和质量。不同作物的根系结构和分泌物可以改善土壤的通气性、保水性和养分含量，减少土壤侵蚀和养分流失。这对于长期保持土壤的肥沃度和可持续农业生产非常重要。总的来说，间作通过提高资源利用效率、丰富农产品种类、增加收入来源以及保护和改良土壤等方面带来经济效益。然而，具体的效益取决于多种因素，包括作物选择、管理技术和市场条件等。因此，在实践中需要综合考虑各种因素，进行科学规划和管理。

以斑兰叶为例，林下栽培斑兰叶可以为农户提供多样化的收入来源。斑兰叶的叶片广泛用于烹饪和饮食调味，因其独特的香气和香味而受到欢迎。农户可以通过销售新鲜的斑兰叶或加工制成的斑兰叶精油、香精等产品来获得经济收益。相对于单一农作物种植，林下栽培斑兰叶的成本相对较低。由于斑兰叶适应荫蔽条件和不需要额外施肥，农户可以减少对化肥和农药的使用，从而降低生产成本。此外，斑兰叶的生长速度较慢，不需要频繁的耕作和管理，减轻了农户的劳动压力。斑兰叶作为一种独特的香料和调味品，在烹饪和食品加工行业有着广泛的市场需求。斑兰叶具有独特的香气和味道，被用于调制各种传统和现代美食，如香米、甜点、饮品等。农户可以通过加工成各种形式的斑兰叶产品，开发出独特的品牌，并获得更高的销售价格和市场竞争力。林下栽培斑兰叶能够充分利用森林的垂直空间和阴凉环境。这种种植方式可以最大程度地利用土地资源，提高农业综合效益。同时，斑兰叶的茂密叶冠能够保护土壤、控制水分流失，有助于生态环境的保护和可持续农业发展。因此该种植模式可以降低田间管理成本，增加农民的收入，提高农业可持续发展的经济效益。近年来，林下栽培斑兰叶已经成为一种新型的农林复合种植模式，在不少地区得到了广泛的推广和应用。作为一种可持续发展的种植模式，林下栽培斑兰叶不仅可以有效提高农民的经济收益，也有助于促进农业生态文明建设，推动农业产业的高质量发展。需要注意的是，林下栽培斑兰叶也面临一些挑战，如管理和市场营销的困难、病虫害防控等。农户需要做好适宜的种植管理，加强技术培训和市场信息的获取，以确保斑兰叶的质量和产量，并获取更好的经济收益。

在海南省文昌市重兴镇加昌村，林下种植斑兰叶作为一个典型的案例，已经显著提升了当地的经济收益。加昌村原本是一个鲜为人知的村落，但如今却因一片翠绿的斑兰叶而成为远近闻名的明星村。斑兰叶作为一种热带植物，非常符合海南的气候条件，而且它是喜阴植物，因此在槟榔树下种植斑兰叶最合适不过。这种种植模式充分利用了原本闲置的"林下"土地，将其变成了致富的密码。为了推动斑兰产业的发展，加昌村委会成立了农民专业合作社，并通过与企业合作解决了斑兰的销量问题。在这种模式下，加昌村的斑兰叶种植面积迅速扩大，目前已种植斑兰叶80公顷，并与重兴镇12个村委会合作种植，带动农户种植等约133.3公顷。这种合作不仅增加了村民的收入，也促进了当地农业经济的整体发展。在经济效益方面，2023年加昌村集体斑兰叶的销售收益达到了65万元。村民通过"林下经济"土地入股的方式，还能获得15%的分红权，进一步提高了他们的经济收益。除了直接的种植和销售收益外，斑兰叶种植还带动了相关产业链的发展。例如，加昌村已经建立了斑兰叶加工厂，用于制作各种美食和饮品，如斑兰九层糕、斑兰饼、斑兰蛋挞和斑兰茶等，通过深加工提高了斑兰叶的附加值，进一步增加了斑兰叶产业的收益。目前，加昌村的斑兰叶加工厂以每千克6元的价格向农户保底收购，极大地激发了农户的种植积极性。

综合考虑以上各方面因素，林下种植斑兰叶在文昌市重兴镇的经济收益提升是非常显著的。除了直接的经济收益外，还包括了村民收入的增加、土地利用率的提高以及相关产业链的延伸和附加值提升等多个方面。这种种植模式为当地经济发展注入了新的活力，也为乡村振兴提供了新的思路和方法。

四、林下栽培斑兰叶的社会效益

斑兰叶的林下复合种植不仅带来经济效益，还能产生许多社会效益，例如确保食品安全和供应，间作可以提供多样化的农产品，增加粮食、蔬菜和水果等食品的供应，有助于满足不同人群的营养需求，并减少对单一作物的依赖，从而增强食品安全性；有助于保护和改善生态环境，不同作物的混合种植可以增加生物多样性，吸引更多的昆虫和鸟类等益虫和天敌，对农作物害虫的控制起到积极作用，此外，间作还可以减少土壤侵蚀和养分流失，增加土壤有机质含量，改善土壤质量；促进农村社区经济的发展，通过种植多种作物，农民可以增加收入来源，并创造新的就业机会，改善当地居民的生活水平，加强农民之间的合作和交流，促进农村社区的团结和发展；促进生态资源管理，即深根作物和浅根作物进行间作能够充分利用土壤水分的垂直分布，提高农田的水资源的利用效率，乔木与灌木或草本植物间作能够最大限度利用光资源，提高光资源的利用效率。此外，间作生产模式能够促进土壤养分的周转和提高利用率，对热带磷紧缺地区缓解养分限制具有重要意义。总的来说，间作通过促进食品安全和供应、保护生态环境、推动社区经济发展和改善水资源管理等方面带来了社会效益。这些效益有助于促进可持续农业和社会可持续发展。

具体而言，经济作物林下栽培斑兰叶能够为农村地区创造就业机会，斑兰叶的种植和采摘需要人工操作，如剪叶、整理和包装等。因此，当农户选择种植斑兰叶时，能够提供更多的就业机会，促进农村居民增加收入和就业机会。

（1）社区参与和合作。与当地社区和农民组织建立合作关系，促进社区参与和共同发展。通过培训和技术支持帮助农民提高斑兰叶种植的技能和管理能力，共同推动林下栽培斑兰叶的发展。经济作物林下栽培斑兰叶模式的推广还能够促进农村经济的多样化发展。该种植模式可以与传统的农作物种植相结合，增加农民的收入来源，减轻单一农作物带来的风险。同时，斑兰叶的特殊香气和味道可以带动相关产品的加工和销售，进一步促进农村产业的发展。

（2）协助农村发展。将林下栽培斑兰叶作为农村发展的一部分，与其他农产品种植、生态旅游、农村旅行等结合，打造全面发展的农村经济模式。这有助于提升农村地区的整体发展水平和居民的生活质量。此外，保护和维护生态环境也是林下栽培斑兰叶的重要社会价值之一，斑兰叶的茂密叶冠可以防止土壤侵蚀、减少水分蒸发，有助于维持土壤和水资源的健康。此外，林下栽培斑兰叶还可以促进生物多样性，为野生动植物提供栖息地和保护。

（3）环境保护和气候适应。林下栽培斑兰叶的种植有助于生态环境的保护和气候适应。可以结合其他可持续农业实践，如有机种植、水资源管理和土壤保护，共同推动生态平衡和环境可持续发展。

斑兰叶作为一种传统的香料和调味品，与当地的饮食文化紧密相连。通过林下栽培斑兰叶的种植和推广，有助于传承和保护当地的文化遗产。农民可以传承制作斑兰叶相关产品的技艺和知识，使其成为当地文化的一部分，并在当地社区中形成文化认同和地方特色。将林下栽培斑兰叶的种植与当地的文化传统和旅游资源结合起来，推动文化传承和旅游业发展。通过举办农事体验活动、文化节庆和农产品展销等方式，吸引游客参观和体验，促进当地文化的传播和推广。社会责任和公益活动：参与社会责任和公益活动，回馈社会。可以与学校、慈善机构和社会组织合作，开展农业教育、志愿者活动和环保项目，提高公众对林下栽培斑兰叶及其社会效益的认知度。

最重要的是能够增加农民收入，通过提供更多的就业机会、加工和价值链延伸，努力提高农民从斑兰叶种植中获得的收入和利润。这可以通过与加工厂商、餐饮行业和零售商建立合作关系，寻找更大的市场和销售机会来实现。以下是一些具体措施：一是增加产量和质量：通过合理的种植管理、适宜的施肥和定期的病虫害防控，提高斑兰叶的产量和质量。增加产量可以增加销售数量，而提高质量可以获得更好的市场价格，从而增加农民的收入。二是延长供应周期：林下栽培斑兰叶通常一年四季都能收获，但可能存在市场季节性需求的情况。为了增加收入，可以考虑采取技术手段如使用温室栽培、灌溉系统等，延长供应周期，使斑兰叶在市场需求较低的季节仍然有供应，从而提高价格和销售机会。三是产业链延伸：将斑兰叶的加工和价值链延伸到更高附加值的环节。例如，将斑兰叶加工成精油、香精或其他提取物，制作斑兰叶精油香薰产品、美容用品或天然调味品等，从而获得更高的销售价值和利润。此外，可以探索斑兰叶相关产品的创新开发和品牌打造，吸引更多消费者和更高端的市场。四是建立合作关系：与加工商、批发商、零售商等建立合作关系，以便获得更好的市场渠道和销售机会。合作关系可以帮助农民解决销售渠道和市场推广方面的问题，并稳定收入。五是加强市场营销：投入更多精力和资源进行市场营销活动，提高斑兰叶的知名度和市场份额。参加农产品展销会、农村特色旅游活动等，向消费者展示斑兰叶的独特魅力，提高产品的曝光度，并与潜在客户建立联系。六是提供农业旅游体验：利用林下栽培斑兰叶的特殊性，提供农业旅游体验项目，吸引游客参观和体验斑兰叶的种植、采摘等农业活动。通过门票收入和周边服务（如餐饮、纪念品销售等），增加农民的附加收入。七是农业合作社和合作经营：加入农业合作社或组织合作经营，与其他农户合作种植斑兰叶，共同采购、加工和销售，从而获得更多的规模经济效益和议价能力，提高收入水平。通过以上措施，农民可以增加斑兰叶的产量、质量和市场价值，寻找更广阔的销售渠道，并开发高附加值产品，从而有效地促进农民增收。

其中林下种植斑兰叶增收致富的典型案例莫过于在万宁市南桥镇种植户的种植经历。2017年，他在中国热带农业科学院香料饮料研究所的帮扶下，开始种植斑兰叶。他最初种植了5亩地，每亩的年收入达到了8 000多元，总收入超过4万元，这已是他打零工收入的两倍。看到种植斑兰叶的显著经济效益后，他决定持续扩大种植面积，最终增加到现在的30亩。他的年收入也随之增长到保守估计的15万元。他的成功种植经验引起了乡亲们的关注，纷纷效仿。如今，桥北村村民的房前屋后、槟榔林里、水塘边上，全都种上了翠绿的斑兰叶。万宁市乡村振兴局还积极推广斑兰叶的种植。斑兰叶耐阴喜湿，适宜林下复合种植，不需要与其他作物争地，管理起来比较容易，且经济价值高。种植一次能收割15年，可有效增加单位土地面积收益，增加老百姓的收入。目前，万宁全市已种植斑兰5 000亩，并在4个村建设斑兰叶组培苗种植示范基地400亩，总投放种苗80万株。这个案例充分展示了林下种植斑兰叶在提高经济效益方面的巨大潜力，同时也体现了科研单位在推广种植技术、帮助农民增收方面的积极作用。

综上所述，林下栽培斑兰叶的社会效益不仅体现在经济方面，还涉及就业机会的创造、农村经济多样化、生态环境的保护和文化遗产的传承等方面。这种种植模式有助于促进农村发展、改善农民生活。

五、林下栽培斑兰叶的生态效益

间作是一种农业实践，通过在一个地块上同时种植多种不同的作物，在空间和时间上最大程度地利用土地资源。间作可以带来许多生态效益。第一，增加农田生态系统生物多样性，通过同时种植不同类型的作物或植物，为生物提供不同的栖息地和食物资源，吸引更多的昆虫、鸟类、蜜蜂、蝴蝶和其他生物。这种多样性有助于维持生态平衡、生态系统功能的稳定性，并提供更好的自然生物防治。第二，复合种植有助于保护和改善土壤质量。由于间作作物的根系不同，可以增加土壤中的有机物质，改善土壤结构，不同作物之间的轮作和混种可以减少土壤侵蚀的风险，保持土壤的结构和肥力。此外，复合种植可以改善土壤质量。不同作物的根系系统具有不同的形态和功能，可以增加土壤的有机质含量、改善土壤结构和增强土壤保水能力。多样化的植物根系系统还有助于减轻土壤侵蚀和减少养分流失，保持土壤的健康和肥力。第三，复合种植可以提高农田的资源利用效率。通过选择适应性强的不同作物组合，可以充分利用土地、水和阳光资源。不同作物之间的相互作用还可以促进养分循环和资源共享，提高农田内的资源利用效率。例如，复合种植有助于更有效地管理水资源，不同类型的作物在生长期间会利用不同深度和不同层次的土壤水分，减少同一作物对水资源的竞争。在复合种植系统中，作物之间的互补和协作可以减轻灌溉压力，并提高水分的利用效率，减少灌溉用水量。第四，不同作物之间的种植结构和植物间的相互作用可以减少病虫害的传播和扩散，即复合种植有助于减轻病虫害压力。通过复合种植，作物之间的相互作用和植物间的化学通信可以减少害虫和病菌在种植区域内的传播和发生。例如，某些植物具有驱虫或扰乱害虫的能力，可以减少农作物上的虫害。这意味着农民可以减少对农药的使用，降低化学残留物的风险，并减少对环境的负面影响。此外，复合种植有助于减少农药和化学品的使用。通过种植不同作物，可以减少对某一种特定农药的依赖，并降低对农药的总体需求量。不仅如此，间作可以增加有益的昆虫和动物种群，以自然方式控制农田中的害虫和病虫害，减少农药的使用。第五，复合种植在减少农业温室气体排放方面也发挥作用。一方面，由于不同类型的作物具有不同的生长周期和养分需求，可以优化土壤中的养分利用效率，减少农业活动中产生的氮氧化物（NO_x）和甲烷（CH_4）等温室气体的释放。另一方面，复合种植有助于保护和改善土壤质量，增加土壤有机质的积累和碳储存。多样化的作物类型、轮作和混种可以减少土壤侵蚀和养分流失，保持土壤的健康和肥力。此外，复合种植系统的多样性有助于增加有机物的输入和残渣的覆盖，提高土壤的碳储存能力，减少碳排放。此外，复合种植可以减少农业生产过程中的能源消耗。通过在同一块土地上种植多种作物，可以减少机械化设备的使用时间和能源消耗。复合种植可以减少对化肥等投入品的需求，从而减少温室气体的排放。综上所述，复合种植可以通过增加生物多样性、保护土壤、节约水资源、减少农药和化肥使用以及减少温室气体排放等方式，提供重要的生态效益。这种可持续的农业实践对于生态系统的健康和可持续发展至关重要。

　　林下栽培斑兰叶还具有其他的生态和经济优势。在生态方面，林地中通常存在大量的垂直空间，而林下栽培可以充分利用这些空间。斑兰叶的生长高度较矮，可以生长在树木的底层，充分利用空间资源，不仅不浪费土地，还能增加农作物的种植密度。由于森林的树冠会遮挡部分阳光，给底层植物带来一定的阴影。斑兰叶作为耐阴植物，适应性较强，可以在相对较低的光线条件下生长。这使得斑兰叶在林下栽培中能够有效利用剩余的光照资源，从而提供了一种有利于斑兰叶生长的环境。林下栽培中，斑兰叶的叶片能够起到保护土壤的作用，减少土壤侵蚀和水分蒸发。斑兰叶的茂密叶冠可以减轻雨滴对地表的直接冲击，防止土壤流失，并且其叶片能够减少水分蒸发，帮助保持土壤湿度。林下栽培中的斑兰叶与其他树木或植物形成了多层次的植被结构，丰富了森林的生物多样性。斑兰叶的香气和芳香特性对某些害虫具有驱避作用，有助于维持生态系统的平衡。该种植模式在平衡斑兰叶与其他植物之间的竞争关系，如土壤养分的竞争、水分的竞争等的前提下，合理安排植物的布局和种植密度，以及适当的农业管理，能够更好地发挥斑兰叶的优势，促进土地的保墒保肥，保护地下水资源，减少土地的侵蚀和退化等。

第八章

林下栽培糯米香理论与实践

第一节 糯米香概况

糯米香（*Semnostachya menglaensis*）也称糯米香茶，是爵床科马蓝属多年生草本香料植物（图8-1）。原产于我国云南景洪、临沧等地，泰国和越南也有分布。目前，在我国主要分布于云南省河口、西双版纳、临沧，海南省万宁、琼中、海口等地区。

图8-1 糯米香

一、糯米香的生物学特性

高0.5 ~ 1米。枝4棱形，被短糙状毛，后变无毛，植株干时发出糯米香气。叶对生，常不等大，叶柄长达2厘米，被短糙状毛，叶片椭圆形、长椭圆形或卵形，长达18.5厘米，宽6厘米，先端急尖，基部楔形下延或偶有圆形，两面疏被短糙状毛，脉上较密，上面钟乳体明显，侧脉5～6对，到边缘弧曲，边缘具圆锯齿。穗状花序单生，顶生或腋生，花序轴被柔毛及腺毛；苞片线状匙形，长10毫米，宽2毫米，两面疏被短柔毛及白色小凸起，边缘被柔毛及腺毛，1脉；小苞片线形，长4.7毫米，宽0.8毫米，两面被短柔毛；萼片5，近相等，线形长1.2毫米，宽3毫米，两面被疏短柔毛；苞片、小苞片及萼片有纵向排列的钟乳体；花冠新鲜时白色，干后粉红色或紫色，外面无毛，冠管长10毫米，喉部长16.7毫米，冠檐裂片近圆形，径5.3毫米，内面除支撑花柱的两列毛外无毛；雄蕊4，2强，长花丝被柔毛，短花丝无毛，花药椭圆形，长3毫米，花粉粒超长球形，具3孔沟，有隔肋带；花柱无毛，长1.5厘米，子房倒长卵圆形，长3毫米，径1毫米，上端被短腺毛。蒴果圆柱形，长1.4厘米，先端急尖，被短腺毛，两爿片开裂时向外反卷。种子椭圆形，长3毫米，宽2毫米。

二、糯米香的经济意义

糯米香叶片富含粗蛋白质、粗纤维、氨基酸、矿物质和微量元素等营养成分，以及生物活性较强的角鲨烯和酚类化合物，具有清热解毒、养颜抗衰、补肾健胃等健康功效。作为一种天然香料，糯米香叶片含有16种氨基酸和40多种香气成分，是云南傣族的一种传统茶饮料，亦可供调配香精，作为酒曲、饼干、冰激凌、糕点等的配料，滋味甘醇、香气清雅。

糯米香生于山沟谷雨林下或石灰岩山脚林下，是典型的多年生浅根性植物，喜荫蔽且植株低矮，非常适合林下栽培，在荫蔽度为60%～80%的条件下生长良好。

第二节　林下栽培糯米香的理论研究

一、林下间作糯米香具有良好的经济与生态效益

在热带经济林下栽培糯米香不仅能防止水土流失、保护田园生态、提高土地当量比，而且作物可以相互促进生长，提高作物品质[78]。以可可间作糯米香与槟榔间作糯米香为例，可可间作糯米香对可可鲜果产量基本无影响，但

以可可产量计算的土地当量比（1.46）大于1，表明可可—糯米香间作具有显著产量优势，可有效提高土地的利用率，弥补生长期可可的资金投入。以间作短期见效快、收益高的糯米香作为互补，能有效增加光合面积[79]。延续交替合理地利用光能，是提高光能利用率的一个重要途径[78]。槟榔间作糯米香模式下可以提高槟榔产量，土地当量比大于1，有利于提高土地的利用率。槟榔间作糯米香投入少、收入高，可以高效利用土地资源，以最小的投入得到最佳的效益，因此槟榔间作糯米香对提高土地的利用率具有十分重要的意义[80]。

二、施用有机肥显著提高糯米香光合作用及产量

施用高氮有机肥2 150千克/公顷能够显著改善土壤pH，提高土壤有机质、碱解氮、有效磷和有效钾的含量。对于土壤中的微量元素，不同的有机肥施用对交换性钙、交换性镁、有效硫、有效铁、有效锰、有效铜、有效锌、有效硼含量的影响存在一定的差异。施用高氮有机肥显著提高糯米香叶面积，并随时间的推移，其叶面积有继续提高的趋势，并且在该处理下糯米香的叶绿素含量增长速度最快，最高达到87.70毫克/克，其光合速率达到最高，是对照处理的4倍，且随着时间推移，具有平稳上升的趋势[81]。此外，施用肥料显著提高了糯米香的产量，该现象与有机肥显著提高了作物叶面积、叶片鲜重等有关[82]。交换性钙、交换性镁、有效硫等中量元素和有效硼、有效铁、有效锰、有效铜、有效锌等微量元素是影响糯米香生长和高产稳产的重要营养元素，对于改善种植园土壤养分和提高糯米香产量具有重要作用[81]。

三、糯米香主要化学成分的分析与鉴定

糯米香是一种天然香料和药用植物，全株含有40多种香气成分和对人体有益的氨基酸，用糯米香叶片制成的茶称为糯米香茶，是一种名贵的天然保健茶，其香气清雅，滋味醇正爽口，植株干时散发出独特的糯米香气，具有清热解毒、养颜抗衰等功效是云南傣家待客的常用饮料[83]。因此，对糯米香主要化学成分的分析与鉴定十分必要，并且明确其主要成分功效的研究刻不容缓。近年来，关于糯米香的研究主要集中于采用不同提取方法对糯米香风味组分影响的初步研究。例如，用正己烷萃取云南产糯米香叶的香气成分并用气质联用和核磁共振技术分析糯米香挥发性成分[84]；用乙醇提取海南产糯米香中的香气成分并研究其有效成分的生物活性[85]；采用超临界CO_2萃取结合气质联用技术分析海南产糯米香中的挥发油组分和含量[83]；采用同时蒸馏萃取结合气

相色谱–质谱联用仪研究云南产糯米香的香气组分和含量[86]；以及采用固相微萃取技术研究糯米香的香气成分分析[87]。

采用顶空固相微萃取技术（HS-SPME）结合气相色谱–质谱联用技术调查海南产糯米香的挥发性成分。从糯米香中分离出79种挥发性成分，其中2-丙酰基-3，4，5，6-四氢吡啶和2-丙酰基-1，4，5，6-四氢吡啶是糯米香的主要挥发性成分，分别占总挥发性物质的43.89%和37.06%；其次为哌啶-2-甲酸乙酯（5.88%）、2-乙酰基-3，4，5，6-四氢吡啶（5.27%）和丙酰基吡啶（1.73%）；微量成分为1-烯基-3-庚酮、3-辛酮、3-辛醇、乙酰基吡啶和2-乙酰基哌啶[87]。

第三节　林下栽培糯米香的生产实践

一、林下栽培糯米香模式

林下栽培糯米香模式是糯米香的主要生产模式之一。在常规的经济林下均可间作糯米香（图8-2，图8-3）。在海南地区，糯米香常间作于咖啡、可可等种植园中。

图8-2　橡胶—糯米香复合种植

图8-3　林下间作糯米香

二、林下栽培糯米香技术

林下栽培糯米香种植技术主要包括育苗、园地选择与开垦、定植、田间综合管理、病虫害防治、采收管理等6个关键步骤，具体过程如下：

1.育苗

糯米香种苗繁育方法以扦插繁殖为主。在0.5～1年生的母株上，剪取植株中上部10～15厘米的枝条作为插条，剪去插条下半部的叶片；将插条斜插入育苗的沙床，淋透水，以后每隔2天淋1次水。扦插期小苗需遮阴，15天后，插条开始长根，待抽出新叶、根长到3～5厘米时可移栽。优良糯米香种苗的标准为主枝直立，生长健壮，叶片浓绿、正常，根系发达，无病虫害，无机械损伤。种苗高度30～50厘米，主枝粗度0.2～0.5厘米，苗龄1～2个月。

2.园地选择与开垦

在海南岛区域内，选择生态条件良好、靠近水源、交通便利、排灌方便的农业生产区域，作为选择园地的标准。用于种植糯米香的土壤应土层深厚、有机质丰富、pH为5.5～7.0，且透气性良好的壤土或沙壤土，糯米香生长需要一定的荫蔽环境，其最适宜郁闭度0.2～0.4，选择在槟榔、橡胶、椰子、澳洲坚果、菠萝蜜、面包果、油棕、香蕉、可可和咖啡等林下栽培种植为主。

糯米香种植前应进行园地规划与开垦，充分利用附近河流、水沟、水塘、水库等排灌配套工程，做好蓄水和引提水工作，节水灌溉系统以铺设喷灌和微喷为主，顺着园地的行间纵向埋管，在间作林行上或行间纵向平铺一条微喷带或喷灌。清除园地杂草、石头、树枝等杂物。整地时施基肥，基肥以有机肥为主，基肥宜于翻地前均匀撒施于土壤表面。

3. 定植

（1）种植时间。根据当地气候条件和园区灌溉条件确定适宜的种植时间。在海南和云南，除连续高温强降雨季不宜种植外，其余季节均可种植，以3—4月开春季节定植为佳。

（2）种植密度。株行距20厘米×20厘米左右。平地且土壤肥力较好的经济林，宜稀植；坡度较大的经济林，宜密植。

（3）定植方法。在经济林的行间或株间开挖斜壁浅沟，沟深一般为15厘米。常用腐熟水肥及磷肥作基肥，并与沟土充分混合。将糯米香种苗置于浅沟斜壁上，根茎结合部略低于地面，覆土、压实，浇足定根水；用椰糠或枯叶遮阴保湿定植后1周内，隔天淋水。

4. 田间综合管理

（1）水肥管理。每隔10～15天浇水1次，浇水量以湿透根系主要分布层（0～20厘米）为宜，并做到旱季、采收期及时浇水，雨季及时排水。每隔2个月施追肥1次，常用腐熟水肥或复合肥，施肥位置距离糯米香根基部5～10厘米，挖浅沟淋施，施后覆土。

（2）整形修剪。苗高15～20厘米时摘顶，促进分枝；选留3～4条分布均匀、生长健壮的分枝作主枝；主枝长到15～20厘米时再摘顶，促发副主枝。如此培养各级分枝使其形成枝条分布均匀、合理、通风透光的矮化株型。采收后及时清园，剪除枯枝、残枝、病虫枝、纤弱枝、过密枝。

5. 可可病虫害防治

（1）主要病害。苗期主要病害为白绢病，可用50%萎锈灵800倍液，每隔7天喷施1次，连续喷施2～3次，在植株茎基部及其周围的土壤浇灌药液，保证渗及根部。

（2）主要虫害。糯米香的主要虫害为刺蛾，多以幼虫和低龄细幼虫群集食叶，危害范围极广，严重时可将叶片吃光可选用25%灭幼脲乳油1 000～2 000倍液，20%氰戊菊酯乳油2 500～3 000倍液，90%敌百虫晶体

800 ～ 1 000倍液等进行喷雾防治，效果较好。

6.采收管理

糯米香种植3 ～ 5个月，长至约50厘米高时就可采割鲜叶。收获时间与方式：每次自植株枝条顶端剪取15 ～ 20厘米，一年可采收4 ～ 5次。

三、林下栽培糯米香的经济效益

糯米香是一种珍贵的茶叶，其独特的香味和保健功能深受消费者喜爱。在林下栽培糯米香，可以利用林地的空闲土地和空间，不占用额外的耕地，同时还能为农民增加收入来源。林下栽培糯米香还有助于提高土地利用率和生态效益。通过在林地中种植糯米香，可以促进土地的可持续利用，增加土壤肥力，提高土地的生产力。同时，林下栽培还可以促进生态平衡，增加生物多样性，减少病虫害的发生。随着人们对健康和生活品质的追求不断提高，对糯米香等保健品的需求也在不断增加。因此，林下栽培糯米香具有广阔的市场前景和潜力。此外，糯米香可连续产叶超过20年，每亩生产鲜叶800 ～ 1 000千克，按照目前市场收购平均价每千克鲜叶2元计算，每亩可可园可增收1 600 ～ 2 000元。如将鲜叶加工成干叶原料销售，每亩可产干叶原料100 ～ 125千克，按照目前市场收购平均价每千克干叶原料100元计算，每亩经济林可增收10 000 ～ 12 500元。此外，间作后可减少经济林种除杂草等生产管理成本，每亩300元，因此经济林中间作糯米香每亩实际增收9 000 ～ 12 800元。

四、林下栽培糯米香的社会效益

林下栽培糯米香具有很好的社会效益，不仅可以促进农村经济发展和优化农业产业结构，还可以推动农村就业和促进生态保护，同时弘扬传统文化。

（1）促进农村经济发展。林下栽培糯米香可以为农民增加收入来源，提高农民的生活质量。同时，随着糯米香市场需求量的增加，还可以带动相关产业的发展，如茶叶加工、运输、销售等，进一步促进农村经济的发展。

（2）优化农业产业结构。林下栽培糯米香可以优化农业产业结构，促进农业的多元化发展。在传统的农业模式下，农民往往只种植一些基本的农作物，而林下栽培糯米香可以引入新的农业品种和模式，提高农业的附加值和竞争力。

（3）推动农村就业。林下栽培糯米香需要大量的劳动力进行种植、采摘和加工，因此可以提供大量的就业机会。这对于提高农民的收入和生活水平具有积极的作用。

（4）弘扬传统文化。糯米香是一种具有深厚文化底蕴的茶叶品种，其独特的香味和保健功能深受消费者喜爱。林下栽培糯米香，可以传承和弘扬传统文化，增强人们对传统文化的认识和认同。

五、林下栽培糯米香的生态效益

林下栽培糯米香具有很好的生态效益，可以维持生态平衡、提高土地利用率、改善环境质量以及促进生态旅游发展。在实现经济效益的同时，也保护了生态环境和自然资源。

（1）维持生态平衡。林下栽培糯米香可以促进森林生态系统的平衡。在传统的林业经营模式下，过度采伐和开垦可能会导致土地退化和生态失衡。而林下栽培糯米香可以合理利用林地资源，增加生物多样性，促进土壤肥力，减少病虫害的发生，从而维持生态平衡。

（2）促进生态保护。林下栽培糯米香可以促进生态保护，增加生物多样性，减少病虫害的发生。同时，通过合理利用林地资源，还可以防止过度开垦和破坏生态环境，保护生态平衡。

（3）提高土地利用率。林下栽培糯米香可以利用林地的空闲土地和空间，不占用额外的耕地，提高土地的利用率。同时，通过间作糯米香等，可以促进土地的可持续利用，增加土壤肥力，提高土地的生产力。

（4）改善环境质量。林下栽培糯米香可以改善环境质量。一方面，间作农作物可以减少林地杂草的生长，提高森林卫生质量；另一方面，农作物的生长和代谢可以吸收二氧化碳等气体，减少空气污染。

（5）促进生态旅游发展。林下栽培糯米香可以与生态旅游相结合，发展观光、采摘、体验等生态旅游项目。这不仅可以增加农民的收入来源，还可以促进生态保护和传统文化传承，为当地经济发展注入新的活力。

第九章

林下栽培鹧鸪茶理论与实践

第一节 鹧鸪茶概况

鹧鸪茶（*Mallotus peltatus*），学名山苦茶，俗名椭圆叶野桐、毛茶、禾姑茶，是大戟科野生桐属的特色代茶作物，主产于广东和海南（图9-1）。生于海拔200～1 000米山坡灌丛或山谷疏林中或林缘。分布于亚洲东南部各国。鹧鸪茶在国内主要分布于海南岛的文昌、万宁、陵水、三亚、白沙、定安、东方、琼中、保亭和昌江等地区；广东省台山、阳江、阳春、茂名、高州以及信宜等亦有分布。其中，主要以海南文昌铜鼓岭和万宁东山岭出产的最为有名，而乐东、白沙、琼中、保亭等一带中部山区的海南山苦茶资源保护得较好。

图9-1 鹧鸪茶

一、鹧鸪茶的生物学特性

灌木或小乔木，高 2 ～ 10 米，植物体干后有零陵香味；小枝被星状短柔毛或变无毛，具颗粒状腺体。叶互生或有时近对生，长圆状倒卵形，长 5 ～ 15 厘米，宽 2 ～ 6 厘米，顶端急尖或尾状渐尖，下部渐狭，基部圆形或微心形，全缘或上部边缘微波状，上面无毛，下面中脉被星状毛或柔毛，侧脉腋有簇生柔毛，散生橙色颗粒状腺体；羽状脉，侧脉 8 ～ 10 对；基部有褐色斑状腺体 4 ～ 6 个；叶柄长 0.5 ～ 3.5 厘米；托叶卵状披针形，被星状毛，早落。花雌雄异株。蒴果扁球形，直径约 1.4 厘米，具 3 个分果片，具 3 纵槽，被微柔毛和橙黄色颗粒状腺体，疏生稍弯的软刺；种子球形，直径约 5 毫米，具斑纹。花期 2—4 月，果期 6—11 月。

二、鹧鸪茶的经济意义

植物体含有零陵香油，可作为提取香精的原料。叶圆味甘，是一种奇特的野生茶叶。属野生灌木，性僻耐干旱，喜欢生长于荒山野岭石头缝中，主产于冠有"世界长寿之乡"美誉的海南万宁，其各山区、丘陵、沿海一带的优良品质原生态野生鹧鸪茶树大叶，茶质醇厚，众口皆碑。品之其味，甘辛、香温、散发出浓郁的零陵香气。千年来，被历代文人墨客誉为茶品中的"灵芝草"，是海南各地方人们日常生活，四季常饮和接待宾客的绿色养生健康饮品。我国著名诗人、戏作家田汉当年登东山岭曾写下："羊肥爱芝草，茶好伴名泉"的诗句。《本草求原·卷一》云："鹧鸪茶，甘辛，香温，主咳嗽，痰火内伤，散热毒瘤痢；理蛇要药。根，治牙痛，疳积。"现代文献则有记载"干后有零陵香气"。

第二节　林下栽培鹧鸪茶的理论研究

一、海南野生鹧鸪茶资源亟待保护

鹧鸪茶是具有海南地方和民族特色的代茶饮料植物和药用植物，已开发为广受欢迎的特色旅游产品，鹧鸪茶产业也发展为带动海南农民脱贫致富的特色产业之一[88]。鹧鸪茶在海南有悠久的饮用历史，传统上用来制茶的原料均是取自野生植株，鲜有人工种植，海南地方企业加工鹧鸪茶产品的原料亦是完全依赖野生资源。近年来，随着海南自由贸易港的持续建设和鹧鸪茶加工产业的发展壮大，长期的人工无序采摘对野生鹧鸪茶资源造成了严重的破坏，大规模地山林地开发也对其生境产生了较大的影响，对鹧鸪茶种质资源进行收集保存和创新利用是解决当前问题的唯一途径[89]。

针对鹧鸪茶种质资源急剧减少、许多优异种质濒临消失的问题，国内有关科研人员开展了鹧鸪茶种质资源保存和人工驯化等方面的研究。例如香饮所顾文亮和海南大学苦丁茶研究所的李娟玲等，先后在3年多的时间内对海口、琼中、万宁、保亭、定安、琼海、东方、白沙、乐东和陵水等全省10个市县共13个地点进行系统的鹧鸪茶野外资源调查，同时将收集285份种质资源安全保存在鹧鸪茶种质资源圃中[88]；同时还对285份鹧鸪茶种质资源开展了5个描述性状和6个数值性状的植物学鉴定评价，并对鹧鸪茶居群的种质材料进行ISSR标记的引物筛选[90]。研究结果显示收集到的鹧鸪茶资源描述性状的多样性指数的变化范围为0.69～1.74，数值性状的多样性指数的变化范围为1.93～2.11，表明收集保存的鹧鸪茶种质具有丰富的遗传多样性。但鹧鸪茶资源的异地保存和原生境保护相结合的策略应当继续实施，并进一步加快种质资源的收集保存、鉴定评价与开发利用研究，选育出优良鹧鸪茶无性品系并进行规模化的商业种植，从而使得海南鹧鸪茶产业真正实现可持续发展。

二、适度遮阴能够显著提高鹧鸪茶叶生物量

人工驯化栽培是解决当前原材料需求的关键，也是开展野生资源保护的重要措施。因此，前期研究中采用人工遮光处理的方法研究4种不同光照强度对鹧鸪茶叶生物量、叶片数、叶面积、株高、叶净光合速率以及叶绿素荧光参数Fv/Fm值的影响，以掌握适宜鹧鸪茶驯化栽培的光照条件，为人工驯化栽培提供科学的依据。结果表明当光照强度为52%和73%时，鹧鸪茶叶生物量、叶片数显著高于其余处理；光照强度28%时，鹧鸪茶叶获得最大的叶面积，但叶片数显著下降；全光照时，鹧鸪茶叶片数和叶面积显著下降，脱叶现象频繁。此外，适度遮阴有利于提高鹧鸪茶的净光合速率、叶绿素荧光Fv/Fm值，且随着光照强度的减弱鹧鸪茶茎高增量出现增长的趋势，但过低的光照强度不利于产量的提高[91]。因此，在林下栽培鹧鸪茶时应保持透光率为52%～73%，以获得较好的生产性能，而全光照或过低的光照强度均不利于其生长，这对开展鹧鸪茶的驯化栽培具有重要的指导意义[92]。

此外，在林下栽培鹧鸪茶可破解用地瓶颈制约，有效扩大鹧鸪茶种植面积。针对一些经济林，例如椰林，较为稀疏，无法满足林下茶苗优质高产所需的遮阴要求时，应用低成本绿色纳米技术进行作物生长调控，提高鹧鸪茶的环境适应性，对促进鹧鸪茶生产、提高椰林综合效益具有重要现实意义。研究表明，鹧鸪茶叶施纳米铁对鹧鸪茶叶片生长、光合及主要化学特征影响极为显著。纳米铁处理提高了鹧鸪茶的叶长、叶宽、叶干重、叶片数量和叶绿素含量。鹧鸪茶叶片的净光合速率、蒸腾速率、气孔导度随纳米铁浓度升高先增后降，PS II 潜在活性和 PS II 原初光能转化效率也在较高浓度纳米铁处理中显著降低。鹧鸪茶叶片黄酮、脂肪和灰分含量在低浓度纳米铁处理中即可显著提高，但脂肪和灰分含量在高浓度处理中减少[93]。因此，适当浓度的纳米铁可有效促进林下鹧鸪茶生长，浓度过高则产生负面作用。综合考虑以上因素，建议椰林间作鹧鸪茶的纳米铁适宜用量为 25 ～ 50 毫克/升[93]。

三、海南鹧鸪茶营养成分的提取与分析

前期研究中将海南7个地区的鹧鸪茶作为研究对象，测定其营养成分、总酚、总黄酮含量。结果表明，不同产地鹧鸪茶中的营养成分含量各异，其中七仙岭鹧鸪茶的灰分含量最高，兴隆鹧鸪茶的碳水化合物和脂肪含量最高，霸王岭鹧鸪茶的蛋白质含量最高，白石岭鹧鸪茶的黄酮含量最高，岭头茶场鹧鸪茶的总酚含量最高[94]。进一步的香气成分研究通过利用蒸馏萃取法、减压蒸馏萃取法、顶空吸附法、过柱吸附法、超临界二氧化碳萃取法、固相微萃取等方法，明确了海南鹧鸪茶叶挥发油中的主要化学组分为烃类40种，酸类3种，醇类8种，酯类7种，酮类4种，酚类1种，醛类5种；其主要成分为：十六碳酸、γ-榄香烯和叶绿醇[95]等。

此外，前期研究通过比较热水浸提法、有机溶剂浸提法和纤维素酶辅助浸提法提取鹧鸪茶多酚效率的基础上，采用DPPH 自由基法、ABTS 自由基法、羟自由基法、超氧阴离子法和还原力法评价多酚提取物的抗氧化性；并利用滤纸片扩散法和二倍稀释法测定多酚提取物的抑菌性。上述 3 种方法浸提的多酚提取物均具有较强的抗氧化性，纤维素酶辅助提取的鹧鸪茶多酚（CFC）清除DPPH自由基能力最强，其半抑制浓度（IC50）为（0.003 4±0.000 2）毫克/毫升；热水浸提的鹧鸪茶多酚（WFC）清除ABTS自由基、羟自由基和超氧阴离子自由基能力最强，其 IC50值分别为（0.066±0.004）、（0.069±0.004）、（0.127±0.009）毫克/毫升。3种方法浸提的多酚提取物对

大肠杆菌、金黄色葡萄球菌、枯草芽孢杆菌、绿脓杆菌均有较好抑制作用，其中 WFC 对4种细菌的抑制效果最好，抑菌圈直径依次为（12.34±1.01）、（12.16±0.95）、（2.12±0.15）、（6.12±0.36）毫米，最小抑菌浓度（minimum inhibitory concentration，MIC）依次为3.13、3.13、12.50、6.25毫克/毫升。综合考虑，鹧鸪茶多酚提取采用热水浸提法较为适宜[96]。在此基础上，通过优化超声辅助浸提法提取多酚化合物，表明鹧鸪茶多酚的最佳工艺条件为：超声功率300瓦、浸提温度70 ℃、料液比1∶25（克/毫升）、时间30分钟，在此条件下，多酚得率为（10.72±0.52）%（以干重计，w/w）。鹧鸪茶多酚提取物具有较强清除DPPH自由基、ABTS自由基和羟自由基能力，其IC50值分别为（0.005 4±0.000 3）、（0.077±0.004）、（0.114±0.006）毫克/毫升，说明鹧鸪茶多酚具有较强的体外抗氧化活性[97]。

第三节　林下栽培鹧鸪茶的生产实践

一、林下栽培鹧鸪茶模式

目前，鹧鸪茶主要以野生资源为主，但野生资源急剧下降导致海南各地也开始逐渐进行人工种植，主要栽培方法是间作于经济林下，主要的经济林地有橡胶、槟榔、台湾相思等海南优势经济作物（图9-2）。

图9-2　台湾相思—鹧鸪茶—斑兰叶复合种植

二、林下栽培鹧鸪茶技术

1.育苗

（1）有性繁殖。鹧鸪茶是雌雄异株植物，在自然居群中以雄株多而雌株少为普遍现象。自然授粉条件下，鹧鸪茶的平均结实率（成熟种子/雌花数）不足5%，而且果实成熟后开裂，落入泥土中后，很难发芽，繁殖率极低。而鹧鸪茶的花序为总状花序，整个花轴上花朵的发育程度差异巨大，常常出现一边开花一边结果的情况，很难收集种子。即使种子成熟后，需阳光照晒使果皮水分骤减直至蒴果发生炸裂释放种子，而过多雨水会使蒴果直接掉落未能释放种子，不利于发芽。

（2）扦插繁殖。不同插穗的长度对扦插生根的效果都不相同，如果插穗过短，容易造成材料失水死亡，但如果插穗过长易造成枝条发芽。插穗长出新枝，但插穗基部没长根，形成假活现象。研究发现，插穗为20厘米会出现假活现象，造成生根率低。所以从生根率及存活率来看，长度约为10厘米的插穗较宜。另外，不同扦插基质对扦插生根效果的影响也不同，研究发现，组合基质的生根效果比单一基质的生根效果要优，所以在进行扦插生根时，扦插的基质既要考虑其通透性的同时，也应适当考虑基质的肥力。

2.园地选择与开垦

野生鹧鸪茶在海南多生长于山丘的半山腰，山脚较少，山顶更少，在海南岛中部及西部山区的热带雨林中亦有鹧鸪茶分布，且与其他灌木混杂生存。因此，鹧鸪茶适宜种植于热带雨林冠层下部，不宜强光照射的缓坡区域。整地时施基肥，基肥以有机肥为主。基肥宜于翻地前均匀撒施于土壤表面。

3.定植

（1）种植时间。根据当地气候条件和园区灌溉条件确定适宜的种植时间。在海南地区，除连续高温强降雨季不宜种植外，其余季节均适宜种植。

（2）种植密度。根据种植园坡度进行调整，坡度大宜密植，土壤肥力较好宜稀植。

（3）定植方法。在经济林的行间或株间开挖15厘米浅沟。用富磷有机肥作基肥，并与沟土充分混合。将鹧鸪茶种苗置于浅沟，根茎结合部略低于地面，覆土、压实，浇足定根水。

4.田间综合管理

1年生鹧鸪茶单株施加3克氮肥对幼苗的株高有明显的促进作用；2年生

鹧鸪茶植株施加N∶P∶K比例约为1∶1∶1配方施肥90克。但应根据不同土壤类型与肥力适当调整水肥的配比方案。另外要注意,施肥时要防止采用叶面撒肥的方法,避免造成茶树叶片灼伤、肥料损失。

鹧鸪茶苗木生长最适合的土壤最大持水量为75%,苗木管理期间根据经验保持土壤保持湿润但不积水,可根据实际的降雨与土壤情况来确定是否需要灌溉,在雨水较多的季节要及时做好松土保墒的工作。

5.病虫害防治

危害鹧鸪茶的主要病虫害是一些介壳虫和蛾类。

(1)介壳虫防治方法。以人工捉除为主;若患病面积大,虫量多,可用25%的亚胺硫磷600倍液,每隔1～2星期喷洒1次,连续喷3～4次便可将介壳虫杀灭。

(2)蛾类防治方法。在冬季认真寻找并清除其卵块,幼虫群集时,可将虫叶摘下踩灭;在幼虫期用90%敌百虫1 000倍液,或50%杀螟松乳油1 000倍液,或50%辛硫磷乳油3 000倍液喷杀,效果均好。

(3)蚜虫防治方法。用40%的乳油剂氧化乐果加1 000～1 500倍水溶液喷洒;用80%的乳油剂敌敌畏加1 000～1 500倍水溶液喷治,每隔3～5天喷1次,连续3次可见效。

6.采收管理

鹧鸪茶不属于纯茶,制作方法其实非常简单,将叶片采摘下来,卷成球状用绳子捆住,然后再放到太阳下面自然风干即可。每年农历四五月,采摘野生的鹧鸪茶树大叶,筛选出品质较好的叶片,将叶片叠在一起,卷成圆球状,再用它的枝叶捆在一起,选择天气好的时候,将它们拿到室外晾晒,一般晒2～3小时它表面的水分就会自然风干,为了让它保存的时间更长一些,当地人会连续晾晒3～4天,直到水分完全消失后,鹧鸪茶就制作完成了。

三、林下栽培鹧鸪茶的经济效益

鹧鸪茶是一种具有高附加值的农产品,其叶经过加工后可以制成茶叶,具有很高的营养价值和药用价值。因此,鹧鸪茶的市场需求量大,价格较高,为农民提供了新的经济增长点。此外,林下栽培鹧鸪茶还可以促进农村产业结构的调整和优化。传统的农村产业结构往往过于单一,导致农民的收入来源有限。通过林下种植鹧鸪茶,可以为农村提供就业机会和创业机会,农民也因此获得更多的收益来源。林下种植鹧鸪茶带动其他相关产业的发展,如旅游、加工、销售等，可以促进农村经济的多元化发展。同时，也可以为当地创业者提供新的商业机会，促进当地经济的发展和繁荣。

例如海南省有一位万宁籍退役军人在万宁日月湾、龙滚等地从事旅游行业。正是这份工作让他看到了鹧鸪茶产业的发展商机。他观察到在景区，苦丁茶作为特产卖得很好，游客看中的是其养生功能。于是，他觉得尖岭村的鹧鸪茶，其养生效益和苦丁茶相似，且口味更佳，应该也有很大的市场潜力。2013年，他回到家乡尖岭村，开始了他的鹧鸪茶种植事业。他首先将家里的34亩地开辟出来种植鹧鸪茶树，并成立了鹧鸪茶种植合作社。经过八年多的努力，包括上山移种、剪枝、育苗等工作，他的合作社种植面积已经扩大到了320亩。鹧鸪茶适合林下种植，这一特点使得他能够充分利用村里的林地资源，同时也破解了林下空旷土地的瓶颈。在他的带动下，村里的197户农户开始种植鹧鸪茶，从而实现了致富。胡成云的鹧鸪茶种植合作社不仅为村民提供了就业机会，还注册了"百年香鹧鸪茶"品牌公司，使产品更具市场竞争力。如今，合作社年产青茶叶21.6万斤，年产值近千万，成为万宁市重点打造的八大重点项目之一。该退役军人的创业经历充分展示了林下种植鹧鸪茶在提高经济收益方面的巨大潜力。他的成功案例为其他地区的农民提供了有益的借鉴和启示。

四、林下栽培鹧鸪茶的社会效益

林下栽培鹧鸪茶的社会效益非常显著，可以促进农村发展、增加就业机会、提升生活质量、弘扬传统文化并推动乡村振兴。

（1）促进农村发展。林下栽培鹧鸪茶的种植可以促进农村产业结构的调整和优化，带动相关产业的发展，如旅游、加工、销售等。这不仅可以提高农民的收入水平，还可以促进农村经济的多元化发展，推动农村的全面繁荣。

（2）增加就业机会。林下栽培鹧鸪茶的种植需要人工管理、采收和加工等环节，可以为当地居民提供就业机会。这对于缓解就业压力，提高居民收入具有重要意义。

（3）提升生活质量。林下栽培鹧鸪茶可以改善农村环境，提升农村生活质量。同时，鹧鸪茶还具有很高的营养价值和药用价值，可以为人们提供健康、优质的农产品，满足人们对高品质生活的需求。

（4）弘扬传统文化。鹧鸪茶作为一种具有地方特色的农产品，其种植和加工过程蕴含了丰富的传统文化和工艺。通过林下栽培鹧鸪茶的推广，可以弘扬传统文化，传承地方特色。

（5）推动乡村振兴。林下栽培鹧鸪茶的种植可以促进农村产业升级和转型，推动乡村振兴战略的实施。通过发展特色农业和乡村旅游等产业，可以打造具有特色的乡村品牌，提升农村整体形象和竞争力。

五、林下栽培鹧鸪茶的生态效益

林下栽培鹧鸪茶具有增加森林覆盖率、促进生物多样性、改善土壤质量、调节气候和保护水资源等生态效益。

（1）增加森林覆盖率。鹧鸪茶的种植可以增加森林的覆盖率，有效防止水土流失，提高土地的保水能力。同时，鹧鸪茶的根系可以固持土壤，防止土壤侵蚀。

（2）促进生物多样性。鹧鸪茶的种植可以促进生物多样性的保护和恢复。茶树属于多年生植物，可以形成特定的生态环境，为其他生物提供栖息地和食物来源，有利于生物多样性的保护。

（3）改善土壤质量。鹧鸪茶的根系可以分泌一些化学物质，对土壤进行改良和修复。同时，鹧鸪茶的残体也可以为土壤提供有机质和营养物质，提高土壤的肥力和生产力。

（4）调节气候。鹧鸪茶的叶片可以吸收二氧化碳并释放氧气，对减缓全球气候变暖具有积极作用。同时，鹧鸪茶还可以作为燃料植物使用，为能源生产提供一种新的可持续的能源来源。

（5）保护水资源。林下栽培鹧鸪茶可以保护水资源。茶树需要充足的水分来生长，可以防止地表水资源的流失，提高水资源的利用效率。

第十章

林下栽培苦丁茶理论与实践

第一节 苦丁茶概况

我国在18个省（自治区）都分布有苦丁茶，已知的有29个物种，其中已定名的有冬青科5种，木犀科9种，金丝桃科、紫草科、葡萄科和蔷薇科各2种，菊科、罂粟科、大戟科、马鞭草科、虎耳草科、山茶科、杜鹃花科各1种。经研究考证，只有冬青科大叶冬青才是古文献中所指的"泉卢"，其制品才是苦丁茶的正品（图10-1）。大叶冬青是南亚热带一种常绿乔木，在我国主要分布在浙江、湖南、福建、广西和海南等地。

图10-1 苦丁茶

一、苦丁茶的生物学特性

苦丁茶有20多个种，其中大叶冬青苦丁茶又分为广东类、广西类和海南类三大类，经 RAPD 分析，海南类物种在系统发育过程中没有受到外来基因的影响，在一个封闭的体系和独特的生态系统中形成一系列特殊的种质资源材料。因其风味独特、品质优良、适应性强而在海南和其他各省广泛种植。其形态特征如下：

乔木型，适应性强，树姿直立，高达30米，胸径60厘米，冠幅年增长30厘米左右。树皮黑色或淡灰黑色，粗糙有浅裂。分枝较密。叶片三年不落叶且耐寒耐热，叶片大而厚韧质，叶互生，螺旋状互生，叶形长椭圆或卵状长椭圆形，叶长20厘米左右，宽5～9厘米，先端锐尖或稍圆，叶中脉正面凹陷背面隆起，叶色正面深绿有光泽，背面淡绿色，两面无毛，幼芽嫩叶呈紫红色。花单性异株，圆锥状花序簇生叶腋。雄花序每分枝有3～7朵花呈聚伞状，花萼壳斗状，花瓣卵状椭圆形；雌花序每一分枝有1～3朵花，花瓣卵形。4—5月开花，10月果熟。成熟果红色球形，直径7毫米，外果皮厚而平滑，果核4颗种子似米粒，种皮厚而坚硬，外有凹凸波纹，在常规自然条件下发芽困难。

二、苦丁茶的经济意义

苦丁茶叶中含丰富的原儿茶酸、原儿茶醛、熊果酸、蛇麻脂醇、四季青素、黄酮、茶多酚、氨基酸、维生素等200多种化学成分。味苦、涩、寒。具有清热解毒，提神醒脑，消炎杀菌，止咳化痰，健胃消积，明目益眼，抗衰老，降血压，降血脂，降胆固醇等功效；对治疗高血压、口腔溃疡、咽喉炎、肥胖症、急性肠胃炎有显著疗效，对鼻咽癌、食管癌、肺癌等也能起抑制作用，还具有抗辐射的功效。是消炎、消脂、减肥和降血压的理想饮品。香饮所早在20世纪90年代开始开展大叶冬青苦丁茶优良品种选育、无公害栽培、密植高产栽培、病虫害防治、加工工艺和系列产品研究开发工作。先后承担国家和省部等各级项目10多项，为海南乃至热带和亚热带地区大叶冬青苦丁茶产业化发展提供了有力的科研支持和技术支撑。

第二节　林下栽培苦丁茶的理论研究

一、遮阴条件下苦丁茶树叶片的光合速率

前期研究表明，苦丁茶树虽在无遮阴或强光照条件下可正常生长，但强光照会使叶面出现皱纹，叶片两侧向中间闭合，呈卷曲状[98]。而遮阴措施可通过降低光照强度、气温、土温和叶温，进而提高土壤含水量、空气湿度等环境指标，对植物叶片栅栏组织、海绵组织、叶角质层、表皮细胞和叶厚度等功能性状产生积极影响，因此，采取合理的遮阴措施对提高苦丁茶产量和品质，以及

在西南地区或更广泛的地区栽培具有重要意义[99]。前期研究通过人工遮蔽控制实验，发现苦丁茶树在40%遮阴时可通过增加叶片厚度，促进叶片吸收更多的光，弥补遮阴造成的光照强度不足，从而提高叶片的光能利用率[100]。另外，苦丁茶树在遮阴条件下增加了叶绿素b的含量，因叶绿素b在蓝紫光部分的吸收带较宽，耐阴植物可利用蓝紫光在低光照下正常生长，这也是苦丁茶树在光胁迫环境下所形成更耐弱光的一种生理适应，为光合作用的需要尽可能地吸收较多的光[99]。上述分析表明，40%遮阴条件可有效促进苦丁茶树叶片的生长，使苦丁茶树叶片整体的生长发育最好，且生产力指数最大。

二、苦丁茶活性成分检测方法

近年来，国内外学者对苦丁茶的活性成分和提取物进行了深入的研究，发现其含有三萜皂苷、木脂素、环烯醚萜、酚酸、黄酮、甾体及糖等化合物，这些成分可以抗凝血和抗血栓、抗炎、改善心功能和糖尿病症状、减少大脑损伤和促进神经细胞再生等[101]。目前，对苦丁茶的鉴别和有效成分检测方法有高效液相色谱法、液质联用法、紫外分光光度法、薄层色谱法和红外光谱法等[102]。迄今为止从苦丁茶中提取分离的成分主要包括苯丙素类、苯乙醇类、萜类、黄酮类、挥发油以及其他类，其中苯丙素类的提取分离和药理活性是目前的研究热点，而特征性萜类、黄酮类和挥发油的活性研究则尚待加强[103]。这些化合物均是采用初步醇提或者水提，然后采用分级萃取、柱层析或者制备液相进行分离纯化，再结合其理化性质和光谱、高分辨质谱、圆二色光谱、核磁共振谱等进行结构鉴定。

目前对苦丁茶的药效活性研究主要集中在苯丙素类成分，而特征性单萜类和黄酮类的研究报道较少，且目前研究仍主要以总提取物的方式进行评价。苯丙素类成分的大部分研究着重于降脂活性和与消化酶的相互作用，表明苦丁茶的苯丙素类成分具有开发成改善肥胖和脂代谢紊乱的保健食品潜力，符合其药用功能。苦丁茶单体化合物的活性研究主要以苯丙素类的毛蕊花糖苷为主[104]。单萜类成分是苦丁茶的主要化学成分基础之一，且可能是导致苦丁茶原料质量稳定性差异的主要因素，但目前该类成分的质量控制和药效活性研究仍报道很少。应进一步结合超高效液相色谱法、高分辨质谱和三重四极杆定量质谱开发苦丁茶的特征性单萜类成分的定性和定量检测和控制标准，确保其药效成分的稳定性，再结合其药用功效进行活性初筛以及体外或体内试验。苯丙素类和单萜类化合物可能为苦丁茶发挥药理功效的重要活性成分，可作为其药理或功效研究的重要方向。同时，对苦丁茶活性成分的研究可促进农产品精深加工和高质量发展[103]。

三、不同产地和部位苦丁茶活性成分含量的差异

海南五指山苦丁茶与广东苦丁茶中多酚类物质含量基本一致，均高于贵州、四川和浙江苦丁茶多酚类物质含量，但大大低于茶叶的多酚类物质含量（茶叶的含量一般为20%～35%）。上述多酚类物质是海南五指山苦丁茶味浓、先苦而回味甘甜、涩味感和收敛性不强等品质特征的原因[105]。然而，小地形对贵州苦丁茶的水浸出物、黄酮含量、氨基酸含量影响差异显著，对茶多酚、皂苷和水溶性糖含量影响差异不显著。

苦丁茶样品中游离氨基酸和多糖的总平均含量是：一级品＞二级品＞三级品＞四级品。就游离氨基酸总平均含量来分析，一级品与二级品差别不大，而三级品和四级品则差别较大，尤其四级品含量较低，不同部位的苦丁茶游离氨基酸总平均含量存在着一定的差别，三级品老叶但未脱落的苦丁茶仍可利用，即未脱落的茶叶及脱落的老叶与幼嫩芽叶加工的苦丁茶相比，游离氨基酸总平均含量相对低一些[106]；就多糖含量来分析，一级品与二级品差别不大，而三级品和四级品则差别较大，尤其四级品含量较低，三级品老叶但未脱落的苦丁茶仍可利用[107]。苦丁茶树年生长量大，成叶叶片大而厚，产量很高，收购价格低，故仍应对老叶加以利用。建议在采摘苦丁茶时，同时采摘未脱落的老叶，以免脱落后成分损失而失去利用价值。

第三节 林下栽培苦丁茶的生产实践

一、林下栽培苦丁茶模式

大叶冬青苦丁茶生命力强，枝繁叶茂，幼龄期长势旺盛顶端优势强。幼苗移至大田后2月下旬开始萌动，至12月底新梢停止生长进入休眠期。全年新梢可生长5～7轮，最大新梢长平均55厘米左右，最大新梢着叶数平均20～25片，最大新梢粗平均0.7厘米左右，第二至第三片真叶间节间长平均2.5厘米左右，新梢平均个数可达7个以上。在海南，4月上旬以后90%以上新梢进入第2轮生长期，6月中旬以后100%新梢进入第3轮生长期，95%以上的新梢在8月底以后进入第4轮生长期，70%以上的新梢10月中旬以后进入第5

轮生长期，有30%左右新梢在11月下旬以后进入第6轮生长期，但因为后期气温下降快，生长极其缓慢。在6—8月由于气温高、光照强度大，部分幼芽会出现灼伤现象；12月至次年2月，气温相对偏低，一般不会冻伤腋芽，整体不会影响整株生长和产量，这表明苦丁茶可以不采用防护措施仍然能够安全越夏、越冬。树高第三年开始年增高40厘米左右，树干年增粗0.6厘米左右，第四年在管理措施得当情况下开始进入稳产期，之后便可开花结果。

苦丁茶适应性强，容易栽培，适合我国热带和亚热带地区进行林下栽培，海南绝大部分地区自然条件都适宜种植苦丁茶，但要采取适当的水肥管理措施（图10-2）。

图10-2 台湾相思—苦丁茶复合种植

二、林下栽培苦丁茶技术

林下栽培苦丁茶种植技术主要包括育苗、园地选择与开垦、植穴准备、定植、田间综合管理、病虫害防治、采收管理等7个关键步骤，具体过程如下：

1.育苗

（1）种子繁殖。

种子采集与贮藏：选择生长健壮的母树，于10—11月，当果皮由青绿转为红色或褐色时采摘，由于苦丁茶单性异株，采种时要选择附近有雄株的母树进行采种，采下的果实去除果序堆于室内通风凉爽处2～3天，注意不要堆积太厚而引起堆内温度过高烧坏种子，一般厚度以不见地为标准，以15～20厘米为宜，每天翻动1～2次，适当喷水。堆积3天左右以后，果实、果皮及果肉都有一定程度的软化，当果皮腐烂时，将适量果实放入箩筐或竹篮内，用手工搓烂或用脚踩踏，促使果肉与种子分离，然后用清水漂去果肉、果皮及其他杂物，取下沉水的种子。将种子置在室内阴凉通风处，厚度不超过10厘米，每天翻动几次，使之失水均衡，当种子表面无水渍时，直接混湿沙室外贮藏。具体方法如下：在通风良好的阴凉干燥处，先在地面铺一层10厘米厚的湿沙，在湿沙上铺一层种子，种子厚度以能盖住沙面即可，之后一层沙一层种子，这样堆积6层左右，高度约为40厘米。堆积完毕洒少许水，保持沙子湿润。盖上稻草保湿，因塑料薄膜易引起种子霉烂，忌用塑料薄膜覆盖。同时，注意做好防鼠和防霉工作。

催芽：由于大叶冬青苦丁茶种子皮厚而坚硬，表面还覆盖一层蜡质，难以透水透气，休眠期长达1年。所以，播种前必须进行催芽处理。于2—3月把种子取出，用80℃温水（水温自然冷却）浸15小时以上，捞出滤水，混入粗沙搓擦，去掉种子蜡质，磨薄种皮。再用1克赤霉素兑水5千克浸10小时。最后将种子再放在湿沙床中催芽，约需3个月种子可陆续萌动，发芽率30%～40%。

苗圃建立：选择水肥条件好的沙壤土作为圃地，结合深翻土地时施足底肥，然后做成高30～40厘米、宽1米的苗床，最后每平方米浇淋1：200的波尔多液1千克备用。

播种：经催芽处理，当种子露白后可拣出播种。播种时，先用木板轻压苗床，或用木棒轻压播种沟，播种株行距为10厘米×20厘米。播种后盖上焦泥灰或清洁客土约0.5厘米厚，以不见种子为宜。上盖椰糠，保持圃地湿润。再搭遮光率为40%～50%的荫棚，以模拟其在自然条件下的出苗条件，有利于种子萌发出土和生长发育。同时还要做好田间管理工作，如水分管理、施肥、治虫等。一般在精心管理下，大叶冬青1年生苗高可达15厘米，2年生苗高可达40厘米左右，便可移栽。

（2）无性繁殖。秋冬或早春采集1～2年生生长健壮、无病虫害的枝条放在室内阴凉处，洒水保湿。将枝条剪成7～10厘米长的插穗下部保留2个芽，顶部留1芽1～2叶，并将叶剪去一半。剪好的插穗放在1克生根粉兑水20千克的溶液中浸泡20小时，换清水浸2～3小时。

苗床以疏松肥沃、排水良好、富含有机质的酸性沙壤土为佳。整理好的苗床要用0.2%的高锰酸钾溶液喷洒消毒，按株行距15厘米×20厘米扦插，扦插深度为插穗的2/3，并使叶片不贴近地面，叶片朝同一方向。插后浇足水，搭建小拱棚，并用塑料薄膜把其整个覆盖起来，施行全封闭育苗。同时用遮光度为50%～60%的遮光网遮光，保持床土湿度在60%～70%。插后60天开始生根，注意插后防病（隔3～5天喷1次0.15%的多菌灵溶液）工作。插穗根长5～10厘米时应及时去掉遮阴物，炼苗移栽。

相对种子繁殖，无性繁殖具有成活率高、繁殖快、成本低的优点，越来越受欢迎。

2.园地选择与开垦

大叶冬青苦丁茶忌风，茶园地宜选择低丘、中丘或低山山腰、山麓，海拔600米以下、背北风、背西晒的谷地或坡地，坡度在25°以下；要求土层深厚、疏松、肥沃、湿润、富含腐殖质排灌良好的微酸性沙质土壤；同时，要靠近水源，有条件的可安装喷淋设备此外，为了方便管理，茶叶采制和商品流通应选在公路干线旁边，以节省财力、人力、物力，提高经济效益。

大叶冬青苦丁茶性喜温暖、湿润、阳光充足的环境，耐寒性强，不耐土壤干旱、空气干燥，忌积水，怕盐碱、耐半阴。要求年日照时数达2 400～2 600小时，日照百分率为50%～60%，平均每日实照时数为6.5～7.5小时；苗期需遮光度为40%～60%；月均温13～25℃最适宜苦丁茶的生长，其中以15～30℃最为适宜，最冷月平均气温及年平均最低气温在5℃以上；年降水量为1 000～3 500毫米，相对湿度75%～90%；土层深厚、质地疏松、土壤pH为5.5～6.5、物理性状良好、透水性强，有机质含量丰富的砂壤土、砂砾土、黑色石灰土或沉积土，以砂壤土为最优，养分以土壤有机质为主。

3.植穴准备

植前3～4个月对园地进行全垦翻晒、风化、耙碎，深度50厘米左右，将树根、杂草、石头等清除干净并用熟石灰粉进行土壤消毒处理。株行距1米×1.5米，穴长、宽、深各50厘米，然后下层放表土10厘米，中层施土杂肥3～4米³/亩，上层覆土高出穴面约10厘米。

4.定植

在2—3月或10—11月，选用质好、健壮、达到标准的1～2年生茶苗定植，可选用带土苗或营养袋苗，以后者为好，按大小进行分级，力求整齐。要求定植苗高25厘米以上，根系发达。揭去营养袋，置于坑中央，让根系舒展，培土压实。这样能使茶苗成活快，萌芽多，分枝部位低，株型矮，产量高。定植时要浇足定根水，如遇晴天干旱，应隔2～3天淋水1次，可用椰树、槟榔树叶片作荫蔽物临时遮阴10～20天，以提高成活率，同时做好查苗补苗工作。

5.田间综合管理

（1）土壤管理。定期监测茶园土壤肥力水平和重金属元素等含量，一般2年检测1次，根据检测结果有针对性地采取土壤改良措施。

（2）水肥管理。在干旱季节，每隔2～3天淋水1次，保持田间湿润，在最高气温在32℃以上的6—8月，早上或傍晚要适当淋水，防治嫩叶、芽灼伤。苦丁茶属嗜肥性树种，尤其是幼龄树生长周期长，几乎全年都在生长，每年多次抽梢，因此保证充足、合理的养分是促进快长，实现早产、高产的重要技术措施。种子苗木成活后，宜施稀薄的三元复合肥，氮、磷、钾比例为1：1：1，一般每月2次，每次每亩施氮、磷、钾肥各3～5千克；对成龄树，要多施氮肥，氮、磷、钾肥比例为3：1：1，每月1次，每次施氮肥15～30千克，磷、钾肥5～10千克。6—8月采茶淡季重施有机肥，以保持或增加土壤肥力及土壤生物活性，每亩施有机肥4～5米³，有机肥无论采用何种原料，包括人畜禽粪尿、秸秆、杂草、泥炭等，必须发酵充分，以杀灭各种寄生虫卵、病原体。另外，适当喷施镁、锌、锰、铁等微量元素可提高苦丁茶的产量和品质。

（3）除草、田间清洁和覆盖。一般每月一次，清除行上的杂草，春夏季可结合浅耕锄草秋季可进行一次行间中耕。有条件的还可以在行上覆盖稻草等秸秆，每次每亩覆盖物用量为3～4米³。可适当保留行间部分矮生杂草和苔藓。

（4）修剪整形。茶苗要及时打顶，将主干剪掉，留主干高度40～50厘米，以控制其顶端优势，促进分枝，使苦丁茶从横向长出枝条，强制其矮化，同时可使用细胞分裂素类激素促进侧芽萌发；二级分枝或内膛枝在20厘米左右时及时摘心，然后当每次分枝抽出3～5个分枝后再次摘心，吊枝使枝条呈35°～45°开张；外围枝条压弯后应扩开树冠，在一年内经4～6次整枝就能达到强制矮化的目的。植后2年内，以采代剪，采摘原则为以养为主，整形为辅。一般采用长稍多采，矮稍少采；高稍多采，低稍少采；粗壮芽强采的方法，尽量将茶树控制在1米以下，这样可促进四面枝梢均衡发展，形成高产树冠。3年生的茶树则根据植株高度情况在年底进行中度修剪或在7、8月进行重修剪。若控制不好，经过7～8年的生长，苦丁茶树干会超过1.2米，给采茶和生产管理带来不便，此时可进行截干处理。在3—4月，距地40～50厘米处水平把树头锯掉，3～5个月后便可以进行吊枝整形。

6.病虫害防治

苦丁茶病虫害防治应遵循"预防为主，综合治理"的方针从整个生态系统出发，综合运用各种防治措施，创造有利于各类天敌繁衍的环境条件，保持茶园的生态系统平衡和生物多样性，宜采用生物农药或低毒高效农药，做到有机化和无公害栽培管理，保证天然优良的品质。苦丁茶的病害主要有炭疽病、根腐病、叶斑病等，虫害主要有黄条跳甲、蚜虫、油桐尺蠖、金龟子等。

（1）炭疽病在幼苗上发病较为严重。病原菌首先在叶片边缘叶脉处出现黑色粒状病斑，其后逐步扩大，在叶缘位置出现浅黑色症状，受害部位叶片死亡、变软，潮湿时显红褐色，此为病原菌的分生孢子，病原孢子随雨水、风力或机械传播，在条件适宜时可以迅速扩散，流行成灾，喷施炭疽灵对该病有较好的疗效，一般喷施1～2次后，可以有效地控制该病的流行。

（2）根腐病常发生在苗圃的幼苗上。常使幼根腐烂，幼苗萎蔫，该病的发生可能与耕地中残存大量的病原有关，在耕地改作苗圃时，要进行土壤消毒或掺部分生土，同时注意苗圃的土壤湿度，注意排水晾苗，保持土壤的通透性能。

（3）黄条跳甲常取食嫩叶、嫩芽。被害嫩叶的叶缘形成缺刻或叶肉被啃食后形成小孔，4—5月为害最严重，采茶园苦丁茶树一般不受害，或者受害较轻；蛴螬是金龟子的幼虫，主要危害苦丁茶根系，特别是根颈处或侧根粗壮部分的根皮，被害根腐烂，严重者全株枯死，一般新开辟的苦丁茶园较严重；在早春气候干燥及9—10月发现虫零星危害，及早防治不会造成损害。在4—6月易发生油桐尺蠖危害部分叶片，用硫丹防治效果好。

7.采收管理

苦丁茶采摘要适时适量，采摘茶叶过嫩则损耗多，产量少；过老、过多则影响采摘轮次和茶叶质量。

采摘茶叶时，应在叶芽变成浅绿色时开始采摘，采二叶一芽或三叶一芽，留1～2片芽基叶作功能叶。在幼苗期可有零星采摘，幼龄茶树年抽芽3～7次，宜以"养"为主，以"采"为辅，不宜过多采摘，也可利用生长优势，先采摘少量粗壮的大芽，待侧芽、腋芽萌生增多后再采。

从苦丁茶定植第三年开始，打顶采摘，一年可以采摘20次左右，第四年一般从3月开始，每月可采摘3次，每年一共采摘30次左右。

采摘的鲜茶叶应及时进行加工处理，切勿层积堆沤，以免叶落腐烂，必须用清洁、透气性良好的篮、篓、纸箱等装运，不得紧压，不得用布袋、塑料袋等软包装材料。运输工具也必须清洁卫生，运输途中避免日晒雨淋，不得与有异味、有毒的物品混装。

三、林下栽培苦丁茶的经济效益

林下栽培苦丁茶具有显著的经济效益，不仅可以增加农业收入，促进农村经济发展，还可以开发新的旅游资源和出口创汇。

1.增加农业收入

种植苦丁茶可以增加农民的农业收入。通过在林下栽培苦丁茶，农民可以利用原有的林地资源，增加茶叶的产量和产值。同时，苦丁茶的种植还可以带动相关产业的发展，如茶叶加工、销售等，进一步提高农业经济效益。苦丁茶第一年每亩投资为种苗150元，有机肥、覆盖物900元，化肥、农药500元，合计1 600元；之后每年投入1 400元左右。按高产栽培技术进行种植和管理，每亩第一年可收鲜叶30～50千克，产值750～1 250元；第二年可收鲜叶6 080千克，产值1 500～2 000元；第三年可收鲜叶100～150千克，产值2 500～3 750元；第四年可收鲜叶180～200千克，产值4 500～5 000元，到高产、稳产时可收鲜叶250千克以上，产值可达6 250元以上，经济效益十分显著。

2.促进农村经济发展

苦丁茶的种植和加工需要大量的人力资源，可以带动农村劳动力就业，提高农民的收入水平。同时，苦丁茶产业的发展还可以促进农村生态环境的改善，提高农村的生态效益，进一步推动农村经济的发展。

3.开发新的旅游资源

在林下栽培苦丁茶的基础上，可以开发出独特的茶文化旅游资源，吸引更多的游客前来参观和体验。这不仅可以促进旅游业的发展，还可以为农民提供更多的就业机会和创收渠道。

4.出口创汇

苦丁茶作为一种天然保健饮品，受到国内外消费者的青睐。通过扩大苦丁茶的种植和加工规模，可以提高出口量，为国家创汇增收。同时，苦丁茶的出口还可以促进国际文化交流，提升中国的国际形象。

四、林下栽培苦丁茶的社会效益

林下栽培苦丁茶不仅可以增加农业收入，促进农村发展，还可以推动茶文化的传承和发展、促进健康消费。

1.增加农业收入

苦丁茶具有较高的经济价值，可以为农民增加农业收入。通过在林下栽培苦丁茶，农民可以充分利用土地资源，提高土地利用率，同时也可以增加就业机会，提高农民的收入水平。

2.促进农村发展

林下栽培苦丁茶可以促进农村经济的发展。苦丁茶的种植和加工需要大量的人力资源，可以带动农村劳动力就业，促进农村经济发展。同时，苦丁茶的种植还可以促进农村生态环境的改善，提高农村的生态效益。

3.推动茶文化发展

苦丁茶具有悠久的茶文化历史，是中国传统文化的瑰宝。通过林下栽培苦丁茶，可以推动茶文化的传承和发展，促进人们对传统文化的认识和了解。同时，苦丁茶的种植和加工也可以促进地方文化的传承和发展。

4.促进健康消费

苦丁茶具有清咽利喉、清热解毒、护肝解酒、消炎利便等功效，还对高血压、高血脂、动脉硬化、糖尿病等疾病有明显的防治作用。因此，林下栽培苦丁茶可以促进健康消费，提高人们的健康水平。

五、林下栽培苦丁茶的生态效益

林下栽培苦丁茶具有显著的生态效益，不仅可以保持水土、改善土壤结构、促进生态平衡，还可以净化空气，为环境带来清新宜人的气息。

1.保持水土

苦丁茶的种植可以保持水土，减少土壤侵蚀。在林下栽培苦丁茶的过程中，茶树的根系可以有效地固定土壤，减少水土流失，进一步增强土壤的稳定性。

2.改善土壤结构

苦丁茶的种植可以改善土壤结构。茶树的根系可以分泌出多种有机物质，如氨基酸、糖类等，这些物质可以促进土壤中微生物的繁殖和活动，进而提高土壤的肥力和有机质含量，改善土壤结构。

3.促进生态平衡

林下栽培苦丁茶可以促进生态平衡。茶树的种植可以吸引多种昆虫和鸟类栖息和繁殖，增加生物多样性，同时也可以为其他植物提供良好的生长环境，进一步促进生态平衡。

4.净化空气

苦丁茶的种植还可以净化空气。茶树可以吸收空气中的二氧化碳和其他有害气体，同时释放出氧气，为环境带来清新宜人的空气。

综上所述，因林下栽培苦丁茶技术简单、周期短、成本低、效益高的优点，发展苦丁茶具有显著的经济效益、生态效益和社会效益。

第十一章

林下栽培草果理论与实践

第一节　草果概况

草果（*Amomum tsaoko* Crevost & Lemarie），又称草果仁、草果子，是一种姜科，豆蔻属草果亚属的草本香辛料植物（图11-1）。主产于云南、广西、贵州等省份，栽培或野生于海拔 1 100 ～ 1 800 米的疏林下。

图11-1　草果

一、草果的生物学特性

草果为姜科多年生草本植物，株高2.6～4米，全株有辛辣气味。根茎粗大，有节，绿白色或淡紫红色，直径约2.5厘米。地上茎粗壮，直立或稍倾斜，淡绿色。叶互生，排列成2列，叶片数14～16片；叶鞘开放，抱茎，淡绿色，被疏柔毛，边缘膜质；叶舌先端圆形，长8～12毫米，膜质，锈褐色，被疏柔毛；叶柄短或叶无柄；叶片长椭圆形或披针形长圆形，长50～100厘米，宽10～20厘米，先端渐尖，基部渐狭，全缘，叶两面光滑无毛，叶片绿色或淡绿色。穗状花序从茎基部抽出，卵形或长圆形，长9～13厘米，径约5厘米，每穗有小花60～100朵；苞片长圆形至卵形，长1.5～2.8厘米，宽0.7～1.8厘米，先端钝圆，浅橙色；花冠白色；唇瓣中肋两侧具紫红色条纹。蒴果分为近圆形、椭圆形、纺锤形三种，长2.5～4.0厘米，直径2厘米，顶端具宿存的花柱残基，呈圆柱形突起，果皮熟时红色，干后紫褐色，有不规则的纵皱纹（维管束），无毛；果梗长2～5毫米，基部有宿存的苞片。9—10月花芽和叶芽同时分化，来年3—5月开花，花期持续2～3个月，6—8月花谢后小果逐步长大，11—12月果实成熟，籽粒表面由白色转为棕褐色，呈多面不规则形状。共有3个品种分类：

1. 近圆形品种

果形似球状，果实尾部圆滑，顶端稍凹，果实从头至尾有三条明显的线条。果皮较薄，果实红色，果长2.6～2.8厘米，宽2.5～2.6厘米，果实排列紧密挂果率较高，每穗有果26～35个。

2. 椭圆形品种

果实形状呈椭圆形，果实顶部稍突出，果皮较厚，果长2.8～3.5厘米，宽2.5～2.7厘米，果实排列紧密，果实为红色或紫色，每穗有果17～25个。

3. 纺锤形品种

果实形状呈纺锤状，中部明显大于两头，果长3～4厘米，宽1.8～2.5厘米，每穗有果15～25个。

二、草果的经济意义

草果味辛、性温，具有散寒燥湿、消食化积等功效，是传统的中药材。在烹饪中，草果是咖喱、炖肉、火锅等美食的重要调料，为佳肴增添独特的风味。随着人们对健康饮食的重视和生活水平的提高，草果作为一种具有多重功效的药食同源食材，市场需求量逐年增加。草果种植具有许多优势。首先，草果适应性强，生长速度快，易于管理，对土壤和气候的要求不高。无论是在肥沃的平原还是在贫瘠的山地，草果都能茁壮成长，展现出其顽强的生命力。其次，草果种植成本低，经济效益高。亩产高达500千克，经济效益可观。

第二节 林下栽培草果的理论研究

一、林下栽培草果的可行性分析

草果是一种生态习性特殊的草本植物，喜生长于温暖潮湿的荫蔽环境，如阔叶林下。草果具有环保的种植模式、简单的管理方式、较好的经济效益，深受人们喜爱。由于地形和海拔的变化，导致各个地区气候产生差异，植被类型各具特征，但互有交错，形成不同的生态种植模式。常见的种植模式有旱冬瓜林+草果、杉木林+草果、核桃林或漆树林+草果、混合原生林+草果等。草果在海拔1 000 ～ 1 800米均有分布，生长地为树林稀疏的常绿阔叶、常绿落叶混交林下及湿度较大的半山区、高山峡谷、平坝等[114]。

光照对草果植株生长有较强的影响，过强或过弱都会使其生长受阻。造成上述现象可能的原因是：光照强度影响该植物的光合作用和生长代谢。光照过强或过弱，可能使其参与光合和代谢的酶失活，降低光合速率，植株生长缓慢，甚至死亡[115]。草果为半阴生植物，喜散射光，要求光照强度在1 000 ～ 10 000勒克斯之间，以4 000 ～ 8 000勒克斯为宜，相应的荫蔽度为50% ～ 60%，植株才能正常生长发育。草果花在授粉5 ～ 10天，子房开始膨大，20 ～ 30天处于快速增大的时期，在此时期内果实的纵径与横径迅速增长，50天后则增长减缓，果实渐趋定型，整个增长曲线呈"S"形。荫蔽度低时，虽然能增加单位面积的植株数量和花序数，但往往开花早，造成花而不实；若蓬间距离过大，使阳光直射于花，造成花不开放或开花时间短，同时加速花粉、柱头生活力的下降，而且长时间的强光照射会灼伤叶片。荫蔽度过高，光照强度在1 000勒克斯以下，严重影响叶片的光合作用，营养生长不良，致使植株细弱和出现散蓬现象，单位面积的植株数量和花序数明显减少，落果率增加。从植株的形态特征看，生长在茂密林下、群落隐蔽度较高的环境下，植株瘦弱矮小；生长在稀疏的树林下，尤其是在空气湿度适宜、土壤水分、腐殖质丰富和透气性良好的沟谷边，植株枝繁叶茂，生机勃勃；生长在群落隐蔽度较低或无遮阴的条件下，植株被太阳直射干枯或死亡。草果适宜的生境为干湿季分明、气温年较差小、夏季湿润、冬季干旱少雨的稀疏林下的阴坡、沟谷边，集中在温带、亚热带地区[116]。

二、草果开花结实的生物学特性

温度、湿度的变化对草果结实率影响也极大，主要表现在对花的开放和对花粉、柱头生活力的影响上。高温低湿度和低温高湿度都是造成结实率低的重要原因。草果花期生长发育的适宜温度为12～24℃，虽然低于10℃的低温对花粉萌发有暂时的抑制作用，对生活力无大的影响，但能严重影响花的正常开放以及花药的散粉时间，柱头的行为也不能正常进行，这对传粉结实不利。低温、高温能明显地影响传粉昆虫的活动，从而影响传粉结实。因此，种植者应充分合理地运用和协调这些因素，采取可行的方法解决果园中出现的矛盾。熊蜂作为草果的传粉昆虫，多分布于山区森林中，应加以保护，创造适合其生活的环境。林下生长的草果，应采取修枝等可行措施，保证荫蔽度在50%～60%[6]。年积温较高的果园，可适当增加荫蔽度以推迟花期，减少旱季开花数量。荫蔽度适中或较小时，单位面积的植株数较多，只用不养的果园，土壤肥力下降，植株出现散蓬现象，产量出现大小年，应适时施肥。森林对林下温度、湿度虽有调节作用，但总体上是由气候控制，旱季开花的果园若条件允许，可进行人工喷水，以增湿降温，人为创造有利于开花的生态环境[117]。

三、林下栽培草果的生态效益分析

草果生长于林下，土壤中有机质主要来源于地面枯落物的分解。有研究表明，在林药复合生态系统中，药用植物产生的挥发性次生代谢物可能改变土壤性质，进而影响植物生长，二者彼此依赖、相互制约。因此，在草果的生产实践中，应主要考虑土壤有机质含量与土壤的酸碱性，可适宜提高土壤有机质含量增加挥发油产量。人工林下栽培草果将会在云南热区山地开发利用、生态环境保护、土著民族的脱贫致富及加速林业的发展中发挥极其重要的作用，具有广阔的前景。随着退耕还林工程的不断推进，还林、成林面积越来越大，充分利用退耕还林地替代天然林地种植草果成为可能，有利于保护原有天然林和巩固退耕还林成果[118]。

一、林下栽培草果模式

草果怕热、怕旱、怕霜冻，适宜在年平均气温18 ~ 20℃的温暖湿润气候地区生长。草果不耐强光，需在荫蔽、透光度为30% ~ 40%的富含腐殖质、排水良好的山林谷地生长，以质地疏松的沙质土生长较好，不宜在贫瘠和过黏的土地栽培（图11-2）。

图11-2　桤木—草果复合种植

二、林下栽培草果技术

林下栽培草果主要分为种苗繁育、园地选择、定植、园地管理、病虫害防治等5个环节。

1.种苗繁育

（1）选种与采种。在每年11—12月，草果种子成熟时，从草果产区6 ~ 10年大田中进行块选，选择结果较多、果实均匀、单果较大、果皮呈紫红色、嚼之有甜味、饱满无病虫害的优良果穗，及时把果实从果穗上剪下来，选个大、饱满、光泽好的果穗中部果实，按不同形状分别存放。将优选出的果实剥去果皮，取出种子团，用草木灰或粗沙搓散种子团和外层的果肉及胶质。用江沙或河沙拌匀堆捂，保持湿润。直到播种时筛出。

（2）种苗繁育。苗圃地选择在海拔900～1 600米为宜。背风，向阳，通风透光，交通便利，排灌良好的水田式的旱地。土壤质地为沙壤或粉沙壤。含有机质、腐殖质较高的中、上等肥力的地块。

深翻30厘米，土垡细碎。墒宽1.2～1.4米，沟深30厘米，沟宽30～40厘米，墒面平整无残渣。用1%生石灰水或0.3%多菌灵溶液浸种24～48小时，捞出洗净晾干待播。撒播或条播。11—12月采鲜果后，及时剥去种皮，揉搓种子，及时播种。或者2—3月气温回升至12℃以后，从沙中筛出种子，进行播种。每亩用种子15～16千克（种子的千粒重120～140粒）。播种后及时盖细肥土1厘米左右，以不见种子为宜。并用拱架覆膜，拱架高35～40厘米，覆上0.04～0.08毫米厚的育苗膜四周压实。

（3）苗圃管理。幼苗展开2～3片叶时，先将覆膜两头放风降温降湿，逐步揭膜炼苗及时清除杂草。苗高3～4厘米时，及时间苗，每平方米留苗100～120株。苗长至3叶施氮肥一次，以后视苗的长势情况追施磷、钾肥2～3次。

（4）病、虫、鼠害的防治。以预防为主、治疗为辅。种子播后，浇水的同时用土壤消毒剂为土壤消毒。幼苗出土2～3叶时，宜用杀菌剂如多菌灵、代森锰锌、广枯灵等及时进行叶面喷施，防治草果苗的立枯病、猝倒病。视情况选用50%多菌灵800倍液、70%甲基硫菌灵600倍液、10毫克阿米西达兑水15千克的溶液等低毒、低残留杀菌剂进行叶面喷施防治叶枯病。

采用低毒、低残留杀虫剂进行浇施或叶面喷施，用25%浓度2 000倍液浇灌，主要防治地下害虫和食叶害虫。在播种前进行一次全面灭鼠，在幼苗成长过程中视具体情况适时灭鼠。

（5）出圃。苗高30～50厘米，茎粗1厘米以上带1个分芽的草果苗即可出圃。

2.园地选择

草果是一种半阴性植物，怕强光直射，喜散射光，适宜在林下栽培。幼龄期，荫蔽度70%～80%；成龄期，荫蔽度60%～70%。选择年平均温度17～19℃，最低温度-3℃，最高温度23℃，全年无霜期280～340天的地区。

雨量年降水量1 800 ~ 2 260毫米。相对湿度75% ~ 90%。海拔1 200 ~ 1 800 米。以砂岩、页岩和片麻岩风化为土壤母质的山地黄壤或黄红壤为宜，且表层含腐殖较高，土层深厚，排水良好。适宜土壤pH为4.5 ~ 5.5。在15° ~ 35° 的坡林地种植较好，阴坡为宜。

3.定植

首先，沿等高线开挖1 ~ 1.2米宽的水平种植台面。种植台间设置2米的遮阴树种植带。然后在定植台面上按塘距1.7米沿种植台开挖种植塘。种植塘长、宽、深为0.6米×0.6米×0.4米。遇有坡地可挖成鱼鳞坑，坑内多施入枯枝落叶保水。最后，取定植塘周围的表层肥土作回填土，每塘回填土拌普通过磷酸钙0.3千克、腐熟农家肥10千克，拌均匀后将塘填平。

土地条件较好的地方，每亩种植330 ~ 400株，株行距1.7米×2.4米，每塘种植2株；土地条件稍差的地方，每亩种植495 ~ 600株，株行距1.7米× 2.4米，每塘种植3株。

种植季节：5—7月或11月至次年1月进行夏植或冬植。

栽种方法：

（1）育苗移栽。选择苗高30 ~ 50厘米，茎基粗1厘米以上，根系发达，无病虫害，无机械损伤的健壮苗，栽植到整理好的定植塘内，使苗根自然舒展，用土踏紧、盖严，使根系与土壤密切结合。

（2）种子直播。将成熟的草果种子经过处理后，直接播到整理好的定植塘内，每塘播种3 ~ 5粒，盖土2 ~ 4厘米即可。

（3）分株移栽。在健壮植株丛中分裂出健壮的单株移植到整理好的定植塘内，栽植深度8 ~ 10厘米，使根状茎的小根自然舒展，用土踏紧、盖严后插上扶杆将苗扶正。

遮阴树种植：在草果种植复合带中间，按株距2米种植遮阴树，以种植桤木（冬瓜树）、楠木（绿干树、黄心树）、华南桦、水青岗、白克木（鸭脚木）、水杉、毛椿等树种为主。要求混栽，随着树木的成长，逐步间伐，将荫蔽度调整为60% ~ 70%，也可根据种植的情况，利用原有树木按间距进行砍伐梳理、补植。另外，可根据气候条件采取立体农业方式种植香蕉等大叶果树进行荫蔽度调整。

4.园地管理

（1）幼龄期。对缺塘、死苗进行及时补栽，确保亩植株数。每年补苗时机有三次：第一次1—3月；第二次3—4月；第三次7—8月。除草时，同时清除病残植株。根据幼苗长势，在冬季适当增施磷钾肥，勤施、薄施农家肥。亩施普通过磷酸钙25千克、硫酸钾10千克、腐熟农家肥1 000千克混合均匀后撒施于幼苗周围。施肥后，及时覆盖一层2～3厘米的细土，护根保肥。栽后保持土壤湿润，易于幼苗成活生长。

（2）成熟期。

每年进行三次：第一次3—4月草果开花期进行，避免杂草影响草果开花和昆虫传粉；第二次7—8月进行，促进果实膨大，籽粒饱满；第三次11—12月收果后进行，同时清除当年枯、残、病弱植株，改善通风透光条件，促进花芽、叶芽的分化。

以磷钾肥为主，氮肥为辅，混合施用。施肥时间为每年11—12月采收果实后及时施肥，促进叶芽、花芽的分化。4—5月追肥一次，促进果实膨大。施肥应浅施，不宜深施。在距植株根尖部位外围10～20厘米处，开5～10厘米的雨淋沟，将肥施入沟内。成龄期草果每丛施腐熟干细农家肥1.5～2千克，普通过磷酸钙0.4～0.5千克、生物复合肥0.1～0.2千克拌匀堆捂发酵后施用。

施肥后应及时培土，在植株根系生长范围，均匀覆盖2～3厘米厚的细土，防止根系外露，护根保水保肥。

应保持土壤湿润，空气相对湿度75%～85%。开花期空气相对湿度为80%以上。空气、土壤干燥时，应及时进行人工喷雾，增加空气和土壤的湿度。

5.病虫害防治

（1）病害。

花腐病：危害花穗，染病花穗湿腐、早落、腐烂，造成落花，不能结果。发病条件在靠近水沟边，常年湿度过大，土壤黏重的环境发病。防治方法：一是农业防治。开沟排水。开沟位置离植株要有一定的距离，将水顺利排出。二是化学防治。在开花初期用50%腐霉剂800～1 000倍液或50%多菌灵500～800倍液，每隔7～10天喷1次，连喷2～3次。

果腐病：危害果实，果发黑、腐烂。在靠近水沟边，常年湿度过大，土壤黏重的环境易发病。防治方法：在幼果期用50%腐霉剂800～1 000倍液或50%多菌灵500～800倍液，每隔7～10天喷1次，连喷2～3次。

叶斑病：危害叶片。受害叶片有0.4厘米左右的不规则灰斑。多雨、高温气候易发病。防治方法：一是农业防治。及时清除病植株，减少菌源。二是化学防治。用80%代森锰锌可湿性粉剂600～800倍液或5%菌毒清水剂300倍液进行叶面喷雾。

基腐病：主要危害茎（直立茎、根状茎）、芽。发病后茎、叶变黄，枯萎而死，同时地下部分发软腐烂，造成全株死亡、缺株、缺丛。阴凉潮湿、排水不良，空气湿度大的冷凉带易发生。防治方法：一是农业防治。开沟排水，及时清除病株，并将病株拔除烧毁，同时用生石灰进行土壤消毒。二是化学防治。用80%代森锰锌可湿性粉剂600 ～ 800倍液或70%甲基硫菌灵可湿性粉剂800倍液对健康植株进行喷雾，防止病菌侵入感染发病。

（2）虫害。

斑蛾：幼虫取食叶片，使受害叶发生焦枯。发生于阴凉潮湿草果地，3—4月、7—8月发生幼虫危害叶片。防治方法：一是农业防治。清除并烧毁叶片，人工捕捉成虫。及时清除老残植株，用土深埋或烧毁。二是化学防治。3—4月幼虫多在花苞上活动，7—8月幼虫在嫩叶上活动，可用4.5%高效氯氰酯兑水600 ～ 800倍液喷雾，或用25%杀虫双水剂0.2千克兑水50 ～ 60千克液喷雾。花苞未开放前，可用50%杀螟丹可溶性粉剂1 000倍液于花苞处均匀喷雾。

蝗虫：幼虫、成虫取食叶片。适于在杂草和灌木丛中活动，以幼虫、成虫取食叶片危害，3—7月危害较重。发生严重时，草果叶几乎被吃光，严重影响生长发育，乃至死亡。防治方法：一是农业防治。捕虫网人工捕捉蝗虫和人工挖卵块集中烧毁。二是化学防治。用40%甲基辛硫磷乳油1 500 ～ 3 000倍液均匀喷雾或用80%敌百虫可湿性粉剂1 000倍液均匀喷雾。

蚊蛆：幼虫在草果根下爬动，机械性地损伤草果根茎。蚊蛆即为蚊子的幼虫，蚊子把卵产于草果根下的泥土中，孵化出幼虫，在草果根下爬行危害。防治方法：用50%辛硫磷乳油1 000倍液浇灌于蚊蛆危害的地方再培土即可。

（3）鼠害。取食幼芽（花芽）、果实及根茎。鼠繁殖迅速，一年中均可发生危害。特别是10—12月，田野中可食的食物逐渐减少，成群到草果园地中进行危害，影响草果的生长发育和产量。

防治方法主要有：一是农业防治。科学调整作物布局，连片种植，可减少食源，且有利于统一防治；清除田间、地头、渠旁杂草杂物，以便堵塞鼠洞，减少害鼠栖息藏身之处；利用捕鼠器械捕杀害鼠。生物防治是保护猫头鹰、蛇、鼬等鼠类天敌，来控制鼠类数量，减少危害。二是化学防治。用7.5%杀鼠迷水剂按1 ∶ 7 ∶ 200（药物∶水∶饵料）的比例配制成0.037 5%的毒饵或用0.5%溴敌隆母液按1∶7∶100（药∶水∶饵料）比例配制成毒饵，均匀地投放于草果园地中，每隔5米投放一堆，每堆10克。禁用毒鼠强等高毒、高残留鼠药杀鼠，以免造成环境污染。

三、林下栽培草果的经济效益

草果是一种经济树种，经济效益可观，由于草果种植省时省力，不与粮食生产冲突且收入高，所以人们形象地称它为"山中摇钱树"，在经济来源单一的边远少数民族山区，草果种植成为他们最便捷的致富途径。草果对生长环境和栽培技术要求很高，林下人工栽培是获得林业、林果业综合效益的有效方法。草果对生长环境与栽培技术都提出了比较高的要求，这就需要科学选地与整地，切实做好播种管理、育苗管理工作，及时定植移栽，在其生长过程中，严格落实中耕除草、施肥管理及灌溉排水等工作，并注意加强病虫害防治，保障草果健康生长，这对林下草果产业的发展具有重要的意义。在中国，草果的主产区域主要分布于云南、广西和贵州的部分山区，而云南又以滇东南的金平、屏边、文山、马关、麻栗坡等地较为集中。过去，当地人对草果的利用有限，需求量不大，仅靠采集野生果实或者进行简单培育就可以满足人们的生活需求。但是，随着市场对草果的需求量不断加大，草果的开发种植规模也与日俱增。林下溪边成了草果的最佳种植环境，所以，处于保护区范围的原始天然林便成了当地人种植草果的首选之地。林下人工栽培是获得林业、林果业综合效益的有效方法。

四、林下栽培草果的社会效益

林下经济已成为山区林区绿水青山转化为金山银山的重要途径，为助推生态文明建设、巩固拓展脱贫攻坚成果同乡村振兴有效衔接作出了重要贡献。推进产业生态化需要社会各项资源的整合再分配，也需要立足自然禀赋、顺应自然本色，寻找产业优势和致富途径。林下经济作为一项生态富民产业，在充分保护森林资源的基础上，通过有效利用林荫空间，因地制宜地发展林下产业，能有效提高林地综合效益，增加林业附加值，拓展农村产业发展空间，实现农民增收和生态稳固双赢，助力乡村振兴。

人工林下栽培草果的经营模式，在同一块土地上生产出多种产品，提高了土地的利用率，增加了经济收入，既绿化了荒山，又为云南热区百姓脱贫致富找到了新渠道，实现了以短养长，缓解了林业部门造林初期资金紧张的困难及林农薪柴不足的现象，还可以避免或减轻对自然保护区和国有林的压力，对保护我国现有的森林资源及为繁荣山区经济，稳定群众生活具有重要意义。

五、林下栽培草果的生态效益

发展草果产业是一个短平快项目，也是一个"不破坏生态就能致富"的好产业，更是保护生态环境的项目，发展林下栽培草果是实现绿水青山就是金山银山的具体实践。草果具有芳香味，对林木害虫有驱避作用，可减少林木病虫害的发生。通过天然林下栽培草果也改变了部分热带、亚热带山区刀耕火种、破坏森林的陋习，促进森林的保护，减少自然灾害的发生。林下栽培草果，由于开挖台地，增加有效水分下渗，降低雨水对土表的冲刷强度，减少水土流失量。在旱季，草果的种植增加了地表覆盖，又减少了土壤水分蒸发，保持土壤充足水分，加上对草果的管理，促进了造林树种的生长。大多间作的林木常绿、速生树种，具有固氮、涵养水源的功能，为草果的生长提供了荫蔽、湿润的生长环境，根瘤固氮增加了土壤肥力。

第十二章

林下栽培香茅理论与实践

第一节　香茅概况

香茅，学名柠檬草 [*Cymbopogon citratus*（D. C.）Stapf]，别名香茅草、大风草、香麻、柠檬香茅，是禾本科香茅属多年生草本植物（图12-1）。原产于东南亚，后被广泛种植于广东、海南、台湾等热带地区，西印度群岛与非洲东部也有栽培。因有柠檬香气，故又被称为柠檬草。

图12-1　香茅

一、香茅的生物学特性

多年生密丛型具香味草本。秆高达2米，粗壮，节下被白色蜡粉。叶鞘无毛，不向外反卷，内面浅绿色；叶舌质厚，长约1毫米；叶片长30～90厘米，宽5～15毫米，顶端长渐尖，平滑或边缘粗糙。伪圆锥花序具多次复合分枝，长约50厘米，疏散，分枝细长，顶端下垂；佛焰苞长1.5～2厘米；总状花序不等长，具3～4或5～6节，长约1.5厘米；

总梗无毛；总状花序轴节间及小穗柄长2.5～4毫米，边缘疏生柔毛，顶端膨大或具齿裂。无柄小穗线状披针形，长5～6毫米，宽约0.7毫米；第一颖背部扁平或下凹成槽，无脉，上部具窄翼，边缘有短纤毛；第二外稃狭小，长约3毫米，先端具2微齿，无芒或具长约0.2毫米之芒尖。有柄小穗长4.5～5毫米。染色体2n=40或60。花果期夏季，少见有开花者。

二、香茅的经济意义

《广东中药》记载柠檬草："祛风消肿。主治头晕头风，风疾，鹤膝风，止心痛。"说明了其具有祛风通络、温中止痛、止泻之功效。治疗风湿效果颇佳，治疗偏头痛，抗感染，改善消化功能，除臭、驱虫。抗感染，收敛肌肤，调理皮肤。香茅草含有柠檬醛，气味芬芳，有消毒杀菌的作用，在治疗神经痛、肌肉痛方面也有不错的效果，能够赋予人们清新感，恢复身心平衡（尤其生病初愈的阶段），是芳香疗法及医疗方法中用途最广的精油。香茅也经常用于泰国料理和越南料理中，其嫩茎叶为制咖喱、调香料的原料；其茎叶可提取柠檬香精油，用于制香水、肥皂；提油后的油渣，可以制造纸张、塑胶、糖醛、人造棉等。香茅草叶片呈狭条形，叶色多为灰绿色，粗壮而叶多，具有一定的观赏价值，能够起到绿化、香化家居的作用。

第二节 林下栽培香茅的理论研究

一、不同施肥水平和刈割高度对香茅生物量及香茅油产量的影响

前期研究结果表明，施肥量对香茅的鲜草产量和香茅油产量有较大影响。施肥后鲜草产量和香茅油出油量均显著高于不施肥区，但过高施肥量对香茅草生长也造成不良影响，最佳施肥水平为硫酸钾400千克/公顷、钙镁磷肥1 500千克/公顷、尿素750千克/公顷，此施肥水平鲜草产量和香茅油出油量最高，分别达622.2千克/公顷和372.5升/公顷，是对照不施肥区的4.3倍和4倍，为开发利用香茅草资源，提高香茅草的经济价值提供科学依据[180]。

为了提高香茅草的利用率，明确能够获得较高香茅草生物量和香茅草精油产量的刈割处高度，前期研究人员设计了监测在40、70、100、130厘米的生长高度刈割条件下香茅草生物量及香茅草精油含量的试验，结果表明，刈

割高度对香茅草生物量和香茅油产量都有显著的影响，在100厘米的刈割高度下，香茅草的生物量和香茅草精油浸提量均达到最大值，分别为120千克/公顷和371.26升/公顷[181]。

二、不同香茅品种叶绿素含量和农艺性状差异

前期研究使用浸提法测定了不同国家的香茅品种的叶绿素含量，结果显示，在被测定的4个香茅品种中，柠檬香茅的叶绿素含量最高，其次是泰国香茅、爪哇香茅和澳洲香茅的叶绿素含量差异不显著；澳洲香茅草的叶绿素a、叶绿素b和总叶绿素含量均最低。叶绿素a与叶绿素b比值分别为澳洲香茅草3.89、爪哇香茅草4.35、柠檬香茅草4.55和泰国香茅草4.09。上述结果表明，泰国香茅草在成林期比澳洲香茅草、爪哇香茅草和柠檬香茅草具有较高的光合性能和生长速率[182]。

在干热河谷元谋地区，同一栽培和管理条件下的柠檬香茅和爪哇香茅都能进行营养生长以及具有较好适应性，两种香茅品种特性表现十分优良。相较而言，柠檬香茅的丛高和分蘖能力优于爪哇香茅，但爪哇香茅的叶长、叶宽、生物产量和出油率均优于柠檬香茅草[183]。但两个品种的精油成分差异较大，而造成精油成分差异大的原因有很多种，但大部分结果表明与香茅草的品种、生长环境、气候、加工工艺等相关[184]。

三、香茅挥发性成分的分析与鉴定

前期有研究通过采用顶空固相微萃取和气相色谱-质谱分析香茅挥发性成分，共检测出50种成分，组分中含量高的成分是：香茅醛、1-羟基-1,7-二甲基-4-异丙基-2,7-环癸二烯、乙酸香叶酯、乙酸香茅酯、香叶醇、香茅醇[185]。相关的研究表明通过水蒸气蒸馏、超临界萃取和顶空固相微萃取等香茅草精油提取方法，配合气相色谱-质谱联用技术（GC-MS）以及电子鼻结合HS-SPME-GC-MS技术，简单速度分析香茅提取物中挥发性有效成分[186]。结果显示确认香茅草挥发油中57个化学成分，主要成分为芳香气味的醛、酯、醇等，且占比达80%～90%香茅草香气特征的物质基础是不饱和醛和醇，其中柠檬醛相对含量为37.23%，橙花醛相对含量为31.81%，柠檬醇相对含量为9.25%[187]。香茅草精油具有抗细菌、真菌、原虫和缓解焦虑、抗炎、抗氧化的生物活性，对植物害虫亦有一定的趋避效果，具有广泛的应用前景[188]。

四、青贮时间对香茅营养成分的影响

香茅是制作饲料的优质牧草之一，前期研究探究了青贮时间对香茅草营养成分的影响，并且明确了适宜的青贮发酵时间和发酵方法。结果显示香茅青贮1个月后，其蛋白质、粗纤维含量显著上升，达到峰值，蛋白质从青贮前的5.48%提高至6.64%，粗纤维从青贮前的34.96%上升至36.65%，青贮2～4个月蛋白质较稳定，为6.32%～6.39%，随后明显下降，粗纤维在随后的2～6个月较稳定，含量为34.23%～35.77%；钙含量在青贮前4个月变化不明显，第5、6个月时有显著提高；磷含量在青贮前5个月，先下降后缓慢上升，第6个月时达到最高。香茅青贮至3个月时，感官评分等级为1级，氨基酸、粗脂肪和灰分含量均达到最大值，粗蛋白含量保持在较高水平。3个月后青贮草料的感官评分等级为2级，其中粗蛋白、氨基酸、粗灰分和粗脂肪等营养成分逐渐降低，草料品质变差。综上所述，香茅青贮的时间以1～3个月为宜，青贮至3个月时其营养成分达到最佳值[189]。

第三节 林下栽培香茅的生产实践

一、林下栽培香茅模式

香茅适应性极强，栽种容易（图12-2），管理粗放。喜光、喜高温多雨的气候条件，强光有利于其生长。在光照不充足时生长差、分蘖少、产量低、含油率低。有较强的抗旱力，对土壤要求不严，在沙壤土、红褐土等土地上均能生长；年平均气温18℃以上，海拔1 000～1 500米时生长状况最好[183]。

图12-2 椰子—咖啡—香茅复合种植

二、林下栽培香茅技术

1.育苗

由于香茅草的分蘖能力强，故香茅草多数以分株繁殖为主。选择分蘖能力强，生物产量高，抗病力强的植株进行分株，每丛以3～5株种植为宜。一般在春季进行分株繁殖为佳。

2.园地选择与开垦

柠檬香茅草盆栽对土壤要求不严格，通常土壤都可以栽培，但碱土不宜栽培。怕旱，不宜重茬，前茬以谷类、豆类、蔬菜为宜。

3.植穴准备

用旋耕机进行翻土，翻地20厘米，在翻土后平整地面时每亩施复合肥15～20千克和1～1.5吨腐熟的农家肥作为基肥，并将其翻入土中作底肥，垄作行距40～50厘米，或作成平畦。由于种子很小，地一定要整平耙细。

4.定植

盆栽采用分直播和育苗移栽两种，宜播方式有条播或撒播。先挖长宽约10厘米×10厘米、深约5厘米的坑，再把分株好的香茅草种植在小坑里，每公顷种植6万株左右。为了一次出全苗，播种的时候要保证土壤有一定的湿度，轻微覆土后压实。栽种完成后需浇透水，栽种后的半个月内及时检查其生根、成活情况，若有死苗应及时补苗以保证成活率。春天播种在终霜结束前6～8天为宜，为了市场均衡供应，可以每10～15天播种一批，为了冬天上市，播种时间应在初霜期前80～90天。

5.田间综合管理

苗出齐后及时间苗，株距2～5厘米；垄作的要及时中耕除草；撒播的、小行距条播的要及时人工拔草，也可用拿捕净（烯禾啶）化学除草剂防治禾本科杂草。

种苗成活后用稀薄的复合肥或尿素追肥1次。期间根据降雨情况管理好田间水分，一般情况下土壤湿度保持在60%～70%，待苗完全成活进入生长期后，一般30～40天浇透1次水即可。随着雨季的来临，气温升高，植株生长速度加快、分蘖能力提高时追施复合肥或尿素液。在每次采收后都要及时追肥和灌水。

6.病虫害防治

一般情况下香茅草不发生病虫害，但在温度较低的霜冻季节容易叶片枯黄甚至死亡。叶枯病，主要是由病菌引起，发病的时候危害叶片，叶子上出现紫褐色的病斑，并逐渐扩大，发展成淡黄色的条斑，还会使叶子变成褐色的枯叶，产生黑色的霉状物。病菌通过空气传播或病叶传播和雨水传播等途径感染新的植株，因此在高温多雨的季节为叶枯病的高发期。

防治方法：在种植前用波尔多溶液浸泡种苗进行消毒；出现病害症状后进行高频率割叶（间隔频率为40天左右），割叶后喷涂波尔多液来保护伤口；出现严重病害时清除带病植株，就目前而言，并没有对香茅的叶枯病非常有效的防治措施，在应对叶枯病的时候，都是以减轻危害为主。

7.采收管理

采收的最佳时间在种植后过3～4个月进行第一次刈割，在这之后每过40～50天刈割一次，一年可进行3～4回收获，过三四年需移栽。

三、林下栽培香茅的经济效益

林下栽培香茅可以最大程度地利用土地资源。香茅栽种于幼龄经济作物种植园能够在经济作物投产前期为农林带来短期收入，这种模式使得单位面积内的总体产出增加，提高了土地的生产率。香茅具有较高的经济价值，其叶片可以用于提取精油和加工食品，市场需求量大。因此，间作香茅可以为农民带来可观的经济收入，尤其对于那些土地资源丰富但传统农作物收益较低的地区，间作香茅可以成为农民的重要收入来源。通过林下栽培香茅等具有高附加值的作物，农民可以获得更多的经济回报，从而有更多的资源和资金来应对农业生产中的风险，如气候变化、市场波动等。随着人们对天然香料和健康食品的需求不断增加，香茅的市场需求也在持续增长。因此，林下栽培香茅具有广阔的市场前景，可以为农民提供持续稳定的销售渠道。

四、林下栽培香茅的社会效益

林下栽培香茅作为一种新型农业模式，可以促进农村产业结构的调整。通过发展特色农业和有机农业，优化农村产业结构，提高农产品的附加值和市场竞争力。通过林下栽培香茅等生态友好的农业模式，可以减少化肥和农药的使用，降低农业对环境的污染。同时，种植香茅还有助于减少水土流失，保护土壤资源，改善农村的生活环境。香茅等高附加值作物的种植，农民可以获得更高的经济收益，从而提高自身的生活品质。农民的生活水平得到提高，有助于增强他们的幸福感和归属感。为了更好地发展林下栽培香茅，农民可能需要学习和采用新的农业技术，如合适的种植密度、病虫害防治方法等。这将刺激农业技术的创新和发展，进一步提高农业的生产效率，也为当地农民提供了更多的就业机会，有助于减少农村的劳动力流失。通过发展林下栽培香茅等多元化的农业模式，可以避免过度依赖单一作物导致的环境问题和市场风险。这种可持续的农业发展模式有利于保护土地资源，维护生态平衡，确保农业的长期稳定发展。

五、林下栽培香茅的生态效益

香茅的强大根系有助于固土保水，减少水土流失。在林下栽培香茅，可以增加地表覆盖，进一步增强土壤的稳定性，减少雨水对土壤的冲刷。同时可以改善土壤的结构，增加土壤的透气性和保水能力。此外，香茅的残余物还可以作为有机肥料，提高土壤的养分含量，吸引更多的昆虫和小动物，增加生物多样性，促进生态平衡。

综上所述，在推广林下栽培香茅等可持续农业模式，有助于减缓全球气候变化、保护生物多样性、维护地球生态的健康与平衡。这种生态友好的农业模式对于促进人与自然和谐共生、建设和美乡村和保护地球生态环境都具有重要意义。

第十三章

林下栽培假蒟理论与实践

第一节　假蒟概况

假蒟（*Piper sarmentosum* Roxb.），别名蛤蒟、蛤蒌等，胡椒科胡椒属多年生的药食两用草本芳香植物，产于福建、广东、海南、广西、云南、贵州及西藏（墨脱）各地（图13-1）。生于林下或村旁湿地上[108]。印度、越南、马来西亚、菲律宾、印度尼西亚、巴布亚新几内亚也有分布。

图13-1　假蒟

一、假蒟的生物学特性

多年生、匍匐、逐节生根草本，长10余米；小枝近直立，无毛或幼时被极细的粉状短柔毛。叶近膜质，有细腺点，下部的阔卵形或近圆形，长7～14厘米，宽6～13厘米，顶端短尖，基部心形或稀有截平，两侧近相等，腹面无毛，背面沿脉上被极细的粉状短柔毛；叶脉7条，干时呈苍白色，背面显著凸起，最上1对，离基1～2厘米从中脉发出，弯拱上升至叶片顶部与中脉汇合，最外1对有时近基部分枝，网状脉明显；上部的叶小，卵形或卵状披针形，基部浅心形、圆、截平或稀有渐狭；叶柄长2～5厘米，被极细的粉状短柔毛，匍匐茎的叶柄长可达7～10厘米；叶鞘长约为叶柄之半。花单性，雌雄异株，聚集成与叶对生的穗状花序。雄花序长1.5～2厘米，直径2～3毫米；总花梗与花序等长或略短，被极细的粉状短柔毛；花序轴被毛；苞片扁圆形，近无柄，盾状，直径0.5～0.6毫米；雄蕊2枚，花药近球形，2裂，花丝长为花药的2倍。雌花序长6～8毫米，于果期稍延长；总花梗与雄株的相同，花序轴无毛；苞片近圆形，盾状，直径1～1.3毫米；柱头4，稀有3或5，被微柔毛。浆果近球形，具4角棱，无毛，直径2.5～3毫米，基部嵌生于花序轴中并与其合生。花期4—11月。

二、假蒟的经济意义

具有香辛气味，主药用，目前也将其作为新型特色芳香蔬菜，含有丰富的生物活性物质，食用价值高且食法多样，更是良好的园林地被植物，具有较高的开发前景。著名的医药古籍《本草纲目》里面就有记载："荜茇，为头痛、鼻渊、牙痛要药，取其辛热能入阳明经散浮热也"，有祛风散寒，行气止痛，活络、消肿的作用，主治风寒咳喘、风湿痹痛、脘腹胀满、泄泻痢疾、妊娠和产后水肿、跌打损伤等病症；其果序治牙痛、胃痛、腹胀、食欲不振等。因此假蒟不仅能入药，使用假蒟来做菜不仅使食物具有芳香气味，还能起到养胃的食疗作用。

第二节 林下栽培假蒟的理论研究

一、假蒟高效栽培技术的建立与应用

假蒟是极具地域性特色的芳香蔬菜[108]。目前的研究表明假蒟在食用、药理、绿化等方面具有较大的价值[109]。广州市农业科学研究院吴有恒等专家总结了假蒟的研究进展及栽培技术要点，为丰富"菜篮子"品种以及资源开发提供生产参考[110]。

二、假蒟叶多酚及生物碱的分离与鉴定

前期研究表明，利用微波辅助法提取假蒟叶多酚，并在此基础上结合响应面优化试验条件，优化获取最优工艺为：微波时间为3.71分钟，微波功率为478瓦，液固比为41.1（毫升/克），乙醇浓度为62%，在此参数下假蒟叶多酚提取量为10.70毫升/克。并通过对DPPH自由基、羟基自由基、ABTS自由基清除能力试验证明了假蒟叶多酚具有较强的抗氧化活性[111]。用95%乙醇在室温条件下对假蒟叶进行渗漉提取后经减压浓缩得到总浸膏，再将浸膏加入适量水混悬，用10%的盐酸溶液调节pH 2～3，氯仿萃取后进行生物碱洗脱分离和鉴定。结果显示共分离鉴定了7个生物碱类化合物，其中2种生物碱类为假蒟特有。采用微量二倍稀释法对分离得到的7个化合物进行了抗菌活性测试，结果表明大部分生物碱对金黄色葡萄球菌具有中等程度的抑制活性，为假蒟植物资源合理开发利用提供参考依据[111]。

三、假蒟叶生物碱的杀虫活性与除草作用机制研究

经进一步分析，采用叶片浸渍法测试假蒟生物碱及假蒟乙醇提取物对螺旋粉虱成虫和若虫的毒杀活性及杀卵作用，结果表明胡椒碱及乙醇提取物对螺旋粉虱成虫和若虫均具有很好的杀虫活性，对成虫LC50值分别为28.59毫克/升、224.31毫克/升，对若虫的LC50值分别为65.91毫克/升、336.68毫克/升，胡椒碱对成虫的毒力优于若虫，与对照药剂印楝素无显著性差异；其杀虫活性明显高于假蒟乙醇提取物；胡椒碱及乙醇提取物有一定的杀卵作用，但作用方式有所不同，胡椒碱对初孵幼虫有较高的致死率，而假蒟乙醇提取物则明显影响螺旋粉虱卵的孵化[112]。

前期研究同样初步明确假蒟亭碱的除草作用机制。研究结果显示：经假蒟亭碱处理后稗草叶片表皮细胞皱褶严重，气孔器结构不明显；随着假蒟亭碱处理浓度的增加，稗草叶绿素a/b、β-胡萝卜素含量逐渐降低，相对电导率、超氧阴离子产生速率逐渐增加；光照条件下假蒟亭碱对稗草生理指标的影响大于黑暗条件下。表明假蒟亭碱可能是通过破坏稗草细胞膜结构、抑制光合色素及光合作用等方式抑制杂草生长[113]。

第三节　林下栽培假蒟的生产实践

一、林下栽培假蒟模式

假蒟是强耐阴半耐旱植物，不耐严寒，大多选择种植于常年高温的热带地区。但需注意忌阳光暴晒，强光照容易导致叶片泛黄脱落甚至死亡。在海南地区常种植于橡胶、香蕉、槟榔、菠萝蜜、龙眼、荔枝、台湾相思等经济林下（图13-2）。

图13-2　台湾相思—假蒟复合种植

二、林下栽培假蒟技术

林下栽培假蒟主要分为育苗、园地选择、定植、水肥管理、整形修枝、病虫害防治、采收管理等7个环节。

1. 育苗

假蒟可播种、分株、压条、扦插繁殖，因生根性强栽培中多采用扦插繁殖。种子繁殖需要保证土壤湿润，适宜的温度和光照条件，以及良好的排水性。

2. 园地选择

假蒟具有强耐阴、不耐寒的特点，在野外多生于林下、墙边角落和村旁湿地上、生产中选择温暖湿润的环境和疏松、富含腐殖质的酸性土壤进行栽植。种植前需要选用商品基质或自配置营养基质，以泥炭：珍珠岩：蛭石=2：1：1为佳，该配比的基质透气性及保水、保肥性良好，扦插生根效果最佳，也更利于后期栽培管理。生产中需严格控光，防止因光照过强影响生长状态而导致减产。

3.定植

假蒟全年可种植，定植假蒟时，选择一个湿润的环境是关键，其定植相对简单，不需要复杂的管理。

4.水肥管理

假蒟为多年生植物，根系发达且强壮，对水分较为敏感，虽然喜湿润环境，但是过度潮湿或者缺少水分均易影响植株的正常生长和发育。施肥需要贯彻勤施、薄施的原则，长势旺盛时推迟施肥或不施肥；长势弱、花量大时增加施肥量，保证营养供给，以维持植株正常生长。

5.整形修枝

假蒟生长速度快，不整枝容易因植株过高而匍匐生长，不利于采收、管理，生产上可以勤修剪去除顶端优势，促进侧枝生长，增加商品性；冬季可留1～2节平剪，至3月萌芽生长后再次采收嫩叶。园林应用则根据观赏需求修剪，冬季茎梢、叶片发黄时可在1/2处平剪疏枝，保留部分植株，不影响整体景观效果。

6.病虫害防治

假蒟为胡椒科植物，其病虫害防治可参考胡椒的防治方法。

（1）蚜虫及叶螨。因具有芳香气味，假蒟病虫害较少，炎热夏季偶有蚜虫及叶螨危害，吸食叶片、茎秆、嫩头和嫩穗汁液，易传播病害影响正常生长。可用3%啶虫脒乳油2 000倍液、20%吡虫啉可溶性液剂1 500倍液交替防治。配合用黄色诱虫板诱杀等物理防治方法，减少虫害。

（2）花叶病毒病。症状为植株畸形，长势弱，嫩叶变小、卷曲、黄化或花叶，一般管理不善易导致感染，根系受损或高温干旱季节收割后为高发期。防治方法为剪去发病部位后，每公顷用5%多菌灵悬浮剂1 000倍液+0.01%24-表芸薹素内酯2 000倍液混匀喷雾，7～10天喷1次，连续2～3次。

7.采收管理

假蒟主要采收部位为叶片和果实，一般进行人工采摘，采收中选择深绿、无虫害的老叶。主要进行鲜食，也可将叶片晒干后长期保存。

三、林下栽培假蒟的经济效益

林下栽培假蒟具有多种经济效益。除了有药用价值和应用于食品添加剂市场外，还可以通过销售假蒟食材和加工品获得收益。同时，假蒟的种植也可以促进生态环境的改善，提高土地利用率和农业综合效益。

首先，假蒟是一种具有药用价值的植物，其根、茎、叶均可入药，用于治疗疟疾、脚气、牙痛、痔疮等病症。因此，种植假蒟可以为医药行业提供重要的原料，同时也可以为草药市场提供一种新的销售渠道。

其次，假蒟还可以作为食品添加剂使用。它的叶片和果实可以提取出挥发油，具有浓郁的香味，可以用于制作香料和调味品。因此，假蒟也可以为食品加工行业提供一种新的、健康的食品添加剂，满足消费者对健康、天然、环保的需求。

最后，假蒟的叶片和果实也可以直接作为食材使用。假蒟的营养价值高，富含各类维生素、微量元素及挥发性物质；作为特色蔬菜资源，食法多样，有明显的地域特色，在广东、广西等地，假蒟的叶片和果实被用来制作各种美食，如假蒟炖鸡、假蒟爆炒五花肉等。这些美食不仅口感独特，而且具有保健作用，深受消费者喜爱。

此外，假蒟适用场景十分广泛，可应用在食品及医药行业，也可用于园林绿化。以盆栽、水培、地栽等方式运用在观光农业园、公园、小区、校园等光照强度较弱的区域，具有较好的生态及观赏价值。综上所述，假蒟具有很高的开发价值和广阔的市场发展前景。

四、林下栽培假蒟的社会效益

林下栽培假蒟具有显著的社会效益。它不仅可以满足当地居民的健康需求，促进当地经济的发展和生态环境的改善，还可以为当地居民提供就业机会和创业机会，提高他们的生活水平和幸福感。

首先，假蒟是一种具有药用价值的植物，可以用于治疗多种疾病。因此，种植假蒟可以为当地居民提供一种新的草药资源，方便他们购买和使用。这不仅可以满足当地居民的健康需求，也可以为当地草药市场提供一种新的销售渠道，促进当地经济的发展。

其次，假蒟的种植可以促进当地农业结构的调整和优化。在传统的农业生产中，林下土地往往被浪费或闲置。而假蒟的种植可以利用这些土地，促进农业生产的多元化和高效化。这不仅可以提高土地利用率，也可以增加农民的收入来源，提高当地农民的生活水平。

再次，假蒟的种植还可以促进当地生态环境的改善。林下栽培假蒟可以增加植被覆盖率，防止水土流失和土地退化。同时，假蒟的种植也可以促进生态系统的平衡和稳定，提高当地生态环境的品质。

最后，假蒟的种植还可以为当地居民提供就业机会和创业机会。假蒟的种植需要人工管理、采收和加工等环节，可以为当地居民提供就业机会。同时，也可以为当地创业者提供新的商业机会，促进当地经济的发展和繁荣。

五、林下栽培假蒟的生态效益

林下栽培假蒟具有显著的生态效益。它不仅可以促进森林生态系统的恢复和稳定，还可以改良土壤、提高土壤肥力、保护生物多样性和减缓气候变化，为建设美丽中国和实现可持续发展作出贡献。

首先，假蒟的种植可以促进人工林生态系统的恢复和稳定。在林下栽培假蒟的过程中，需要选择适宜的树种和种植方式，这样可以促进森林生态系统的多样性和稳定性。同时，假蒟的种植也可以增加森林生态系统的植被覆盖率，防止水土流失和土地退化，提高生态系统的抗逆性和适应性。

其次，假蒟的种植还可以促进土壤的改良和肥力的提高。假蒟的根系可以分泌一些化学物质，对土壤进行改良和修复。同时，假蒟的残体也可以为土壤提供有机质和营养物质，提高土壤的肥力和生产力。

再次，假蒟的种植还可以促进生物多样性的保护和恢复。假蒟本身是一种具有药用价值的植物，可以吸引一些珍稀草药资源，为保护草药资源提供一种新的途径。同时，假蒟的种植也可以为其他生物提供栖息地和食物来源，促进生物多样性的保护和恢复。

最后，假蒟的种植还可以为气候变化作出贡献。假蒟的叶片可以吸收二氧化碳并释放氧气，对减缓全球气候变暖具有积极作用。同时，假蒟还可以作为燃料植物使用，为能源生产提供一种新的可持续的能源来源。

此外，现代城市的园林绿化乔木郁闭度逐渐升高，导致林下地被的光照不足，灌木丛或者草本植物的长势变弱黄化，削弱了城市生态效益。而假蒟具有耐阴、半耐旱、生长快、抗性强、覆盖率高、叶泽亮丽、植株高矮一致等诸多优势，成为我国南方地区主要的园林绿化品种，具有较高的生态及观赏价值。

第十四章

林下栽培砂仁理论与实践

第一节　砂仁概况

　　砂仁（*Amomum villosum* Lour.），俗称春砂仁、阳春砂仁，姜科豆蔻属多年生草本植物（图14-1）。砂仁原产广东阳春，现分布于我国福建、广东、广西和云南。老挝、越南、柬埔寨、泰国、印度亦有分布。

图14-1　砂仁

一、砂仁的生物学特性

株高1.5～3米，茎散生；根茎匍匐地面，节上被褐色膜质鳞片。中部叶片长披针形，长37厘米，宽7厘米，上部叶片线形，长25厘米，宽3厘米，顶端尾尖，基部近圆形，两面光滑无毛，无柄或近无柄；叶舌半圆形，长3～5毫米；叶鞘上有略凹陷的方格状网纹。穗状花序椭圆形，总花梗长4～8厘米，被褐色短茸毛；鳞片膜质，椭圆形，褐色或绿色；苞片披针形，长1.8毫米，宽0.5毫米，膜质；小苞片管状，长10毫米，一侧有一斜口，膜质，无毛；花萼管长1.7厘米，顶端具三浅齿，白色，基部被稀疏柔毛；花冠管长1.8厘米；裂片倒卵状长圆形，长1.6～2厘米，宽0.5～0.7厘米，白色；唇瓣圆匙形，长宽1.6～2厘米，白色，顶端具二裂、反卷、黄色的小尖头，中脉凸起，黄色而染紫红，基部具二个紫色的痂状斑，具瓣柄；花丝长5～6毫米，花药长约6毫米；药隔附属体三裂，顶端裂片半圆形，高约3毫米，宽约4毫米，两侧耳状，宽约2毫米；腺体2枚，圆柱形，长3.5毫米；子房被白色柔毛。蒴果椭圆形，长1.5～2厘米，宽1.2～2厘米，成熟时紫红色，干后褐色，表面被不分裂或分裂的柔刺；种子多角形，有浓郁的香气，味苦凉。花期5—6月；果期8—9月。

二、砂仁的经济意义

砂仁喜热带南亚热带季雨林温暖湿润气候，不耐寒，能耐短暂低温，需适当荫蔽，喜漫射光，宜在上层深厚、疏松、保水保肥力强的壤土和沙壤土栽培，不宜在黏土、沙土栽种，常栽培或野生于山地阴湿之处。砂仁果实供药用，以广东阳春的品质最佳，主治脾胃气滞，宿食不消，腹痛痞胀，噎膈呕吐，寒泻冷痢。种子含挥发油1.7%～3%。油的主要成分为右旋樟脑、龙脑、乙酸、龙脑脂、芳樟醇、橙花叔醇等。砂仁观赏价值较高，初夏可赏花，盛夏可观果。《药性论》以及《开宝本草》记载砂仁具有化湿行气、温中止泻、安胎的功效。主治脾胃气滞、湿阻中焦、脾胃虚寒、呕吐泻泄、胎动不安、妊娠恶阻等。砂仁提取物可阻止四氧嘧啶诱导的糖尿病，对胰岛素依赖型糖尿病具有一定的治疗价值。此外，砂仁属于苦香型的香料，能赋予食材独特的香味，还具有去腥、去异味、增加香气和开胃消食的作用。砂仁在烹饪中应用广泛，尤其在卤水中发挥重要作用，常用于卤制骨头类食材，能增强食材的香气。

第二节　林下栽培砂仁的理论研究

一、林下栽培砂仁的可行性分析

砂仁作为一种名贵的中药材，属于多年生草本植物，相对而言比较适合高温多湿的环境生长，且在生长过程中需要一定的避阴条件。从生长环境的角度来看，砂仁和橡胶所需要的条件存在极高的相似性，而高大的橡胶树在与砂仁间作套种的过程中，很大程度上促进了避阴条件的实现[119]。在砂仁的主产区云南，其主要种植于橡胶林下，较为理想的种植密度是（3×8）~（2×11）米之间，而利用间距进行砂仁的栽种，可以充分发挥砂仁在保持水土方面具备的优势。因为砂仁属于植株丛生类的作物，一方面防止水土冲刷的能力十分强悍，更容易形成适于自身、更适于橡胶树生长的湿润环境；另一方面，橡胶树每年落下的茎叶覆盖在土地上，随着时间的推移会慢慢变成有益于土壤吸收的超级肥料，对于提高其肥力，促进植株生长具有十分重要的作用。在经济层面，间作套种在一定程度上提高了砂仁的产量，促进了农民增收[120]。在生态层面，橡胶、砂仁间作套种有益于改善区域内的生态环境，最大限度地保持水土，实现了对土地资源的最大化利用。在社会层面，间种模式通过衍生产业的发展，创造和诞生一批工作岗位，促进就业问题的解决。值得一提的是，在砂仁和橡胶产量比较稳定的热带地区，拥有大量过剩的劳动力，而劳动密集型产业普遍性存在产品附加值低、效益低的情况，对改善民众实际生活和收入水平并无实际的影响。因此，随着产量和社会需求量的增加，间作套种还在一定程度上刺激了当地民众对产品附加值的追求，为增收提供了更多可能[121]。

二、林下栽培砂仁能够改善小气候和土壤环境

以前期研究中橡胶间作砂仁为例，橡胶林内间种砂仁后，林内光照强度、温度和湿度状况都发生了较大变化。间作林0.2米高度处的光照强度仅是纯胶林的44%，空旷地的8%。1.5米高度处的光照强度是纯胶林的59%，空旷地的13%。林内直接光减少，散射光增加，符合砂仁耐阴性的要求。10厘米土层深处的温度，间作林分别比纯胶林低2.1、1.2、1.1、0.9℃，各土层深处的含水率，间作林明显高于纯胶林及空旷地。间作林内小气候因子变化平缓，变化

幅度不大，有利于橡胶树、砂仁的生长发育。橡胶林内间种砂仁，减弱了光照强度，降低林内、地表及土壤温度，增加了空气相对湿度及土壤湿度，改善了林内小气候。同时，间作还改善了土壤的物理状况，提高了土壤养分含量。土壤有机质、全氮、速效氮、速效磷、速效钾均较纯胶林大幅提高[122]。间作模式下土壤肥力也是显著高于纯胶林[123]。

三、林下栽培砂仁加速生态系统养分循环

橡胶与砂仁间作复合生态系统每公顷现存生物量达139.85吨/公顷，其中乔木层占72.2%，间作层占22.6%，枯落物层占5.2%。与同龄纯胶林相比，林分总生物量提高41.3%。橡胶间种砂仁后，不仅提高了林分的生物生产量，同时也提高了养分的积累量[122]。10种营养元素的积累量是纯胶林的2.5倍，其中乔木层和枯落物层营养元素的积累量分别是纯胶林的1.5和1.6倍。常量元素积累量随层次和器官的不同差异较大，而微量元素差异较小；间种并未改变营养元素在乔木层和枯落物层中积累量高低排列次序。尽管橡胶—砂仁间作复合生态系统可提高枯落物层养分的积存量，但间作林分对养分的需求量相对纯胶林较大，仅靠间作达不到养分平衡的目的，因此在经营橡胶林方面，为促进林分的生长，提高土地利用率和报酬率，实行间作的同时，对林分施肥是十分必要的。不仅要重施磷肥，也应考虑氮和镁肥的合理施用；尽量不收走枯落物，让其自然分解，以求最大限度地提高林分养分自给水平[124]。

四、林下栽培砂仁有助于土壤健康

前期研究分析了橡胶—砂仁间作土壤中细菌丰度及其对病原菌拮抗性和作物促生性的影响。结果显示，随着砂仁种植年限的增加，土壤中细菌体数量逐年增加，经过4年的砂仁种植后土壤细菌数量比未种植过砂仁的土壤细菌丰度提高了近7倍；种植砂仁3～4年的土壤细菌中可抑制砂仁炭疽病菌生长的细菌占26.0%，显著高于未种植砂仁土壤细菌中拮抗细菌的比例（18.7%，$p<0.05$）；2种土壤中都存在着对砂仁种子萌发和幼苗生长有促生作用、抑制作用和无影响的细菌，但种植砂仁的土壤中对种子萌发和幼苗生长有明显促生作用的细菌量（39.3%和35.7%）极显著（$p<0.01$）高于未种植砂仁土壤（26.7%和23.3%）。橡胶林下栽培砂仁可以明显改善土壤特性，增加土壤中细菌的丰富度，特别是提高可抑制砂仁炭疽病菌及对作物有促生作用的有益细菌

数量。因此，橡胶间作砂仁模式可产生重要的生态效益。此外，在橡胶林下栽培砂仁后可逐渐改善土壤质地和结构，增加有机质成分含量，从而促进土壤生境的改良，种植砂仁的土壤中细菌数量丰度的提高可能主要是"有益"细菌的增加。查阅现有同类研究的文献资料，尚未见有关"有益"细菌或其他有益微生物方面的类似研究报道。橡胶林下栽培砂仁可以明显改善土壤特性，增加土壤中细菌的数量，尤其是提高可抑制植物病原菌及对作物有促生作用的有益细菌的数量，由此证明，橡胶林间作砂仁模式可产生显著的生态效益。本研究结果为在我国橡胶林区广泛推广应用橡胶林间作砂仁种植模式提供了生态效益方面的科学依据[125]。

第三节　林下栽培砂仁的生产实践

一、林下栽培砂仁模式

砂仁在生长环境上对于水分、温度的要求较高，喜欢高温、多降水的气候条件（图14-2）。因此，在我国南方的一些局部区域，具有砂仁种植的天然环境条件，通常是在广东和福建一些地区，比较适合砂仁生长。在林下砂仁种植模式中，通常需要和一些其他植物结合相种植，这对砂仁对于光照、水分、授粉的必要条件都会起到很大的促进和调节作用。

二、林下栽培砂仁技术

1.育苗

选择饱满健壮的果实，播前晒果两次，晒后进行沤果，保持沤果温度

图14-2　橡胶—砂仁复合种植

（30 ～ 35℃）和一定湿度，3 ～ 4天即可洗擦果皮晾干待播。育苗之苗圃地要选择背风、排灌方便的地方，进行深耕细耙作畦，畦高15厘米、宽1 ～ 1.2米。施足基肥，每亩施过磷酸钙15 ～ 25千克，与牛粪或堆肥混合沤制的有机

肥料1 000 ～ 1 500千克。春播3月，秋播8月下旬至9月上旬，开沟条播或点播。播前先搭好棚架，开始出苗时，即加覆盖遮阴，荫蔽度达80%～90%为宜。有7 ～ 8片叶时，可适当减少荫蔽，但荫蔽度不能低于70%。

2.园地选择与开垦

砂仁应选择肥沃、疏松保水、保肥力强的沙壤土或轻黏壤土为好。湿度大、有水源的阔叶常绿林地和排灌方便的山坡、山谷、平地，均可种植。砂土和重黏土不适合选用。山区种植，种植前进行开荒，除净杂草和砍除过多荫蔽树；而荫蔽树不够的地方应注意补种。在开荒的同时开挖环山排灌水沟，以防旱排涝。

在砂仁地附近多种植果树，以扩大蜜源，引诱更多的昆虫传粉。在平原地区种植，应开沟作畦，畦宽2.6 ～ 3米，长24 ～ 30米，沟宽35厘米，深1.5 ～ 3.5厘米。畦面建成龟背形，以防积水，还要注意营造荫蔽树。先种芭蕉、山毛豆等生长快的作物作临时荫蔽，后种高大白饭树、楹树及果树作永久荫蔽树。

3.定植

一般在5月左右进行定植。幼苗移植时根部上面最好可以带一点土壤保温，或者可以人工沾染泥土水保温。穴位在30厘米左右的深度，控制在每亩800 ～ 1 200株的密度，天气较冷还需用杂草覆盖幼苗御寒。

4.田间综合管理

施肥要掌握薄施、勤施的原则。第一次，在幼苗2片叶时进行，每亩用硫酸铵氮肥1.5 ～ 2千克兑水1 500千克。第二次，在幼苗5片叶时进行，每亩用氮肥3千克兑水1 500千克。第三次，在幼苗8 ～ 10片叶时进行，10片叶以后每半个月或每月追肥1次，每亩用氮肥3千克兑水1 000千克。要经常淋水，保持土壤湿润。冬季和早春可增施腐熟牛粪和草木灰，以增强幼苗抗寒能力。有寒潮来时，在畦北面设风障和在田头熏烟防寒。苗高10 ～ 15厘米进行间苗，苗高50厘米即可出圃定植。

新种植未达开花结果年限之前，要求有较大荫蔽度，以保持70%～80%为宜。每年须除草5 ～ 8次；雨季每月1次。施肥除施磷钾肥外，要适当增施氮肥，每年2—10月施肥3 ～ 4次。要经常注意浇水，保持土壤湿润。进入开花结果年限后，在花芽分化期，需要较多的阳光，平均保持50%～60%荫蔽度较适宜。但是在保水力差的沙质土壤，或缺乏水源，不能灌溉的沙地，应保持70%左右的荫蔽度。每年除草两次。

5. 砂仁病虫害防治

（1）茎枯病。在7—8月雨季发生，幼苗受害后，茎秆干枯，倒伏死亡。防治方法：可用1∶1∶140～160倍波尔多液（硫酸铜∶生石灰=1∶1，用水量为140～160倍）喷洒。

（2）叶斑病。在苗期或大田均有发生。防治方法：可清除病株；用1∶1∶120倍波尔多液或代森铵水溶液1 000倍液喷洒。

（3）果腐病。平原地区高温多雨，如植株过密，通风透光和排水不良时，易发生此病。防治方法：要注意通风透光，排出积水；幼果期用1%甲醛液喷洒，每亩用量50千克；收果后撒施1∶243的石灰∶草木灰，每亩15～20千克，以增强植株抗病能力。

（4）幼苗钻心虫。危害幼苗。防治方法：要加强水肥管理；成虫产卵盛期可用40%乐果乳剂1 000倍液或90%敌百虫原粉800倍液喷洒。

三、林下栽培砂仁的经济效益

林下栽培砂仁具有一定的经济效益。

首先，砂仁是一种具有药用价值的植物，可以用于中医治疗和调味料制作等领域。同时，砂仁还可以作为多年生草本植物，一次种植可以受益10～20年，经过科学化管理可以受益上百年，具有较高的经济价值和广阔的发展前景。

其次，通过林下栽培砂仁，可以利用林荫空间规模化、科学化发展砂仁产业。比如，在橡胶林下栽培砂仁，可以实现创新产业模式，带动周边砂仁规范化种植，实现农林合作的复合经营体系。同时，加强专业支持，提高产业能力，请中医药专家和农业大学等相关专业人员指导具体的种植细节，为砂仁种植提供专业支撑。积极培养会种植、懂管理、善经营的砂仁种植能手，组织砂仁种植大户学习砂仁种植技术、种植管理理念、产供销等先进管理模式。

最后，通过承包未开发的自然林木生态林地，因地制宜发展林下经济，利用林荫空间规模化、科学化发展砂仁产业。比如，某公司在油甘子、苹果粉蕉等经济果树下种植砂仁，构建了砂仁立体生态种植模式。第二年约有100亩砂仁进入初产期，可采收第一轮果实。第一期收成干果预计超2吨，产值为200万～300万元。砂仁的丰产期是第三年之后，届时基地种植的砂仁将达300亩，干果产量至少5吨以上，产值超1 000万元。

四、林下栽培砂仁的社会效益

林下栽培砂仁的社会效益非常显著，可以促进农民增收、推动地方经济发展、提升农业产业结构、保护生态环境和促进乡村振兴。

（1）促进农民增收。砂仁是一种具有较高经济价值的植物，可以作为药用植物和调味料植物使用。通过在林下栽培砂仁，可以利用林荫空间规模化、科学化发展砂仁产业，提高农民的收入水平。同时，砂仁种植还可以带动周边砂仁规范化种植，实现农林合作的复合经营体系，进一步增加农民的收入来源。

（2）推动地方经济发展。砂仁产业的发展可以促进地方经济的发展。通过规模化、科学化发展砂仁产业，可以带动相关产业的发展，如中药材加工业、食品加工业等。这些产业的发展可以增加地方就业机会，提高地方经济发展水平。

（3）提升农业产业结构。林下栽培砂仁可以优化农业产业结构。在传统的农业产业结构中，农民主要依靠种植粮食作物获得收入。而砂仁作为一种药用植物，可以将其纳入农业产业结构中，实现农业产业结构的多元化。这不仅可以提高农民的收入水平，还可以促进农业产业结构的升级和转型。

（4）保护生态环境。林下栽培砂仁可以保护生态环境。在林下栽培砂仁的过程中，可以充分利用林荫空间，不占用耕地，减少对耕地的破坏。同时，砂仁种植还可以起到保持水土、涵养水源的作用，对保护生态环境具有积极的作用。

（5）促进乡村振兴。林下栽培砂仁可以促进乡村振兴。通过发展砂仁产业，可以带动相关产业的发展，增加地方就业机会，提高地方经济发展水平。同时，砂仁产业的发展还可以促进乡村产业结构的优化和升级，提高乡村经济的竞争力和可持续发展能力。

五、林下栽培砂仁的生态效益

林下栽培砂仁的生态效益同样非常显著，可以恢复生态、增加生物多样性、防止水土流失、促进氧气释放和优化土壤结构。

（1）恢复生态。林下栽培砂仁可以利用林荫空间，不占用耕地，减少对耕地的破坏。同时，砂仁种植还可以起到保持水土、涵养水源的作用，有助于恢复生态。

（2）增加生物多样性。林下栽培砂仁可以增加生物多样性。在砂仁种植过程中，可以采取自然的种植方式，保留一些原有的植物种类和生态群落，增加生物多样性和生态系统的稳定性。

（3）防止水土流失。砂仁种植可以防止水土流失。在林下栽培砂仁的过程中，可以采取一些措施，如合理安排种植密度、加强抚育管理等，保持水土，防止水土流失。

（4）促进氧气释放。砂仁生长过程中可以促进氧气的释放。砂仁是一种多年生草本植物，其生长周期较长，能够通过光合作用吸收二氧化碳、释放氧气，对改善空气质量、保障生态平衡具有积极的作用。

（5）优化土壤结构。砂仁的根系可以改善土壤结构。砂仁的根系可以分泌一些有机物质，促进土壤中微生物的繁殖和活动，进而改善土壤结构，提高土壤的肥力和保水能力。

第十五章

林下栽培高良姜理论与实践

第一节　高良姜概况

高良姜（*Alpinia officinarum* Hance），俗名南姜，别名小良姜、风姜、海良姜等，是姜科山姜属多年生草本植物，原产于中国南方荒坡灌丛或疏林中，现我国广东、海南、广西、台湾和云南有栽培（图15-1）。

一、高良姜的生物学特性

高良姜株高40～110厘米，根茎延长，圆柱形。叶片线形，长20～30厘米，宽1.2～2.5厘米，顶端尾尖，基部渐狭，两面均无毛，无柄；叶舌薄膜质，披针形，长2～3厘米，有时可达5厘米，长6～10厘米，花序轴被茸毛；小苞片极小，长不逾1毫米，小花梗长1～2毫米；花萼管长8～10毫米，顶端3齿裂，被小柔毛；花冠管较萼管稍短，裂片长圆形，长约1.5厘米，后方的一枚兜状；唇瓣卵形，长约2厘米，白色而有红色条纹，花丝长约1厘米，花药长6毫米；子房密被茸毛。果球形，直径约1厘米，熟时红色。花期4—9月；果期5—11月。

图15-1　高良姜

二、高良姜的经济意义

《本草纲目》载，高良姜也称蛮姜，子名红豆蔻。陶隐居说该姜始出高良郡，因此得名。高良姜多生长于阳光充足的丘陵、缓坡、荒山坡、草丛、林缘及稀林中。高良姜喜高温，不耐寒，耐湿，对土壤要求不严，选择土壤肥沃的地区种植较好，在排水良好的地方均能生长。《本草从新》中记载，高良姜根茎供药用，具有温中止痛、暖胃散寒、消食醒酒的功效。据化学分析，高良姜含挥发油、高良姜素等物质，有镇痛作用。高良姜的花，串串艳丽，碧叶如扇，株丛繁盛，盆栽可促其矮化，可供厅堂、走廊和阳台等处陈列观赏。此外，高良姜属于苦香型香料，具有独特的香味和辛辣口感，在烹饪中非常常用，尤其在潮汕卤水和川味麻辣卤水中，高良姜既可以作为君料也可以作为臣料，用量根据不同的风味和烹饪需求而有所不同。

第二节　林下栽培高良姜的理论研究

一、高良姜的光合特性研究

高良姜栽培种日变化曲线呈现双峰的形态，8：00—10：00出现第1个高峰，此时，净光合速率达到高点；在12：00—14：00，净光合速率急剧下降，出现最低点；而后随着时间的推移，净光合速率持续上升，在16：00—18：00到达第2个高峰；18：00后，净光合速率再持续下降；当气孔关闭时，净光合速率会急剧下降，完全关闭时会达到负值。上述结果表明高良姜有午休现象，对超过1 000勒克斯的光照度反应敏感，总体上较低的光补偿点和较低的光饱和点显示，适度的遮阴更有利于高良姜的生长[126]。

二、适度遮阴适宜高良姜的生长

遮阴对于高良姜的可溶性蛋白含量、可溶性糖含量、根系活力没有影响，同时与对照组相比，遮阴处理使高良姜在形态、生理及光合特性等方面都表现出明显的耐阴植物的特征。叶面积变大，叶片变薄，叶长与叶宽都变大，茎节间变长，地径变小，整体虽茎秆变小但植物伸展，使植株更有利于捕捉光量子；叶绿素含量、叶绿素a和叶绿素b含量与对照组相比都增加，而叶绿素a/b降低，且高良姜叶绿素a/b小于1，表明高良姜是较喜阴的植物，叶绿素的变化使得植株光合效率更高；处理组光饱和点和光补偿点与对照组相比变小，表观量子效率没有明显变化，净光合速率提高，胞间二氧化碳浓度变化不大，可见，胞间二氧化碳没有发生富集，二氧化碳流通顺畅，光合参数的变化更利于高良姜利用弱的光强，正常进行光合作用；处理组脯氨酸含量增大，酶活性普遍降低，可见植株的内部进行调整，更利于高良姜适应逆境；处理组可溶性糖含量下降，可溶性蛋白含量变化不大，遮阴对高良姜糖的合成有一定的阻碍，但对蛋白的合成影响不大；姜块的折干率变小，植株含水量增加，由于叶片面积变大，处理组的单叶鲜重整体比对照组高，但是植株细高，地上部分鲜重没有对照组高，在弱光条件下，植株仍保持含水量，可见高良姜在弱光下抗病性没有减弱[126]。

高良姜能很好地适应林下栽培模式，长势良好。在弱光条件下，高良姜能自动调节自身生理生化条件，以适应弱光环境，维持机体生命活动。同时遮阴处理组与对照组相比，高良姜光饱和点和补偿点都下降，净光合速率上升，以提高植株在弱光下的光利用能力，使植株在较低的光强时便进行有机物质的合成[127]。对叶片解剖结构观察发现，栅栏组织排列变得疏松，细胞层次变少，细胞变短，海绵组织排列紧密，细胞层次变多；气孔数量变少，最多的有112个，明显少于喜阴植物气孔的平均水平，同时对叶片表面气孔进行观察发现，叶片上下表面气孔在遮阴后孔径变大，数量变少，排列变得无序，叶片结构及表面气孔的变化，使得叶片更容易捕获阳光，减少光能由于折射的减少，同时，满足内外气体交换的同时减少能量的损耗，使高良姜能在弱光条件下生长，可见，高良姜是较喜阴的植物，耐阴能力极好。对筛选出来的10个指标进行耐阴性的隶属函数分析，结果表明，高良姜4个具有代表性的栽培种都具有较强的耐阴能力，能很好地适应野外林下栽培的环境。由以上结果可见，高良姜在自然环境中能很好地适应弱光条件，遮阴处理对其生长没有造成很大影响，适量的遮阴能促进高良姜的生长发育，适合运用于林下间作的栽培模式，研究的结果将对高良姜具有极好耐阴能力及其推行遮阴栽培提供理论支持[128]。综合以上的研究结果可见，高良姜是一种耐阴性极好的植物，适当的遮阴更适合高良姜的栽培管理，林下栽培是高良姜种植栽培的新模式。

三、高良姜活性成分鉴定与分析

高良姜中的二苯基庚烷A、高良姜素、山奈素是高良姜的主要活性成分，其中高良姜素、山柰素是其主要黄酮类成分，也是主要活性成分。目前，很多研究报道高良姜素具有抗肿瘤、抗菌、抗氧化、抗炎等药理活性[129]。不同提取方法或工艺条件对高良姜精油成分比例影响存在较大差异，可根据产品的需求选择不同的提取方法及工艺条件，其中1,8-桉油精又名桉叶精、1,8-桉叶（油）素、桉树脑等，具有类樟脑气味的无色液体，主要存在于桉叶油中，亦天然存在于姜科植物高良姜中，桉油精具有广泛的生物活性，包括抑菌、抗炎、抗氧化以及促渗透等作用，在医药、化妆品和香料工业领域广泛应用。高良姜精油中其他主要成分萜品醇又名松油醇，是一种非常重要的单萜类化合物之一，可用作调配紫丁香型香精的助剂，还可应用于医药、农药、仪表和电讯工业等领域中。香柠檬烯一种天然单萜烯，具有广谱抗菌性、抗氧化、抗炎、抗肿瘤等活性。在最优条件下提取的高良姜精油具有一定的抗氧化能力与抑菌活性[130]。

高良姜素为黄酮类化合物，纯的高良姜素为淡黄色结晶粉末，分子量小、极性低、不溶于水，易溶于甲醇、乙醇、乙醚等有机溶剂。因此本实验采用醇提取的方式，利用超声波辅助提取，同时在考察单因素之后进行正交试验分析，结果表明最优提取工艺如下：料液比为1∶35，超声提取时间为1小时，乙醇浓度含量为70%。在验证试验中高良姜素平均含量为1.06%，RSD值为1.30%，该结果可为高良姜素分离纯化的前期提取工作提供参考。前期研究建立了不同产地的高良姜指纹图谱，结果表明不同产地的高良姜在物质含量上都存在一定的差异。这可能会导致相同的条件下不同因素之间产生的交互作用存在差异。在抗氧化活性实验中，高良姜素表现出一定的抗氧化活性，并且在实验浓度范围内呈量效关系。对高良姜素抗氧化活性的研究可为今后对高良姜中活性物质的筛选提供参考[131]。

第三节　林下栽培高良姜的生产实践

一、林下栽培高良姜模式

高良姜不适宜生长在缺水干旱、地势低、坑洼不平等黏性重的土壤中，也不宜进行连作。此外，高良姜光补偿点低，不耐寒，适宜种植于林下，减轻冻害（图15-2）。

图15-2　橡胶—高良姜复合种植

二、林下栽培高良姜技术

1.育苗

高良姜的繁殖方法主要有种子繁殖和根茎繁殖，一般选择种子繁殖为宜。

（1）种子繁殖。随采随播，一般在秋季，8—9月上旬为好。在整好的苗床上，以10厘米的行距开浅沟条播，将处理好的种子均匀撒在沟内，覆土后盖草，浇水保湿。约20天后种子发芽。一般育苗需半年后才可种植。

（2）根茎繁殖。4—6月采收时，把砍去茎叶后的地下部分全部挖起，选取有5～6个芽头连在一起、无病虫害、个体粗大的"牛姜"幼嫩根茎作种（老的根茎另行晒干作产品）。在已备的苗床上按株行距45厘米×75厘米规格开沟或开小穴种植，每穴放姜种1块，芽头向上，边放种、边填泥、边用脚踏实，然后再覆细土厚5～6厘米。

2.园地选择与开垦

高良姜喜温暖湿润的气候环境，耐干旱，怕涝。在海南年平均气温22～26℃、年降水量1 600～1 800毫米的地区生长良好。不适应强光照，要求一定的荫蔽条件。应选排灌方便、土壤肥沃疏松的坡地或缓坡地，与果树、菠萝、木薯、香茅及剑麻间种或套种。秋冬翻耕晒土，整地前用3%辛硫磷颗粒剂2克掺土2千克拌匀撒施。细耙整平、起畦，畦宽1.2米，待种植。

3. 植穴准备

（1）改良土壤。增施有机肥及矿质肥，调节土壤养分平衡。在改良上重点解决贫瘠问题，并注意中和其酸度。改善土壤理性化性状应采取的措施为：黏土掺沙 [1份黏土＋（2～3）份沙土]，增施有机肥，尽量避免施用酸性肥料，施用磷肥和石灰（750～1 050千克/公顷）等。

（2）深翻熟化。深翻可改进根系分布层土壤的通透性，且对于改善根系生长和吸收环境、提高产量有明显的作用。土壤深翻通常以秋季深翻的效果最好，并结合秋施基肥进行。在深翻的同时增施有机肥，使土壤改良的效果更加明显。有机肥的分解不仅能增加土壤有机养分的含量，更重要的是能促进土壤团粒结构的形成，使土壤的物理性质得到改善。有机肥的种类包括家畜粪便、秸秆、草皮、生活垃圾以及它们的堆积物。最好是将有机肥预先腐熟后再施入土壤，因为未腐熟的肥料和粗大有机物不仅肥效慢，而且还可能含有纹羽病菌等有害物质。

4. 定植

（1）定植时间。宜在3—4月的晴天早晨或阴雨天进行。

（2）定植密度。株行距45厘米×75厘米。

（3）定植方法。先进行整地，把杂草灌木除净，深翻30厘米以内土层，拾去石块、树根、草根，让土壤熟化，并下足基肥，每亩施入2 000～2 500千克腐熟的农家肥作基肥，不需做畦。按株行距开穴，穴的规格长宽高分别为40厘米×40厘米×30厘米。种子苗高10厘米以上时出圃定植，每穴种2株幼苗，或每穴种1个根状茎，芽头向上，边放边填土，种后覆土压实，然后再覆细土5～6厘米厚。

5. 田间综合管理

（1）施基肥。基肥以有机肥料为主，再配合氮、磷、钾肥。高良姜耐肥，一般在耕地时每亩用腐熟农家肥2 000～2 500千克，随即翻入土中，将地做好畦。在播种前，再在穴中施种肥，一般每亩施饼肥45千克、复合肥10～12千克，与土混匀，浇水、播种。也可采用"盖粪"的施肥方法，即先摆放高良姜种，然后盖上一层细土，每亩再撒上2 000千克农家肥或少许化肥，最后盖土厚2厘米左右。

（2）追肥。一般发芽期不需要追肥。种植后约50天施稀薄人畜粪水肥。

植株封行后追施1次复合肥，每亩20～25千克。在植株周围结合松土进行培土，或在秋末冬初结合清园用土杂肥和表土培壅在植株基部，以利于促进生长、加速萌发。

（3）灌溉方式和灌溉时间。采用地面灌溉，将水引入园地地表，在作物行间作梗，形成小区，水随地表漫流。干旱条件下，土壤中水分含量少，水势低，根系吸水困难，不能满足高良姜正常发育的需求，从而导致产量减少。只有在土壤水分含量降低到对高良姜产生不良影响之前进行灌水，维持适宜的土壤水分状况，才能实现高良姜的丰产。

（4）排水。园地排水采用明沟排水系统。在地表每隔一定的距离，顺行向挖一条一定深度、宽度的沟，排除地表积水。对于降水量多、地下水位高的地区，园地内除有浅排水沟外，还应有深排水沟。

6.病虫害防治

高良姜生长过程中的病害主要是烂根病，多发生在高温季节或多雨季节，在积水多的条件下容易发病。主要特征为根部腐烂，之后植株死亡。

（1）烂根病。多发生在高温季节，可采用0.2%～0.4%波尔多液灌根防治。波尔多液配制方法为硫酸铜（等量式）、生石灰各1千克，水100升。将称量的硫酸铜放入塑料桶内，加入自来水5升，搅拌溶解，去渣，再加入净水45升，即配成硫酸铜溶液；然后将生石灰放入另一小桶中，加少量水化开后再加入50升净水，拌匀过滤，制成石灰乳；最后将硫酸铜溶液与石灰乳慢慢混合、搅匀，即制成浅天蓝色的波尔多液。

（2）虫害。高良姜的虫害多为钻心虫和卷叶虫，主要危害嫩叶和茎尖。在受害区域用40%的乐果乳油2 000倍液喷洒，有较好的防治效果。

（3）农业综合防治。发病初期，拔除病株，并扒开病株周围的表土进行晾晒；每平方米施用100～150克的石灰粉消毒，避免病菌传播。同时加强田间管理，改善周围环境，做好通风、透光、排水等工作，提高植株的抗病能力，减少病虫害的发生。

7.采收管理

高良姜种植4年后可收获，但5～6年产量更高，质量更好。夏末秋初挖根茎，选择晴天，先割除地上茎、叶，然后用犁深翻，把根状茎逐一收集。将收获的根茎，去泥土、须根及鳞片，把老根茎截成5厘米的段，洗净，切段晒干。在晒至六七成干时，堆在一起闷放2～3天，再晒至全干，则皮皱肉凸，表皮红棕色，质量更佳。

三、林下栽培高良姜的经济效益

林下栽培高良姜可以带来可观的经济效益。高良姜是一种多年生的草本植物，生长周期长，一般需要3年左右的时间才能成熟。在成熟前，高良姜可以作为一种药材，其市场需求量较大，价格也比较高。同时，高良姜还可以用于制作姜糖、姜茶等食品，具有很好的市场前景。在林下栽培高良姜时，需要注意以下几点：

（1）合理选择种植地。高良姜喜欢生长在阴凉、湿润的环境中，因此需要选择合适的林地，以保证高良姜的生长环境良好。

（2）科学种植。高良姜的生长需要适量的光照和水分，因此在种植时需要根据林地条件和气候特点进行合理布局和管理。

（3）做好病虫害防治。在林下栽培高良姜时，需要注意防治病虫害，以保证高良姜的产量和质量。

（4）提高种植技术。为了提高高良姜的产量和质量，需要不断提高种植技术和管理水平。

四、林下栽培高良姜的社会效益

林下栽培高良姜可以带来多方面的社会效益，包括促进农村经济发展、增加农民收入、促进农村就业和创业以及促进生态环境保护和改善等。

首先，林下栽培高良姜可以促进农村产业结构的调整和优化。高良姜是一种具有较高经济价值的药材，可以带动相关产业的发展，如药材加工、销售等，从而促进农村经济的发展。

其次，林下栽培高良姜可以增加农民的收入。高良姜的生长周期较长，但市场需求量大，价格也比较高。因此，通过种植高良姜，可以增加农民的收入来源，提高农民的生活水平。

再次，林下栽培高良姜还可以促进农村就业和创业。高良姜的种植和加工需要大量的人力资源，可以提供就业机会，促进农村就业和创业。

最后，林下栽培高良姜还可以促进生态环境的保护和改善。高良姜生长在林下，可以起到防止水土流失的作用，同时还可以促进土壤的改良和生态环境的改善。

五、林下栽培高良姜的生态效益

林下栽培高良姜具有很好的生态效益，包括改善土壤性质、增加土壤肥力、固碳减排、净化空气、防止水土流失和山体滑坡等自然灾害的发生等。

首先，高良姜能够增加土壤的有机质含量，改善土壤的结构和性质，提高土壤的肥力和保水能力，这有助于维护森林生态系统的平衡和稳定。

其次，高良姜是一种多年生草本植物，生长周期长，可以固碳减排，对缓解全球气候变化具有积极的作用。同时，高良姜还能够吸收大量的二氧化碳气体，净化空气，改善环境质量。

最后，高良姜还可以防止水土流失和山体滑坡等自然灾害的发生。由于高良姜生长在林下，其根系可以固着土壤，提高土壤的抗侵蚀能力，同时叶片可以吸收和积累大量的水分，有助于保持土壤的水分平衡。

第十六章

林下栽培益智理论与实践

第一节　益智概况

益智（*Alpinia oxyphylla* Miq.），别名益智仁、益智子，属于姜科山姜属多年生草本植物，主产于我国海南地区林下阴湿处，在广东、广西、云南、福建亦有少量分布（图16-1）。

图16-1　益智

一、益智的生物学特性

高1～3米。茎直立，丛生。叶2列，具短柄；叶片披针形，长20～35

厘米，宽3～6厘米，先端尾状渐尖，基部宽楔形，边缘具脱落性小刚毛，基残痕呈细齿状，两面无毛；叶舌膜质，二裂，长1～2厘米，少数达3厘米，被淡棕色柔毛。总状花序顶生，长8～15厘米，花蕾时包藏于鞘状的总状苞片内；花序轴被极短的柔毛；小花梗长1～2毫米；苞片膜质，棕色；花萼管状，长约1.2厘米，先端3浅齿裂，一侧深裂，外被短柔毛；花冠管与萼管几等长，裂片3，长圆形，长约1.8厘米，上方1片稍大，先端略呈兜状，白色，外被短柔毛；唇瓣倒卵形，长约2厘米，粉红色，并有红色条纹，先端边缘皱波状；侧生退化雄蕊锥状，长约2毫米；雄蕊1，花丝扁平，线形，长约1.2厘米，花药长6～7毫米，药隔先端具圆形鸡冠状附属物；子房下位，密被茸毛。

蒴果球形或椭圆形，干时纺锤形，果皮上有明显的纵向维管束条纹，长1.2厘米，直径约1厘米，不开裂，果熟时黄绿色或乳黄色。种子多数，不规则扁圆形，被淡黄色假种皮。果实椭圆形，两端略尖，长1.2～2厘米，直径1～1.3厘米，表面棕色或灰棕色，有纵向凹凸不平的突起棱线13～20条。果皮薄而较韧，与种子团紧贴。种子团被隔膜分为3瓣，每瓣有种子6～11粒。种子呈不规则的扁圆形，略有钝棱，直径约3毫米，表面灰褐色或灰黄色，外被淡棕色膜质的假种皮。有特异香气，味辛、微苦。花期3—5月。果期5—6月。

二、益智的经济意义

益智果实可供药用，具有温脾止泻、暖肾固精等功效。益智作为四大南药之一，广泛用于中医临床，果实供药用，有益脾胃、理元气、补肾虚滑沥的功用。治脾胃（或肾）虚寒所致的泄泻、腹痛、呕吐、食欲不振、唾液分泌增多、遗尿、小便频数等症。除传统的药用和食品应用外，益智还可以用于美妆领域，益智的果实中含有丰富的天然植物胶原蛋白和多种氨基酸，其中挥发油约0.7%，油中主要成分为桉树脑（Cineole），占55%，姜烯（Zingiberene）、姜醇（Zingiberol）等倍半萜类这些成分可以用于制作美容化妆品，如面膜、精华液等，帮助保持皮肤保持健康、光滑、有弹性，进而促进皮肤的新陈代谢，提高皮肤的免疫力。益智的果实和种子都含有挥发油，具有独特的香味，可以用于制作香料，也可以用于食品和饮料中，增加风味和口感。此外，益智的提取物可用于制作生物农药，这些农药对人类和环境没有危害，同时可以有效地防治病虫害、保护农作物。益智具有广泛的经济价值，不仅在传统药用和食品领域中有着重要的应用，在其他领域中也具有很好的开发利用前景。

第二节　林下栽培益智的理论研究

一、橡胶—益智复合生态系统综合评价

中国热带农业科学院是开发益智最早的研究机构之一，前期通过构建橡胶—益智间作模式，并探究其复合栽培系统的土壤养分含量、微气候现状、杂草防控效率及其胶园经济效益等问题对橡胶—益智复合生态系统进行综合评价。结果表明：橡胶—益智间作模式能显著提高土壤含水量，其中0～20厘米和20～40厘米土壤层含水量分别提高了21.4%和27.1%，与单作橡胶相比，并不影响土壤有机质、全氮、速效磷、速效钾含量土壤pH；间作益智对胶园杂草具有很好的抑制作用，对杂草抑制率达到了75.2%；胶园间种益智能够显著提高胶园效益64%。橡胶-益智间作复合生态系统提高了胶园土地利用效率、经济效益和生态效益，构建立体种植模式成为拓展林下经济发展的新思路[132]。

二、益智种质资源表型性状调查及其遗传多样性分析

中国热带农业科学院热带作物品种资源研究所王祝年课题组对收集的90份益智种质资源的18个表型性状进行遗传多样性分析结果表明，供试的益智种质具有丰富的遗传多样性，质量性状中多样性指数最高的为果形（1.150 7），数量性状中多样性指数最高的为株高（2.070 0），变异系数最大的为结果枝数（41.32%）；提取的6个主成分累计贡献率为68.339%，通过聚类分析将供试材料划分为4大类群，不同类群可作为益智抗倒伏及矮化品种、改良和杂交育种品种、育种生产品种和观赏品种的材料。其研究结果可为益智优异种质筛选、资源合理利用、品种改良和品种选育提供参考依据[133]。

三、不同采收期对药用植物—益智种子质量的影响

通过对益智种子的适宜采收期的研究，发现益智果实采摘期与其种子质量有密切关系，益智开花后100天的种子成熟度最高，即表现出益智果实表皮由青变黄（黄绿色），果皮有少量褐色斑点，辛辣味足，果实的干/鲜重比大

于0.34，种子千粒重达到11克以上，干燥种子含水量13.01%，TTC 法测定种子活力指数达到85%，此时为采收种子的最佳时期；此时的益智种子透水性能差，种子吸胀吸水时间长，吸胀吸水阶段的最大吸水率约为23.71%，种子的萌发时间长，成熟益智种子约12天时才开始发芽，第50天时发芽率才达到75.56%[134]。

四、益智不同季节光合特征变化

前期研究测定了种植于檀香林下半年后的益智苗木叶片的瞬时光合特性，结果显示益智的瞬时光合速率和蒸腾速率为8.91微摩尔/（米²·秒）和2.08微摩尔/（米²·秒），林下栽培的益智表现出较高的光合能力[135]。另一组橡胶与益智间作模试验表明，3月益智净光合速率日变化为"V"形曲线，14:00降到最低值，可能是土壤水分亏缺造成益智叶片气孔导度降低而表现出光抑制现象，同时呼吸强度加剧，使其净光合速率维持在较低的水平；而6月、9月和12月益智净光合速率日变化趋势为10:00达到最大值，随后缓慢降低，在雨季（6月和9月）蒸腾速率的日平均值和日最高值均显著高于旱季（3月和12月），表明林下益智在不同季节均能维持植株正常生长，且表现出了较强的适应能力；此外，3月气温和空气湿度分别与净光合速率显著负相关和正相关，表明该季节中高温和低湿度共同限制了益智的光合作用，而在9月和12月，林下光合有效辐射成为益智光合作用的限制因子[136]。

五、旱季降雨格局变化对益智生长和碳氮代谢的影响

中国热带农业科学院热带环境与植物保护研究所程汉亭团队前期研究发现，旱季降雨不足是橡胶林下益智生长和光合的主要限制因子。通过模拟降水控制实验，监测益智植株的生长参数、碳水化合物和氮化合物水平以及与碳和氮代谢相关的关键酶活性，结果表明，益智的地上生物量和地下生物量随着降水量的减少而下降，并且降水量减少和降雨间隔期延长均抑制植株生物量的增加；降雨减少改变了碳代谢酶的活性，抑制了淀粉酶和蔗糖转化酶活性，促进了蔗糖磷酸合成酶活性以及非结构碳水化合物（可溶性糖和淀粉）积累；降雨减少降低了益智叶片全氮含量，降水量变化改变了氮代谢组分。综上所述，在旱季降雨格局变化会影响益智的生物量、碳氮化合物及代谢酶变化，但益智通过生物量分配和叶片碳、氮代谢调节来适应不同的干旱胁迫，以保证益智植株的正常生长[137]。

第三节　林下栽培益智的生产实践

一、林下栽培益智模式

益智是一种半阴性植物，喜漫射光，生长过程中不宜强光直照，温暖潮湿、土壤肥沃、偏酸性、排水良好的环境最适宜种植益智。益智喜温暖环境，年平均气温在21℃以上，才能生长正常，尤以22～28℃最为适宜，在24～26℃开花结果最多。益智喜欢湿润环境，要求年降水量在1 700毫米以上，空气相对湿度85%～90%，土壤湿度25%～30%，坡度在25°～30°。因此，在益智的实际生产实践中多种植于热带、南亚热带林下。益智对土壤要求不严格，除海滩冲积地、盐碱地、沙地外，一般以土质疏松、肥沃、富含腐殖质、蓄水保水能力较强的壤土、沙质壤土、pH 4.6～6.0为好，有荫蔽条件的河沟边、山谷、坡麓可正常生长，也可在坡度25°以下的山脚橡胶林、果树林、杂木林等林下间种（图16-2，图16-3）。最忌干旱、易积水和瘦瘠的沙地[138]。

图16-2　橡胶—益智复合种植

图16-3　槟榔—益智复合种植

二、林下栽培益智技术

1.育苗

选取果粒饱满、果色金黄、无病虫害的鲜果作种用。果实采回后，须堆沤3～5天，然后剥去果皮，将种子倒入以细沙和草木灰（7∶3）混匀，并加适量水，用手轻轻搓揉，直至把果肉擦净，然后用清水漂去果肉，除去杂质、劣种、瘪种，取沉底种子，洗净，可适当晒干，但不宜过分干燥。

2.园地选择与开垦

益智是一种半阴性植物，喜散射光，不喜欢强光直照，益智喜温暖、潮湿、有荫蔽的环境，常在海拔800米以下的疏林中，坡度以25°～30°为宜，栽培地应选择在有荫蔽的林木下，山谷、沟边等地。可与其他作物间作，但必须考虑其土质、荫蔽度是否适于益智生长，是否会影响到间种作物。种植益智必须选择有荫蔽的环境，以橡胶林、经济林、果树林、杂木林等林下间种为佳。

3.植穴准备

益智种植前的2～3个月，应把地整好，开好排水沟。如山地种植，要把植地下层的小灌木及杂草清除干净，上层小乔木、大乔木保留作荫蔽树；在平原地区种植，最好选择经济林、果木林、杂木林或橡胶林下间种，在行间适当犁耙整地。最好用1亩以下的小块地种植，既方便人工除草施肥和培土管理工作，又有利于昆虫授粉活动。大块地（4～5亩）种植，则导致益智地块中央闷热，通风透气不良而引起植株倒伏、烂果等情况。种植分春植（2—3月）和秋植（7—8月），海南因春夏多干旱，以秋植为好。采用分株繁殖的不宜春植，因为春季正是益智开花结果时期，这时分株会影响当年产量，故分株繁殖以秋植为好。栽植最好选择雨后晴天进行。

4.定植

在6—8月采收果实后，在雨季期间的阴雨天或晴天的早晚进行。选1～2年生健壮、无病虫害、尚未开花结果的分蘖苗、茎粗壮、叶浓绿的作种苗（或用野生植株移植），采挖种苗时应把地下茎及连带的新芽从母株上分离出来，切勿伤断根状茎和笋芽，适当修剪叶片和过长的老根，新芽一定要整个留着。分株繁殖的种苗，其直立茎只留30厘米左右，把上部茎叶全部砍去。定植的株行距2米×1.5米或2米×2米，植穴长宽各35～40厘米，深30厘米，施足充分腐熟有机肥，分株繁殖每穴可种4～5株（丛）。每丛少于3个分蘖，可两丛并植一穴，不宜植得过深，把根状茎埋入3厘米即可。具体方法为：把苗的根状茎按水平走向摆平，轻轻压紧，每穴栽植4～5株，栽植深度不宜过深过浅，应略深于原来生长深度的痕迹，再覆土压实，穴面要平整，浇足定根水，使土壤与根密接即可，每亩植200～220丛。植后如遇天干，应及时淋水保苗，以利成活。

5.田间综合管理

（1）灌排水。益智种植后，必须保持土壤湿润，在干旱季节要适当淋水，尤其是花果期，如遇干旱，不及时抗旱，将会影响花果的生长发育，导致落花落果，影响产量。最好引水灌溉，或者挑水淋苑，或者进行喷灌，保证湿度，林间相对湿度稳定在80%以上。但是碰到连降大雨暴雨，则要及时排水，不然也会导致落花落果，影响产量。所以种植益智最好选择15°～25°的缓坡为好。

（2）除草松土。6—7月果实采收后，以及11—12月花芽分化、孕育期间，应及时松土除草。松土宜浅，同时不宜靠近植丛，以防损伤根状茎和嫩芽，植丛周围的杂草用手连根拔除。

（3）修剪割苗。一般情况下，益智植株生长20片叶后，便可开花结果，结果后植株就会慢慢枯死。这时就要及早割除这些已结过果实的分蘖株，以及一些老、弱、病、残植株和过密植株，减少养分消耗，促进新芽生长，增加能开花结果的植株。另外还要剪去3—7月这期间萌生的新茎叶，因这些植株不可能在当年冬季或第二年春季开花结果，而又等不到后年的开花季节就早已苗老叶黄、枯老死亡，影响产量。生产实践证明，合理割苗，能提高产量。

（4）培土施肥。一般可在除草松土后进行。植后第1年为了促进植株多分蘖，应多施氮肥；第2年为促进开花结果，应以磷钾肥为主；第3年进入开花结果期，6—7月施催芽壮株肥，12月至次年1月施有机肥与磷钾混合肥，以促进花芽分化及花的形成与发育。开花结果期的成年植株，每年也要施肥2次，6—7月松土除草后每丛周围施复合肥100克，越冬前每丛施腐熟的猪牛栏肥等10千克加复合肥100克，提高抗寒能力，促进花芽分化达到高产。施肥还要结合培土，把周围的表土肥泥，覆于植株周围，可以保护根状茎和笋芽生长。

（5）保花保果。喷施多效生长素，植株孕穗至花前，喷施2 000～3 000倍液植物多效生长素，每15天1次，施2～3次，坐果后再喷一次，效果更好。在花苞开放期，于下午或傍晚喷射0.5%硼酸或3%过磷酸钙溶液，能提高其稳实率和结果数。

6.病虫害防治

（1）烂叶病。益智苗期易罹此病，成龄植株很少发病。发病原因主要是土壤湿度大或连续雨天所致。气候长期潮湿，此病会迅速蔓延。发病部位主要在嫩叶，病斑淡绿色，烫伤状，以后转为棕褐色干萎。防治方法为发病初期及时剪去病叶，严重时拔去植株；药剂防治，可用1：1：100波尔多液或波美度为0.2～0.5石硫合剂喷洒，可以控制病害的发展。每隔7～10天1次，连续2～3次；清除沟内杂物，及时疏通、排除积水；阴天和晴天早晚把荫棚揭开，增加通风和光照，加速水分蒸发，提高抗病性。

（2）根腐病。此病主要危害幼苗，成龄植株很少发病。发病原因与烂叶病相似。高温高湿，危害甚烈，幼苗成片死亡。发病部位在根茎基部，根茎基部腐烂。防治方法为改善通风透光条件，及时开沟排水，适当增加光照，提高植株的抗病性，减少病害；发病初期，拔除病株，撒上石灰消毒杀菌，控制病菌传播；药剂防治，可用1%硫酸铜液进行土壤消毒，叶面喷洒1：1：120波尔多液，交替喷洒500倍甲霜灵加500倍25%多菌灵可湿性粉剂防治，每隔7～10天1次，连续2～3次。

（3）日烧病。益智的叶表面细嫩，凡是荫蔽度较差，或氮肥施用过多的植株，一旦受到强光照射就会引起日烧病。症状为叶片脱水萎蔫，嫩心芽枯焦，直到植株枯死。据兴隆华侨农场对附近山区野生益智调查，在高大林木进行自然更新期间，荫蔽度达不到80%的地方，野生益智日烧病发病率为0.5%～1%。据万宁市、陵水县调查，人工栽培的益智，荫蔽度较差，日烧病极为普遍，发病率20%～30%，严重的达70%～90%。产生日烧病的原因：一是荫蔽差，平原地区种植前没有种好荫蔽树；二是在山坡种植益智，怕阳光不足，把原来的林木砍得过多，或者全部砍掉；三是选择阴雨天种植，或干旱没有淋足定根水，或者干脆没有淋，栽后降雨少，遇上烈日暴晒，又未及时淋水，日烧病会严重发生。防治方法：在益智植株的四周30厘米处种植速生植物，如木豆（海南叫柳豆）、山毛豆、玫瑰茄、野毛豆、木薯等；补种速生乔木作荫蔽树，如苦楝等；可在植株周围种上飞机草，遮挡东西方向强烈阳光照射，同时飞机草可作为绿肥翻埋，增加有机质，改善土壤质地，提高蓄水保水能力，促进益智的生长，增强对病害的抵抗性；搞好排灌设施，在干旱季节引水或抽水浇灌，使土壤保持湿润，以减少发病。

（4）立枯病。该病是由一种真菌引起的病害，主要危害叶片，重病区发病率90%，死亡率35%以上。病菌通过雨水、流水、农具转移及使用带菌肥料等传播蔓延。播种过密，光照和通气不良，苗床土壤过湿有利于病害发生，气温较高（28℃以上），雨水过多的气候条件易引起病害流行。防治方法：选地势较高，排水良好的地方建设苗床；如沿用旧苗床，播种前15～20天，需翻松床土后浇福尔马林100倍液，每平方米浇5千克，然后覆盖塑料薄膜闷4～5天后揭去，隔10～15天后播种；使用的肥料要腐熟，播种要均匀，不宜过密；苗床浇水不宜过多，避免床土过湿；冬季要做好保温工作，防止幼苗受冻；发病初期，对病株周围的土壤浇灌5%石灰水或撒施1∶50的菲醌细土或对病株喷洒50%多菌灵可湿性粉剂1 000倍液或1∶1∶100的波尔多液；拔除重病株后，在其周围撒施石灰粉或喷洒50%甲基硫菌灵1 000倍液。

（5）轮纹叶枯病。该病是由一种真菌引起的。从幼苗期到结果期均易受侵染，老叶先发病。病菌以菌丝体或分生孢子盘在病株及其残体组织上越冬，翌年春当环境条件适宜时，病菌产生分生孢子，借风雨传播，主要从伤口侵入引起发病。高温多雨季节有利于病害的扩展蔓延，常年阴湿或排水不良发病率尤重；管理粗放，日晒严重，长势差的植株易发病。防治方法：加强管理，增施肥料，排除积水、清除落叶，适当遮阴；发病初期用50%代森铵可湿性粉剂800倍液或1∶1∶100的波尔多液或75%百菌清1 000倍液或50%甲基硫菌灵湿性粉剂800倍液喷洒。

（6）根结线虫病。该病是由一种根结线虫引起的。主要危害幼苗根部。防治方法：选用无病种苗；实行轮作；播种前将育苗地深翻晒白，清除苗圃内外杂草，施用腐熟肥料，以减少侵染来源；播种前10天，每亩用80%二溴氯丙烷乳剂3千克兑水100千克，开沟施入，施药后覆土。

（7）益智弄蝶（又名"苞叶虫"）。以幼虫危害叶片，先将叶片做成卷筒状的叶苞，后在叶苞中取食，使叶片呈缺刻或孔洞状。防治方法：人工摘除有虫卷叶或用手捏杀幼虫；幼虫发生期，可试用90%敌百虫800～1000倍液或80%敌敌畏1500～2000倍液喷洒，每隔5～7天1次，连续2～3天。

（8）益智秆蝇（又名"蛀心虫"）。成虫把卵散产于益智的叶片或叶鞘附近。幼虫孵化后不久，即从叶鞘侵入取食，把心叶吸吃成烂伤状，心叶被害后再转移到其他株继续为害，受害益智形成枯心。定植2～3年的益智被害严重。防治方法为在幼虫发生期用1605乳油500倍液或90%敌百虫800～1000倍液喷洒。

（9）地老虎、大蟋蟀。以幼（若）虫和成虫咬食益智地下部分，造成植株生长不良、失水萎蔫，甚至死亡。防治方法：使用敌百虫拌米糠制成毒饵诱杀，亦可用人工捕捉或于傍晚用50%的辛硫磷1000倍液浇灌大田。

7.采收管理

益智定植后第3年开始开花结果，第5年进入丰产期。每年5月上旬至6月中上旬，当果实由青绿色转为淡黄色、果实茸毛减少、果肉带甜、种子饱满并由粉红色转为褐色、味道辛辣呛喉时采收。收果后，应割除已结过果实的植株和病弱株，以减少养分消耗，促进新芽生长，增加次年开花结果的有效植株。另外，还要剪去3—7月萌发的新芽长出的植株，因该类植株既赶不上第2年开花，又等不到第3年的开花季节就已枯死，消耗养分，影响产量。

选择晴天，于露水干后将果穗剪下，除去果柄，晒干即成商品。一般每100千克鲜果可晒干果20～25千克。

三、林下栽培益智的经济效益

一方面，林下栽培益智能够充分利用森林资源，有效提高土地利用率，使单位面积土地上产生更多的经济收益，增加农民的收入，提高家庭经济收益水平；另一方面，林下栽培益智能够减少病虫害发生，降低农民的农药使用量，以及降低土地的水土流失和土地质量退化的风险，降低单位面积农田的投入成本，间接助力农民增收。通过林下栽培益智，可以使农业与林业产业相互融合、协同发展，在兼顾森林资源保护与农业生产需求的同时为地区农业提供更多的特色农产品，丰富市场供给，提升地区农业的竞争力，进一步提升经济效益，推动地方经济的发展。

四、林下栽培益智的社会效益

林下栽培益智需要农民进行农作物的种植和经营管理，可以提供更多的农业就业机会，减少农村劳动力的闲置，提升农民的合作意识，提高农民的收入和生活质量，减少农民的贫困现象，促进社区秩序稳定；同时也改善农村的生态环境，减少农村的环境污染，提高农村的生态面貌，促进村民自治体系的多样性，完善村民自治治理机构。此外，林下栽培益智产生的独特景观和农产品特色，有助于推动乡村旅游业的发展，拉动农村的消费需求，增加农民的就业机会，带动农村经济的繁荣，实现经济发展和民生改善良性循环。

五、林下栽培益智的生态效益

林下栽培益智可以创造出一种生态友好的农业模式，通过积极利用和保护森林资源，增加森林的覆盖率，促进生态系统的恢复，降低土地的水土流失和土地质量退化的风险，从而减缓森林资源的消耗和破坏；同时，林下栽培益智有助于维护生态平衡，减少土地的裸露，保护生物多样性。此外，林下栽培益智还有利于降低农药和化肥的使用，减少对土壤和水体的污染，保护生态环境。因此，林下栽培益智能够在提供稳定的农产品供应的同时也有利于实现农业可持续发展的目标。

第十七章

林下栽培姜黄理论与实践

第一节　姜黄概况

　　姜黄（*Curcuma longa* L.）是姜科姜黄属植物，别名郁金、宝鼎香，属热带多年生草本植物，适合湿润的丛林边缘地带及肥沃多水的土壤中栽培（图17-1）。其主产地为我国台湾、福建、广东、广西、云南、西藏等地，东亚及东南亚广泛栽培。

图17-1　姜黄

一、姜黄的生物学特性

株高1～1.5米，根茎很发达，成丛，分枝很多，椭圆形或圆柱状，橙黄色，极香；根粗壮，末端膨大呈块根。叶每株5～7片，叶片长圆形或椭圆形，长30～45（90）厘米，宽15～18厘米，顶端短渐尖，基部渐狭，绿色，两面均无毛；叶柄长20～45厘米。花葶由叶鞘内抽出，总花梗长12～20厘米；穗状花序圆柱状，长12～18厘米，直径4～9厘米；苞片卵形或长圆形，长3～5厘米，淡绿色，顶端钝，上部无花的较狭，顶端尖，开展，白色，边缘染淡红晕；花萼长8～12毫米，白色，具不等的钝3齿，被微柔毛；花冠淡黄色，管长达3厘米，上部膨大，裂片三角形，长1～1.5厘米，后方的1片稍较大，具细尖头；侧生退化雄蕊比唇瓣短，与花丝及唇瓣的基部相连成管状；唇瓣倒卵形，长1.2～2厘米，淡黄色，中部深黄，花药无毛，药室基部具2角状的距；子房被微毛。花期8月。

二、姜黄的经济意义

姜黄为药食两用材料，《本草纲目》中介绍姜黄可以抗肝损伤、降压降脂、通经止痛，有极大的药用价值。从姜黄提取的天然药食两用物质——姜黄素，能够调节人体生理功能，还对肿瘤细胞有明显的抑制作用。供药用时能行气破瘀，通经止痛，主治胸腹胀痛，肩臂痹痛，月经不调，闭经，跌打损伤。又可提取黄色食用染料；所含姜黄素可作分析化学试剂。根茎含姜黄素（Curcumin，$C_{21}H_{20}O_6$）约0.3%，挥发油1%～5%，油中主要成分为姜黄酮（Turmerone，$C_{15}H_{22}O$）及二氢姜黄酮（Dihydroturherone）50%，姜烯（Zingiberene，$C_{15}H_{24}$）20%、1%等。此外，尚含有淀粉30%～40%，少量脂肪油。近年来，国外还报道姜黄块茎的酒精提取液在0.5～5.0毫米/毫升浓度下以及自姜黄而得的姜黄素（Curcumin）和挥发油在5～100微克/毫升浓度下对八叠球菌（Sacina）、高夫克氏菌（Gaffkya）、棒状杆菌（Corymebacterium）、梭状芽孢杆菌（Clostridium）以及许多葡萄球菌、链球菌和芽孢杆菌（Bacillus）有抑制作用。姜黄的水提取液和石油醚提取液在200毫克/千克（体重）剂量下对雌性大鼠有100%的抗生育活性。

第二节　林下栽培姜黄的理论研究

一、固定栽培模式对不同品种姜黄品质的影响

姜黄素及姜黄油含量是衡量姜黄品质的主要指标，前期研究中以不同产地（广西南宁、四川成都、浙江温州和福建龙岩等）的8个姜黄种质为试验材料，比较不同地区姜黄种质的生长特征、根状茎特征、产量和姜黄素含量的变化，评价不同姜黄种质的生物学特性和有效成分。结果显示姜黄根状茎产量达最大值为35千克/米^{2}的姜黄品种其总姜黄素含量为1.996毫克/克；姜黄素含量达最大值为3.838毫克/克的姜黄品种其根状茎产量为32.7千克/米^2，上述两个品种根状茎产量和总姜黄素含量均较高，其他品种表现一般[139]。

二、固定栽培模式对不同品种姜黄品质的影响

广西亚热带作物研究所黄慧芳等曾从广西各地收集了多个姜黄品种进行品系评价、筛选，结果显示各品种间差异显著[140]。姜黄原料质量参差不齐，表明同一产地的姜黄产品质量并不稳定。为找出影响姜黄质量的关键因素，解决姜黄质量不稳定的问题，研究人员于不同年份，选取3个姜黄品种在同一种植基地内按固定模式种植，并对种植品种中的姜黄素和挥发油等有效成分进行了分析比较，结果显示，大部分有效成分含量在品种间差异显著，同一姜黄品种在不同的种植年份，品质稍有差异，但品种优势依然存在。说明品种是影响姜黄品质的关键因素，选取优良品种按规范进行栽培，可以保证姜黄的品质[141]。

三、中耕次数对姜黄品质的影响

中耕是传统的田间管理措施之一，指对土壤进行浅层翻倒，有利于疏松土壤、提高地温、抗旱保墒及去除杂草等，但不恰当的中耕对植株生长有抑制作用，过于频繁的中耕不仅费工费时，还会损伤侧根根系，减弱吸收水分和养分的能力，降低植物树势及产量[142]。为探究中耕次数对姜黄产量及品质的影响，前期研究探究了不同中耕次数的姜黄的生长、产量和活性成分含量的差异。结果显示，每周1次中耕处理的姜黄保苗率、株高、每株丛地上植株个数、茎粗、嫩叶数、最长叶长、最长叶宽和产量均高于或大于隔周1次中耕处

理和共进行 3 次中耕处理；每周 1 次中耕处理的姜黄的总黄酮的含量显著高于隔周 1 次中耕处理，但不同处理姜黄的姜黄素含量没有显著差异，上述结果表明每周 1 次中耕可促进姜黄的生长，提高根茎产量，有效改善根茎的品质[143]。

四、山地仿野生抚育模式对姜黄品质的影响

目前，我国仍有 80% 左右的中药材来自野生，保证野生中药资源的可持续利用，野生药材采集与生态环境保护的协调，是中医药可持续发展必须解决的关键问题之一[144]。因此，对姜黄仿野生抚育栽培模式研究是保护姜黄品种资源与维持姜黄高质量发展的重要组成部分，但该方法对其姜黄素含量变化等品质指标仍需追踪研究。前期研究通过利用 HPLC，以十八烷基硅烷键合硅胶为填充剂和以乙腈：2%冰醋酸溶液（48 ：52）为流动相，检测波长为 430 纳米，分别测定姜黄种苗、仿野生抚育一年后子代、二年后子代中姜黄素的含量，对比分析不同姜黄子代姜黄素含量差异。结果显示两年后子代姜黄素含量显著高于姜黄种苗和一年后姜黄子代，表明仿野生抚育姜黄品质能够达到野生药材的品质，为仿野生种植药材的有效性及可推广性提供理论依据[145]。

五、林下栽培姜黄的经济与生态效益分析

前期研究将姜黄间作于毛竹林下，发现姜黄种植过程中，第一年的人工劳务费用占总投入的 60%，通过引进适用的农机设备、节省投资是引导姜黄产业发展的一个关键。毛竹林套种姜黄后，表层和深层土壤有机质含量分别显著提高 41.2% 和 7.5%，表层和深层土壤孔隙度分别提高了 39.2% 和 57.1%，提高了毛竹林的肥力水平。由此可知，毛竹林套种姜黄第 2 年就能够收回成本并开始盈利，3 ~ 4 年有显著的经济效益。适宜坡地、山地的农机是姜黄产业发展的关键因素。套种姜黄对毛竹林有显著的生态作用，可以显著提高表层土壤有机质含量，提高 0 ~ 40 厘米整个土层的土壤孔隙度，表明间作姜黄对毛竹林的生长具有促进作用[146]。

六、环境因子对姜黄产量及品质的影响

近年来，许多学者将环境因子作为研究药材品质形成的关键因素，前期研究探索了环境因子对姜黄产量及品质的影响。结果显示，姜黄产量和品质相关成分主要受环境因子的强烈影响，其影响程度明显高于基因型的效应。姜黄产量和品质相关成分受经度、纬度、年降水量、年日照、土壤 pH、土壤有机

质的影响较大，其中经度、纬度、年日照、土壤pH为姜黄产量的主要影响因子，经度、年降水量、年日照为姜黄素含量的主要影响因子，纬度、土壤有机质为挥发油含量的主要影响因子。综上所述，环境因子对姜黄产量及品质的影响很大，通过对重要环境因子的筛选，可为姜黄优质高产技术奠定理论基础[147]。

第三节　林下栽培姜黄的生产实践

一、林下栽培姜黄模式

姜黄喜温暖湿润气候、阳光充足、雨量充沛的环境，生于林下、草地与路旁；一般种植于幼龄经济林下或者进行宽窄行栽培的种植园。

二、林下栽培姜黄技术

1.育苗

姜黄的繁殖方式主要为根茎繁殖，育种时选择长得健壮，根茎充实饱满，枝芽茂密的根茎作为种子。

2.园地选择与开垦

选择在土层深厚、土质松散肥沃、排水良好的沙质土地。清理杂草后进行深翻，深翻过程中施用有机肥3 000千克和过磷酸钙50千克作为基肥（也可以用化肥替代），每亩释放复合肥水90～100千克，将肥水和土壤混合均匀之后，将土地翻耙2～3次，整平作畦。

3.植穴准备

播撒根时，将选择好的根茎切成2～3厘米的小段，每一段要求要有1～2个小嫩芽，可选择穴口播撒或者是沟道播撒，播撒种子的时间要在10—11月。在四川、陕西等地，栽种期多于夏至前后，浙江地区在清明前后。按行距33～40厘米，株距25～33厘米开穴。

4.定植

每穴放入姜种3～5个，覆盖细土2～3厘米后用新高脂膜600～800倍液喷施土壤表面，可保墒防水分蒸发、防晒抗旱、保温防冻、防土层板结、窒息和隔离病虫源，提高出苗率。栽后20天左右即可出苗。

5.田间综合管理

幼苗长到10厘米以上时，可开始进行除草，一般使用人工除草方式，不使用除草剂，以免造成小苗死亡。在每年7—8月是快速生长期，要及时培土，一般培土最高要达到10厘米左右以免造成枝干折断的情况，培土的过程中也要进行拔草，此时不能使用除草剂。苗高10～13厘米时用稀人粪追肥一次；第2次追肥在处暑前后；第3次在白露前3～4天，宜用饼肥及草木灰；每次追肥前，必先锄草、松土。当干旱少雨时，须于早上或夜晚浇水，使苗叶生长正常，并适时喷施药材根大灵，促使叶面光合作用产物（营养）向根系输送，提高营养转换率和松土能力，使根茎快速膨大，药用含量大大提高。

6.病虫害防治

姜黄主要发生根腐病，多发生在6—7月或12月至翌年1月。发病初期侧根呈水渍状，后黑褐腐烂，并向上蔓延导致地上部分茎叶发黄，最后全株枯死。主要防治方法：在雨季注意加强田间排水，保持地下无积水，严重时将病株挖起烧毁，病穴撒上生石灰粉消毒；植株在11—12月自然枯萎时及时采挖，防止块根腐烂造成损失；发病期灌浇50%退菌特可湿性粉剂1 000倍液。

主要害虫有地老虎、蛴螬等，主要咬食植物须根，使块根不能形成，降低产量。防治方法：每亩用25%敌百虫粉剂拌细土15千克，撒于植株周围，结合中耕，使毒土混入土内；或每亩用90%晶体敌百虫100克与炒香的菜粒饼5千克做成毒饵，撒在田间诱杀；或在清晨进行人工捕捉幼虫。

7.采收管理

姜黄一般在清明节后开始种植，在种植2年后进行采挖，一般会持续3个多月。挖采时，先将地苗叶割去，再用锄头或齿耙将地下部分挖起，抖掉泥土，摘下根茎，然后将根茎和块根分开。

姜黄清洗干净后使用武火，打开电扇鼓风，进行姜黄烘干；烘黄丝郁金，则需要使用文火。由于黄丝郁金需要文火慢炕，所以当地有药农直接将黄丝郁金铺在姜黄上面，这样也可以达到文火慢炕的效果。一般姜黄的烘干需要2天，而郁金的时间则更长，需要4天左右。

三、林下栽培姜黄的经济效益

林下栽培姜黄是一种具有显著经济效益的农业模式。通过在林下栽培姜黄，农民可以充分利用土地资源，提高土地利用率和产出率，增加土地的经济价值。种植姜黄可以为农民带来可观的经济收入，成为农民重要的收入来源。同时，林下栽培姜黄可以促进农业的多元化发展，提高农业的抗风险能力和市场竞争力。随着人们对天然产品和健康食品的需求不断增加，姜黄的市场前景广阔，为农民提供持续稳定的销售渠道，为农村的繁荣和经济发展作出积极贡献。

四、林下栽培姜黄的社会效益

林下栽培姜黄不仅是一种经济高效的农业模式，还具有显著的社会效益。通过种植姜黄，农民可以增加收入，提高生活水平，促进农村经济发展。同时，林下栽培姜黄为农村劳动力提供就业机会，减少农村剩余劳动力。此外，姜黄的种植还有助于改善农村生态环境，保护土壤和水资源，提高农民的生活质量。姜黄作为特色农产品，丰富了农产品市场，满足了消费者对天然产品和健康食品的需求。这种农业模式还有助于传承和弘扬传统农业文化，促进乡村旅游的发展。农民通过学习和实践新的农业技术，可以培养新型农民，推动农业科技创新和农业现代化。

五、林下栽培姜黄的生态效益

林下栽培姜黄在生态方面具有多重效益。首先，它能有效保护土壤，通过固土保水，减少水土流失，同时改善土壤质量，增加土壤肥力。其次，这种种植方式能促进生物多样性，为各类生物提供栖息地，有助于维护生态平衡。林下栽培姜黄还有助于保护水资源，通过增加地表覆盖，减少水分蒸发。更重要的是，这种模式能增强生态系统的稳定性，提高生态系统对环境变化的适应能力。因此，林下栽培姜黄是一种生态友好的农业模式，对于维护生态健康与平衡具有重要意义。

第十八章

林下栽培草豆蔻理论与实践

第一节　草豆蔻概况

草豆蔻（*Alpinia katsumadai* Hayata），姜科山姜属植物，又名海南山姜（图18-1）。原产于中国，主要分布在海南、广东、广西等地。

图18-1　草豆蔻

一、草豆蔻的生物学特性

株高达3米。叶片线状披针形，长50～65厘米，宽6～9厘米，顶端渐尖，并有一短尖头，基部渐狭，两边不对称，边缘被毛，两面均无毛或于叶背被极稀疏的粗毛；叶柄长1.5～2厘米；叶舌长5～8毫米，外被粗毛。总状花序顶生，直立，长达20厘米，花序轴淡绿色，被粗毛，小花梗长约3毫米；小苞片乳白色，阔椭圆形，长约3.5厘米，基部被粗毛，向上逐渐减少至无毛；花萼钟状，长2～2.5厘米，顶端不规则齿裂，具缘毛或无，外被毛；花冠管长约8毫米，花冠裂片边缘稍内卷，具缘毛；无侧生退化雄蕊；唇瓣三角状卵形，长3.5～4厘米，顶端微2裂，具自中央向边缘放射的彩色条纹；子房被毛，直径约5毫米；腺体长1.5毫米；花药室长1.2～1.5厘米。果球形，直径约3厘米，熟时金黄色。花期4—6月；果期5—8月。

二、草豆蔻的经济意义

《本草衍义补遗》记载："草豆蔻，性温，能散滞气，消隔上痰，治风寒客邪在胃。若明知身受寒邪，日食冷物，胃脘作痛，方可温散，治一切冷气，用之如鼓应。"由此可见，草豆蔻味辛，性温，归脾、胃经。具有燥湿行气，温中止呕功效，常用于寒湿内阻，脘腹胀满冷痛，嗳气呕逆，不思饮食。现代研究显示，草豆蔻主要含有桉油精、蛇麻烯、反-麝子油醇、樟脑等挥发油；山姜素、乔松素、小豆蔻明等黄酮类成分；还含有柚木酮、皂苷类等。具有调节胃肠功能、抗溃疡、抗病原微生物、改善脓毒血症、抗氧化和抗炎等作用。除药用外，草豆蔻还是一种重要的香料，在食品烹饪和加工中普遍使用，也是优良的绿化植物。

第二节　林下栽培草豆蔻的理论研究

一、海南草豆蔻种质资源调查研究

中国热带农业科学院热带作物品种资源研究所前期对海南的草豆蔻种植种质资源进行了详细调查，结果表明，我国各主要产区的草豆蔻处于半野生状态，结果后产量不稳定，种内性状变异大。海南岛草豆蔻种质资源丰富、资源分布较为广泛，在海拔20～720米的范围内均有分布，且主要分布于次生林；草豆蔻结果枝数和果序长对其产量影响作用最大；海南岛五指山和琼中地区的草豆蔻总产量和单果重具有优势，可作为草豆蔻优异种质收集的重点区域，但许多优异资源尚未充分挖掘利用，因此后续对草豆蔻开展进一步的调查研究十分必要[148]。

二、草豆蔻主要化学成分研究

中药草豆蔻为姜科山姜属植物草豆蔻的干燥近成熟种子，其主要成分黄酮类和萜类化合物具有显著的抗肿瘤作用，其机制主要与抑制肿瘤细胞增殖、诱导肿瘤细胞凋亡、抑制肿瘤侵袭转移、调节能量代谢及抗炎作用等相关[149]。前期研究通过优化超声－微波辅助提取方法，结合高效液相色谱技术建立草豆蔻指纹图谱快速分析方法。结果显示可检视到草豆蔻样本中的 8 个色谱峰，通过对照品比对方式指认了其中 4 个成分，包括山姜素、乔松素、小豆蔻明和桤木酮[150]。此外，也有研究分析了草豆蔻精油的化学成分，为其相关功能成分的开发提供了研究基础[151]。

三、不同产地草豆蔻的差异蛋白分析

草豆蔻为典型的药食同源植物，关于其主要的化学成分已有大量研究。中国热带农业科学院热带生物技术研究所何文英课题组前期应用双向电泳进行蛋白分离得到相应全蛋白图谱，对海南的草豆蔻的差异蛋白分析，明确草豆蔻共有40个高丰度差异蛋白，去除相同的蛋白，经分析确定这些差异蛋白归属22种植物蛋白，主要涉及植物的抗菌活性、应激反应、细胞分裂增殖及对植物物理性状的影响等方面。首次发现某些差异蛋白可能具有一定的抗菌活性，其差异蛋白均与草豆蔻及其主要的活性组分所具有的抗炎抑菌、毒性低等特点相关。该研究结果体现了不同产地草豆蔻的生物多样性特点，为深入利用、研究这种药食同源的植物及全面了解其药理活性提供了一定的科学依据[152]。

四、脱水处理对草豆蔻种子萌发的影响

为保护草豆蔻野生资源以及开展人工栽培技术的研究，前期研究以新鲜草豆蔻种子为材料，探索不同脱水速度对草豆蔻种子萌发的影响。研究主要通过设置适宜萌发温度为25℃，采用硅胶及饱和氯化钠溶液对草豆蔻种子进行干燥处理后，研究其萌发率。结果表明，新鲜草豆蔻种子含水量23.01%，初始萌发时间为第16天，萌芽率为53.33%；采用硅胶对种子进行快速脱水处理9小时后，种子含水量为16.22%，种子萌发率和发芽势分别稳定在51.00%～54.00%和34.33%～41.67%，而处理96小时后，种子含水量为5.47%，此时种子萌发率和发芽势显著下降至22.67%和13.00%；采用饱和氯

化钠溶液对种子进行缓慢脱水处理20天，种子含水量降至15.54%，此时种子萌发率和发芽势分别稳定在49.33%～56.67%和33.33%～38.67%。综上所述，草豆蔻种子含水量是影响其萌发的关键因素，草豆蔻种子耐脱水，但脱水显著降低草豆蔻种子的萌发率[153]。

<h2 style="text-align:center">第三节　林下栽培草豆蔻的生产实践</h2>

一、林下栽培草豆蔻模式

草豆蔻生长于山坡草丛、疏林、林缘或林下山沟、河边湿润处（图18-2）。喜温暖、湿润的环境，不耐寒，稍耐荫蔽。对土壤要求不严，以肥沃、深厚、湿润的沙壤土最好。

图18-2　橡胶—草豆蔻复合种植

二、林下栽培草豆蔻技术

1.育苗

（1）种子繁殖。选择生长健壮、高产的草豆蔻母株，待其果实充分成熟时采摘，晒干脱粒作种用。一般在秋季播种，也可在次年春季（种子需沙藏）播种。选择条播方法，行距30厘米，播幅约10厘米，每行播种50粒左右，盖细土或草木灰约1厘米厚，最后盖草。土干要灌水，出苗时，揭去盖草，苗高约5厘米时匀苗，每沟留壮苗约20株，随时除草，追施入畜粪水2～3次。

（2）分株繁殖。将母株带芽的根茎挖出，分株种植，每丛有苗2～3株，种后盖肥沃细土6厘米左右踏实，如遇干旱应淋水盖草，以提高成活率。

2.园地选择与开垦

园地宜选择海拔500米以下的热带、亚热带地区的林中、林缘、沟谷、河边、灌木丛或山坡草丛中。草豆蔻喜欢温暖、湿润的环境，不耐寒，耐阴，适宜在肥沃、深厚、湿润的夹沙土壤中生长。

3.植穴准备

选肥沃、深厚、湿润的夹沙土栽培。也可选肥沃的山谷或溪旁或田边土坎。翻整土地，施足基肥，整细耙平，做130厘米左右宽的畦。

4.定植

播后1～2年，苗高60～120厘米时，可出圃定植。草豆蔻定植季节一般在4月上旬前后，按株距150厘米，穴宽约30厘米，深约15厘米，选阴天或小雨天时定植，每穴栽苗1～2株。

5.田间综合管理

（1）追肥、培土。栽后15天，每亩追施稀薄人粪尿1 500～2 000千克。开花结果期间停止施用氮肥，改用促花促果的磷肥、复合肥等。为了能使植株正常生长，促进分蘖发育，提高结果率及果实产量和质量，应进行适当的追肥。每年每亩追施优质腐熟农家肥1 500～2 000千克2～3次，每次并适当配施磷、钾肥，施肥时期为每年4—5月及7—8月，以利于开花结果。在夏秋季节采果后应适当培土，以促进分枝和根系生长。

（2）中耕、除草。草豆蔻苗期未开花前，要除草4～5次，开花结果后除草3～4次。收获后，当老苗逐渐变黄枯萎时，应将枯株、死叶剪除，清理干净，特别是冬季更要注意清洁田园，以减少病虫害的发生。

（3）防旱、遮阴。草豆蔻喜湿润，忌干旱，因根系较浅，需经常保持土壤湿润，遇干旱少雨季节，应及时浇水，特别是花果期，更要保持土壤具有充足的水分。全光照对植株生长不利，要在植株周围或畦间种植高秆作物适当遮阴，荫蔽度保持在40%左右。

（4）人工授粉。草豆蔻自然结果率仅为开花的20%～33%，花丛中昆虫活动较少，影响授粉，可在花期的10:00至16:00用人工的方法将花粉抹在雌蕊的柱头上，可提高结果率。在孕穗期喷施0.15%的硼酸溶液和2%过磷酸钙溶液3次，具有一定的增产效果。

（5）间种。在草豆蔻种植的一二年期间，由于植株较小，可在未封行前于草豆蔻行间间种矮秆药材、粮食或蔬菜等作物，以充分利用土地、光能，增加收益。

6.病虫害防治

（1）立枯病。严重时会造成草豆蔻幼苗成片倒苗死亡。其防治方法：拔除病株，在病穴周围撒石灰粉或用50%多菌灵1 000倍液浇灌。

（2）叶斑病。该病危害草豆蔻叶片，造成叶片残缺不全，影响植株正常生长，进而影响产量和质量。其防治方法：冬季注意保持田园清洁，发现病叶、枯残茎枝及时清除，集中烧毁，严格防止病害蔓延；对已清理过的病株，用1：1：200的波尔多液进行喷洒防治。

7.采收管理

在夏秋季节，当草豆蔻果实开始由绿变黄近成熟时即可进行采收。

草豆蔻采回后，在太阳下晒至果皮开裂时，剥去果皮，将种子团晒干。通常采用木箱或纸箱封装，置阴凉干燥处密闭保存。草豆蔻以干燥、无杂质、无霉变为合格，以个大、饱满、气味浓者为佳。

三、林下栽培草豆蔻的经济效益

草豆蔻是一种热带阴生草本植物，与经济林木间作可以充分利用林地空间，提高土地利用效率。在保持林木正常生长的同时，通过间作草豆蔻，可以增加单位面积的经济产出。草豆蔻具有较强的生态适应性，可以有效控制杂草滋生，有利于林木的生长。这可以降低林木生长过程中的管理成本，提高林木的产量和品质。林下栽培草豆蔻可以促进农业和林业的协同发展。通过合理的林下栽培模式，可以实现林木和农作物的互补生长，提高整体生态效益。同时，草豆蔻的种植可以增加农民的收入来源，提高农民的生活水平。随着林下栽培草豆蔻的推广和应用，可能会带动相关产业的发展，如草豆蔻的加工、销售、运输等。这将为当地经济注入新的活力，提供更多就业机会。综上所述，林下栽培草豆蔻具有广泛的经济效益，可以促进农业和林业的协同发展，增加农民的收入来源，提高农民的生活水平。然而，在推广和应用林下栽培草豆蔻时，需要因地制宜，结合当地的气候条件、土地资源和社会经济发展水平等因素，制定科学合理的实施方案，确保其经济效益的充分发挥。

四、林下栽培草豆蔻的社会效益

草豆蔻是一种具有较高经济价值的中药材，其市场需求量大。通过林下栽培草豆蔻，可以增加农民的收入来源，促进农村经济的发展。同时，草豆蔻的种植和加工也可以带动相关产业的发展，进一步推动农村经济的多元化发展。林下栽培草豆蔻需要大量的人力投入，包括种植、管理、采收、加工等环节。还可以增加农村地区的就业机会，促进农民的就业和增收。对于那些拥有丰富农村劳动力资源的地区，林下栽培草豆蔻可以成为推动农村经济发展的重要途径。林下栽培草豆蔻的景观和药用价值可以吸引游客前来参观和体验，通过发展乡村旅游，增加农民的收入来源，提高农民的生活水平。同时，乡村旅游的发展也有助于推动农村基础设施建设和公共服务水平的提升，进一步改善农村生活环境。

通过林下栽培草豆蔻，展示农业的多样性和创新性，提高农业的形象和地位。这种模式展示了农业不仅局限于传统的种植方式，还可以与林业、中医药等产业相结合，创造出更大的价值。通过参与林下栽培草豆蔻的种植和经营，农民不仅获得了更多的社会认同感和成就感，还可以传承和弘扬乡村传统文化，推动乡村文化的传承和发展。他们不仅是农业生产者，还是生态保护者、文化传承者。这种社会认同感有助于提高农民的自尊心和自信心，促进农村社会的和谐稳定。

五、林下栽培草豆蔻的生态效益

草豆蔻作为一种具有生态适应性的植物，可以在林下栽培中发挥重要的作用。其生长过程中可以改善土壤状况，提高土壤肥力，促进林木的生长。同时，林下栽培草豆蔻可以增加地表植被覆盖度，减少地表径流，增加雨水渗透，从而起到涵养水源、防止水土流失的作用。这有助于保护生态环境，促进生态平衡。林下栽培草豆蔻可以为多种生物提供栖息地和食物来源，促进生物多样性的保护。同时，草豆蔻的种植也可以为一些昆虫提供食物和栖息地，而这些昆虫又是鸟类等其他动物的食物来源，这有助于形成一个丰富的生物群落，维护生态系统的稳定和健康。通过林下栽培草豆蔻，可以增加森林的叶面积指数，提高森林的蒸腾作用，进而调节局部小气候。这对于缓解全球气候变化、减少温室气体排放具有积极意义。同时，草豆蔻的种植还可以吸收大量的二氧化碳等温室气体，进一步减缓气候变化的影响。

　　林下栽培草豆蔻具有广泛的生态效益，可以保护生态环境、促进生物多样性和减缓气候变化。然而，在推广和应用林下栽培草豆蔻时，需要因地制宜，结合当地的气候条件、土地资源和社会经济发展水平等因素，制定科学合理的实施方案，确保其生态效益的充分发挥。

第十九章

林下栽培山柰理论与实践

第一节　山柰概况

山柰（*Kaempferia galanga* L.）是姜科山柰属多年生低矮草本植物，俗名沙姜（图19-1）。我国台湾、广东、广西、云南等地均有栽培。南亚至东南亚地区亦有，常栽培供药用或调味用。

图19-1　山柰

一、山柰的生物学特性

根茎块状，单生或数枚连接，淡绿色或绿白色，芳香。叶通常2片贴近地面生长，近圆形，长7～13厘米，宽4～9厘米，无毛或于叶背被稀疏的长柔毛，干时于叶面可见红色小点，几无柄；叶鞘长2～3厘米。花4～12朵顶生，半藏于叶鞘中；苞片披针形，长2.5厘米；花白色，有香味，易凋谢；花萼约与苞片等长；花冠管长2～2.5厘米，裂片线形，长1.2厘米；侧生退化雄蕊倒卵状楔形，长1.2厘米；唇瓣白色，基部具紫斑，长2.5厘米，宽2厘米，深2裂至中部以下；雄蕊无花丝，药隔附属体正方形，2裂。果为蒴果。花期8—9月。耐旱耐瘠怕浸。

二、山柰的经济意义

山柰根茎所含挥发油的主要成分为龙脑（Borneol）、甲基对位邻羟基桂皮酸乙酯（Methyl-p-cumaric acid ethylester）、桂皮酸乙酯（Cinnamic acid etmylester）、十五烷（Pentadecan，$C_{15}H_{32}$）及少量桂皮醛（Cinnamic aldehyde）等，能够作为芳香健胃剂，性温、味辛，归胃经，主治胸膈胀满、脘腹冷痛、饮食不消，具有行气温中、健脾和胃、缓解疼痛的功效；亦可作调味香料。从根茎中提取出来的芳香油，可作调香原料，定香力强。在日常生活中山柰多用作调味料，如用于配制卤汁，或用作"五香料"的配料等。

第二节 林下栽培山柰的理论研究

一、山柰根茎的化学成分研究

前期广东药科大学何祥久团队对山柰根茎的乙醇提取物进行研究，用不同极性的溶剂对其萃取，分别得到环己烷萃取层、氯仿萃取层、乙酸乙酯萃取层和正丁醇萃取层。综合运用各种色谱分离技术，对各萃取层进行分离纯化，共分离得到51种化合物。根据化合物的理化性质，同时运用现代波谱学手段确定了它们的化学结构，分别是环二肽类、谷甘氨酸类、二苯基庚烷类、萜类、酚酸类、黄酮类、酚苷类、烯萜类、氨基酸和蛋白质等，其中聚甲氧基黄酮为山柰的主要活性成分[154]，此外还有二芳基庚烷类化合物、β-谷甾醇肉豆蔻酸酯、亚麻酸甲酯、甘油糖脂和鞘脂糖脂、生物碱等[155]。前期研究还对山柰根茎的各萃取层以及部分化合物进行了体外抗炎活性测试，与阳性药吲哚美辛（IC50 32.26±1.76μmol/L）相比，二苯基庚烷类化合物对LPS诱导的RAW 264.7细胞释放NO均表现出较好的抑制作用（IC50 17.26～79.89μmol/L），显示出较强的抗炎活性[156]。

二、山柰的组织培养研究

仲恺农业工程学院园艺园林学院夏念和课题组对山柰为实验材料，就外植体的选择、消毒技术和植物生长调节剂等因素对植物组织培养的影响进行了相关研究。结果表明以山柰根茎为外植体，MS为基本培养基，经过三步消毒方式，75％酒精60秒，0.1％ $HgCl_2$ 消毒3分钟，无菌水冲洗1遍，0.1％ $HgCl_2$ 消毒4分钟，无菌水冲洗5遍，接种到MS+1.00毫克/升6-BA+0.10毫克/升NAA+250.00毫克/升替卡西林钠克拉维酸钾（pH 5.8）的启动培养基上，外植体消毒成功率最高为83.33％。通过分析6-BA、TDZ和NAA不同种类的植物生长调节剂及浓度，筛选出山柰增殖生根的最佳培养基为MS+3.00毫克/升6-BA+0.75毫克/升TDZ（pH 5.8），增殖系数为5.20，山柰组培苗生长旺盛，芽增殖与生根同时发生，生根率100％，且根系发达，根较粗壮且长。组培苗移栽至泥炭土：珍珠岩=1：3的基质中，放至温室中培养，30天后，成活率100％。移栽至大田后成活率100％，且组培苗生长状况很好，苗较壮，且无病虫害[157]。

第三节　林下栽培山柰的生产实践

一、林下栽培山柰模式

山柰喜光，要求气温高，阳光充足条件下，叶片浓绿，质厚，根状茎粗壮、产量高，因此，宜选择在光照充足的向阳坡地或丘陵地种植。以排水良好、含有机质丰富、肥力中等以上、质地疏松、新开垦的沙壤地为佳[158]。

二、林下栽培山柰技术

1.育苗

山柰多用块茎繁殖。收获时选健壮，无病虫害及未受冻害的山柰作种，晾干表皮水汽后，在室内或室外贮藏均可。室内贮藏的方法：在干燥处用干细沙和姜分层堆藏，堆放时底部先铺一层沙再分层放种姜，如此层层堆放，堆高100厘米即可；室外贮藏的方法：在干燥处挖宽约100厘米，深50厘米，长度随贮种数量而定的坑，先将坑内垫上一层沙再放种姜，一层沙一层种姜，这样依次进行，高约34厘米，上盖细沙13～17厘米，最后盖草或塑料薄膜，以防冬春雨雪浸入坑内引起烂种。

2.园地选择与开垦

选温暖、阳光充足、土地湿润，便于排、灌水的地方种植；土壤以疏松、肥沃的沙质壤土和壤土为好。

3.植穴准备

将土地深翻整细耙平，开133厘米宽的高畦后，每公顷施堆肥22 500千克左右，油渣、过磷酸钙各600～750千克于畦面上，施肥后再翻土一次，耙细整平，待打窝栽种。

4.定植

于4月中旬栽种为最佳，用窝栽或厢上开横沟栽种均可，但以窝栽为好。将种姜按其自然分叉状况，分成单株栽种。在厢上按行窝距27厘米×27厘米挖窝，深16厘米左右，每窝栽种姜3个，按"品"字形排放，每公顷用种量3 000千克左右，栽后每公顷施人畜粪水30 000千克左右于窝中，然后盖土将厢平整齐，盖土厚度10厘米左右，否则土盖薄了，山奈块茎生长瘦小，须根增多，影响产量和质量。

5.田间综合管理

（1）灌排水。山奈栽种后应保持土壤湿润，才利于正常出苗，达到苗齐、苗壮，管理时应灵活掌握，做到旱时灌水，涝时排水。

（2）除草。苗齐后开始中耕除草，有草就除，保持田间基本无杂草。在封畦前可用小锄轻轻浅松土，注意不要损伤苗子，故只能用手拔草。

（3）追肥。一般进行3次，第一次在6月中、下旬，苗出齐时进行，每公顷施人畜粪水2 250～3 000千克或尿素150～225千克；第二次在7月中、下旬叶片封畦前进行，每公顷施堆肥500～750千克、油渣450～600千克、过磷酸钙750～1 050千克，施肥方法是将以上几种肥料混合堆沤腐熟后撒施于畦上，施用后用小锄将肥料埋入土中；第三次在9月下旬至10月上旬，山奈苗已封畦，施用干肥不便，只能施用清淡人畜粪水或加入一定量的发酵油渣混施，一般每公顷施人畜粪水15 000千克左右、油渣450～600千克。

6.病虫害防治

（1）疫病。疫病是沙姜生长过程中常见的病害之一。病害初期，叶片会出现黄斑，随后逐渐扩大并变成褐色，最终导致整个叶片枯死。处理方法是在发现病害初期，立即将受感染的植株及时铲除，并对土壤进行消毒。

（2）根腐病。根腐病是由于土壤湿度过高、通风不良等原因导致的。病害初期，沙姜的根部会出现褐色软化，随后植株逐渐枯死。处理方法是加强通风，保持土壤适度湿润。

（3）灰霉病。灰霉病是由于湿度过高、温度过低等原因导致的。病害初期，沙姜的叶片会出现灰色霉斑，随后逐渐扩大并蔓延到整个植株。处理方法是及时清除受感染的叶片，并加强通风，保持土壤适度湿润。

7.采收管理

于栽种当年的12月中、下旬叶片变黄时收获。挖起全株，挖去泥沙，去掉地上部分和须根，除留种外，其余全部可加工成商品，将山柰洗去泥土，用手工或切片机横切成厚0.3 ～ 0.5厘米的姜片，晒干或用硫黄熏1天后晒干即成。

三、林下栽培山柰的经济效益

首先，林下栽培山柰是一种高效的种植模式，林下栽培山柰可以充分利用林木下闲置的土地资源，在林木郁闭度较低的幼龄林下栽培山柰后将原本闲置的土地就被充分利用起来，提高土地的产出率。同时，山柰的种植也可以促进林木的生长，提高森林质量。其次，在幼龄林下栽培山柰，可以利用已有的林地资源和基础设施，减少种植成本，为林农提供了更多的经济效益。最后，山柰是一种具有较高药用价值和芳香油含量的香料作物，市场需求较大，因此通过间作山柰，林农可以增加收益。

四、林下栽培山柰的社会效益

林下栽培山柰可以增加农民的收入来源，提高农民的生活水平。同时，这种种植模式也可以带动相关产业的发展，如药材加工、销售等，进一步促进农村经济的繁荣。林下栽培山柰是一种复合种植模式，可以促进农业产业结构的调整。通过这种模式，可以实现林业和农业的有机结合，提高农业的综合效益。林下栽培山柰的种植和加工需要大量的人力资源。因此，这种模式可以创造更多的就业机会，缓解农村的就业压力。林下栽培山柰需要一定的科技支持。通过这种模式的推广和应用，可以促进农民科技素质的提高，推动农业科技的普及和应用。

五、林下栽培山奈的生态效益

山奈的根系可以疏松土壤，促进土壤通气，改善土壤结构。同时，山奈的枯叶和根系残渣可以作为有机肥料，增加土壤有机质含量，提高土壤肥力。山奈的种植可以增加地表覆盖物，减少水土流失。同时，山奈的根系可以固定土壤，防止土壤侵蚀，有利于保持水土。山奈的种植可以为其他植物和动物提供生息和繁衍的空间，促进生态系统的平衡。林下栽培山奈可以减少农药和化肥的使用量。因为山奈作为一种天然的具有抗炎杀菌作用的植物，极少使用化肥和农药进行管理。这可以降低对环境的污染，保护生态环境。林下栽培山奈可以增加生物多样性，促进生态系统的稳定，有利于促进生态平衡。

第二十章

林下栽培藿香理论与实践

第一节　藿香概况

藿香（*Agastache rugosa*），唇形科藿香属的可食药兼用的多年生草本植物，俗名：芭蒿、兜娄婆香、排香草、青茎薄荷、水麻叶、紫苏草、鱼香、白薄荷、鸡苏、大薄荷、苏藿香、叶藿香、杏仁花、鱼子苏、小薄荷、野藿香、野薄荷、山薄荷、大叶薄荷、土藿香、薄荷、白荷、八蒿、拉拉香、野苏子、仁丹草、山猫巴、猫尾巴香、猫巴虎、猫巴蒿、把蒿、香荆芥花、香薷、家茴香、红花小茴香、山灰香、山茴香、苍告、合香、五香菜、尚志薄荷（图20-1）。在中国各地广泛分布，主要分布于四川、江苏等地。广东肇庆、高要及西江周边地区为藿香的道地产区，朝鲜、日本及北美洲有分布。

图20-1　藿香

一、藿香的生物学特性

多年生草本。茎直立，高0.5～1.5米，四棱形，粗达7～8毫米，上部被极短的细毛，下部无毛，在上部具能育的分枝。叶心状卵形至长圆状披针形，长4.5～11厘米，宽3～6.5厘米，向上渐小，先端尾状长渐尖，基部心形，稀截形，边缘具粗齿，纸质，上面橄榄绿色，近无毛，下面略淡，被微柔毛及点状腺体；叶柄长1.5～3.5厘米。轮伞花序多花，在主茎或侧枝上组成顶生密集的圆筒形穗状花序，穗状花序长2.5～12厘米，直径1.8～2.5厘米；花序基部的苞叶长不超过5毫米，宽1～2毫米，披针状线形，长渐尖，苞片形状与之相似，较小，长2～3毫米；轮伞花序具短梗，总梗长约3毫米，被腺微柔毛。花萼管状倒圆锥形，长约6毫米，宽约2毫米，被腺微柔毛及黄色小腺体，多少染成浅紫色或紫红色，喉部微斜，萼齿三角状披针形，后3齿长约2.2毫米，前2齿稍短。花冠淡紫蓝色，长约8毫米，外被微柔毛，冠筒基部宽约1.2毫米，微超出于萼，向上渐宽，至喉部宽约3毫米，冠檐二唇形，上唇直伸，先端微缺，下唇3裂，中裂片较宽大，长约2毫米，宽约3.5毫米，平展，边缘波状，基部宽，侧裂片半圆形。雄蕊伸出花冠，花丝细，扁平，无毛。花柱与雄蕊近等长，丝状，先端相等的2裂。花盘厚环状。子房裂片顶部具绒毛。成熟小坚果卵状长圆形，长约1.8毫米，宽约1.1毫米，腹面具棱，先端具短硬毛，褐色。花期6—9月，果期9—11月。

二、藿香的经济意义

藿香始载于东汉杨孚的《异物志》，曰："藿香交趾有之"，其后诸家本草多有记载，具有化湿醒脾、辟秽和中、解暑、发表散热的功效，但是过量服用可能会引起热势加重且还可能会耗气、伤阴。藿香茎、叶和花都具有香气，园林中可供草地、林缘、坡地、路旁栽植。全草入药，有止呕吐、治霍乱腹痛、驱逐肠胃充气、清暑等效；果可作香料；叶及茎均富含挥发性芳香油，有浓郁的香味，为芳香油原料，作为一种食用香草植物受中国人喜爱。

第二节　林下栽培藿香的理论研究

一、藿香种质资源与育种技术研究现状

藿香原产于越南、菲律宾、马来西亚等东南亚热带国家，在我国主要分布于广东、海南、广西、福建、台湾等地[159]，以广东种植藿香面积最大、产量最高、品质最佳，称为广藿香。前期研究已收集了几十种不同产地的广藿香，通过HPLC测定挥发油含量以及RAPD、RFLP、AFLP、ISSR和SRAP等分子标记技术，对比不同产地和种源广藿香种的挥发油成分[160]。通过对广藿香

进行遗传多样性分析，表明不同来源和品种的广藿香药效成分差异甚大[161]，并从分子生物学角度分析了种源差异[162]。通过利用现代信息系统，研究全球广藿香适应性，通过分析生态指标，确定不同地区的生态相似性，为广藿香引种技术提供了理论依据[163]。广藿香一般使用扦插或组织培养繁殖技术。扦插技术通常选取包含顶芽的两节插穗在河沙+珍珠岩的基质中生长最好，加入100毫克/升的生长调节剂吲哚乙酸可有效提高广藿香的生根率[159]。组培技术通常选用广藿香嫩茎或嫩叶作为外植体，灭菌处理后再诱导成为愈伤组织，通过愈伤组织继代实现快速繁殖，最后将愈伤组织接种至分化培养基中培养，生成完整植株[164]。在整个组织培养繁殖技术中，培养基成为愈伤组织快繁的制约因素，研究发现，在MS培养基基础上通过优化6-苄氨基腺嘌呤（细胞分裂素，6-BA）和a-萘乙酸（生长调节剂，NAA）浓度，可提高愈伤组织和不定根的诱导率，可提高工厂化育苗生产效率[165]。

二、藿香栽培技术研究现状

前期研究表明，高施肥量处理有利于促进藿香生长和营养吸收，藿香醇和藿香酮等成分的积累和转换[166]。通过优化有机肥与化肥的配比，在总氮量一致的情况下，硝态氮与铵态氮比（硝铵比）为3∶1能促进藿香生长，而1∶1、1∶3硝铵比可促进药效成分的合成积累[167, 168]，而高氮磷钾配比以及氮锌配施均可提高硝态氮含量，进而提高藿香生长和产量、提高挥发油含量[169]；而低氮中低磷钾配比可提高藿香药效成分积累[170]。此外，藿香生长区海拔、气温、光照、湿度、土质等均对藿香生长和药效成分积累有重要影响[171]。

三、藿香栽培技术研究现状

连作障碍是藿香生长的阻碍因素，随着栽种年限的增加，藿香生长态势会逐渐变弱，产量下降，根部组织腐烂退化，药效成分积累下降[172]。利用EM菌群可以改善植株根际微生态环境，缓解根部组织腐烂退化现象，能够缓解连作障碍[173]。在藿香连作土壤加竹炭可改善土壤理化性质，促进藿香幼苗生长，进而改善连作障碍[174]。藿香间作紫苏可在一定程度上缓解藿香连作障碍[175]。间作生姜与豇豆的藿香根际土壤中绿弯菌门、浮霉菌门和厚壁菌门的相对丰度显著高于单作，而放线菌门和酸杆菌门相对丰度则显著降低，藿香间作豇豆后通过改变土壤中电导率、碱解氮、有机质进而增加根际有益微生物的相对丰度，并影响了藿香根际群落结构[176]。此外，利用藿香提取物能够显著减少的黄瓜炭疽菌菌丝分枝较多、生长不均、相互缠绕的现象，抑制黄瓜炭疽病[177]。

四、桄榔幼林间作广藿香模式构建

桄榔（*Arenga pinnata*）是棕榈科（Palmae）桄榔属（*Arenga*）的常绿乔木，主要分布于我国的东南及华南亚热带地区。桄榔成龄树的髓心捣烂沉淀后，可提取淀粉供食用，但其生长周期较长，经济效益不高。但桄榔树冠高大，相邻树干之间距离较远，枝叶比较稀疏，林下空间宽敞，适宜开展间作套种模式。因此，针对桄榔林复种指数小、园林覆盖率低、投入大、生产效益不高等现状展开深入分析，利用桄榔树生长周期长，其园林阴凉、潮湿、温度适宜等优势，开展桄榔林下分期套种玉米和藿香的间作套种模式。其就具体做法为通过在桄榔园先套种玉米，后套种藿香的分期间作套种模式，结合桄榔、玉米、藿香的生长特点，合理选取种植品种，采取科学的田间管理模式，严格落实施肥管理以及病虫害管理，能更有效地利用桄榔幼龄园的土地空间，改良桄榔林土壤理化结构与肥力，合理调整种植结构，提升玉米和藿香的品质，提高桄榔幼苗移栽大田的成活率，还可以显著提高土地复种指数，增加单位面积产值，在有限的土地资源上产生更大的经济效益，实现农民增收、经济增效[178]。

第三节　林下栽培藿香的生产实践

一、林下栽培藿香模式

藿香喜高温，忌严寒，忌干旱，喜雨量充沛湿润的环境，可种植于林下（图20-2），具有较好的开发资源[179]。藿香在园林景观中，可被运用到一些盲人服务绿地，以提高盲人对植物的认识。

二、林下栽培藿香技术

1.育苗

（1）种子繁殖。首先，要选择一个排灌整齐、便于管理以及肥沃沙质土壤作为苗床。然后将苗床翻耕施入充足的腐熟农家肥。再开沟做畦，用腐熟人粪尿将畦面浇湿，准备播种。在播种前将与草木灰或者是细沙搅拌均匀，然后

图20-2 林下复合种植藿香

洒在畦面上。撒好种子之后，再覆盖一厘米左右厚的肥沃土壤，搭好小拱棚，覆盖一层薄膜进行保温育苗工作。播种时要注意控制好播种密度，不可播种过密，避免出苗后互相影响生长。4月初可以播种，盆土保持湿润，约10天可出小苗。

（2）扦插繁殖。藿香种子小，小苗生长缓慢，为了早成型早开花，可采用扦插育苗。扦插育苗要准备大规格母株，一般10—11月或3—4月扦插育苗。雨天选生长健壮的当年生嫩枝和顶梢，剪成10～15厘米带3～4个节的小段，去掉下部叶片，插入1/3，插后浇水。

2.园地选择与开垦

在种植藿香时，优先选择排水良好的沙质土壤或壤土地，每亩施圈肥2 500千克左右，翻入地里耕平做畦。

3.植穴准备

田间管理气温在13～18℃范围之内，土壤有足够温度，10天左右出苗。苗高6～10厘米间苗，条播按株距10～15厘米留苗。

4.定植

穴播的每穴留苗3～4株，经常松土锄草。

5.田间综合管理

（1）肥水管理。土壤表层发白见干时应及时浇水，每次浇水要足。进入高温季节，植株生长旺季，每日浇2次水。每10～15日施1次水肥，以充分腐熟的粪肥为主，也可每亩施硫酸铵10～13千克，施后浇水，并适当增施磷肥和钾肥。

（2）修剪。藿香花期长，要保持株型矮、紧凑，必须进行多次摘心，一般要摘心打顶3～4次。要形成圆整的株形，各分枝顶端都能形成花蕾，同期开花，使其枝叶繁茂。第一批花开过后，要及时整枝修剪，一般老枝保留5～6厘米高度，上部剪掉，同时疏剪过密枝条。然后要保证充足水分和肥料，促其萌发新枝，才能叶绿花鲜。

6.病虫害防治

（1）根腐病。藿香容易患上根腐病，根腐病主要在夏季高温高湿的环境下频发，因此在降雨前，需要在藿香根围表面撒上石灰粉进行消毒，降低藿香产生病害的概率。

（2）枯萎病。藿香的主要病害是枯萎病，当藿香患病后，初期叶片和叶梢会呈现下垂状，此时需要立即向植株的根系，喷洒多菌灵或甲基硫菌灵药剂，并向植株的叶面喷洒磷酸二氢钾，防止病菌的蔓延。

（3）褐斑病。藿香的常见病害是褐斑病，这种病害一般发生在每年的5—6月，因此要从4月开始，每隔20天喷洒一次波尔多液或杀毒矾，提高植株的抗病性，注意当藿香患病后，需要先将病叶剪掉，并使用明火集中烧毁，避免病菌扩散。

（4）红蜘蛛。藿香常见的虫害是红蜘蛛，当植株上有红蜘蛛时，叶片上会有黄白色的小斑点，此时需要为藿香每隔7天喷洒一次虫螨立克溶液，消灭叶片上的害虫，通常连续喷洒3次左右，植株就能恢复生机。

7.采收管理

藿香的采收时间一般是在每年的11月至次年的3月进行。应选择晴天进行，避免在阴雨天气采收，以免影响藿香的质量。藿香的采收部位是植株的上半部分，即地上部分的1/3～1/2处，在采收时，应该用镰刀从植株的基部割下，并将植株上面的叶子和嫩枝剪掉。在采收后将植株整理干净，去掉残留的叶子和杂质。

将采收回来的藿香清洗干净后，放在阳光下晾晒。晾晒时应该注意翻动，确保藿香均匀晾晒。晾晒的时间一般为3～5天，直到藿香变得干燥为止。如果遇到阴雨天气，可以采用烘干的方法进行加工。将藿香放在烘干室内，控制温度在40℃左右，湿度在60%左右，烘干时间一般为2～3小时。此外，还可将藿香放入锅中翻炒，直到藿香变得干燥为止，干燥完成后将藿香压制成块状或条状，用麻袋或编织袋包装好，放在阴凉通风处保存。

三、林下栽培藿香的经济效益

林下栽培藿香可以充分利用林地空间，提高土地利用效率。在保持林木正常生长的同时，通过间作藿香，可以增加单位面积的经济产出。对于从事林下栽培藿香的农民来说，可以通过销售藿香获得额外的收入，这对于提高农民的生活水平和促进农村经济发展具有积极意义。林下栽培藿香不仅可以提高林地的经济效益，还有助于促进林业和农业的协同发展。通过合理的林下栽培模式，可以实现林木和农作物的互补生长，提高整体生态效益。随着林下栽培藿香的推广和应用，可能会带动相关产业的发展，如藿香的加工、销售、运输等。这将为当地经济注入新的活力，提供更多就业机会。林下栽培藿香可以降低单一作物种植的风险。当一种作物遭受自然灾害或市场波动时，另一种作物可以起到一定的缓冲作用，减轻农民的损失。需要注意的是，林下栽培藿香的经济效益受到多种因素的影响，包括市场需求、种植技术、政策支持等。因此，在推广和应用林下栽培藿香时，需要综合考虑这些因素，确保其经济效益的可持续性。

四、林下栽培藿香的社会效益

林下栽培藿香的推广和应用需要大量的人力投入。这可以增加农村地区的就业机会，促进农民的就业和增收。对于那些拥有丰富农村劳动力资源的地区，林下栽培藿香可以成为推动农村经济发展的重要途径。林下栽培藿香可以促进农村产业结构的调整。通过发展林下栽培，可以实现林业和农业的有机结合，提高农村经济的整体效益。这有助于优化农村产业结构，提升农村经济的质量和效益。林下栽培藿香需要一定的农业技术支持，如种植技术、病虫害防治等。这可以促进农业技术的创新和推广，提高农业生产的科技水平。通过技术创新，可以提高农业生产效率，增加农产品的附加值。林下栽培藿香可以提升农产品的质量。由于藿香具有独特的药用价值，通过林下栽培，可以改善土壤状况，提高农产品的品质和营养价值。这将有助于增加农产品的市场竞争力，提高农民的收益。林下栽培藿香可以保护生态环境。通过合理利用林地资源，可以促进林木的生长和发育，提高森林覆盖率。同时，林下栽培可以减少化肥和农药的使用量，降低对环境的污染和破坏。这将有助于维护生态平衡，促进可持续发展。

五、林下栽培藿香的生态效益

藿香作为林下栽培的植物，其根系活动有助于改善土壤结构，增加土壤通透性，提高土壤保水保肥能力。同时，藿香的残枝落叶等有机物质可以增加土壤有机质含量，进一步提升土壤肥力。林下栽培藿香可以增加地表植被覆盖度，减少地表径流，增加雨水渗透，从而起到涵养水源的作用。同时，植被的增加也有助于防止水土流失，保护土壤资源。林下栽培藿香可以为多种生物提供栖息地和食物来源，促进生物多样性的保护。例如，藿香可以为一些昆虫提供食物和栖息地，而这些昆虫又是鸟类等其他动物的食物来源。通过林下栽培藿香，可以增加森林的叶面积指数，提高森林的蒸腾作用，进而调节局部小气候。这对于缓解全球气候变化、减少温室气体排放具有积极意义。在一些生态环境脆弱或受损的地区，通过林下栽培藿香等植被恢复措施，可以促进生态系统的修复和重建。这对于改善环境质量、维护生态平衡具有重要作用。

第二十一章
总结与展望

第一节　总　　结

一、理论总结

1.理论基础

复合栽培技术是实现林下栽培香料饮料作物的重要手段。这种技术通过在同一地块上同时种植多种作物，在充分利用光、热、水、土等自然资源的基础上，结合生态学和农业科学的原理，通过合理种植和管理，提高土地利用率和生产效益，实现土地资源的最大化利用。在林下栽培香料饮料作物时，可以根据实际情况选择合适的复合栽培模式，如胡椒—槟榔、槟榔—香草兰、槟榔—咖啡和椰子—可可等。这些模式能够优化作物间的配置方式，提高光能利用率和养分吸收效率。

林下复合栽培香料饮料作物模式不仅符合可持续农业的发展趋势，还能有效促进生物多样性的保护，提高农民收入，推动农村经济的多元化发展。其中，了解香料饮料作物的生物学特性是林下栽培的关键。不同的作物包括香草兰、胡椒、咖啡、可可等各自具有独特的生长习性、对环境条件的要求以及病虫害发生规律。通过深入研究这些作物的生物学特性，可以制定出科学合理的栽培管理措施，提高林下栽培的效益。此外，在进行林下栽培时，还需要对立地条件进行深入分析。包括林下气候、土壤、地形等自然因素以及人为活动因素。通过综合分析这些因素，可以评估出不同地块的适宜性和潜力，为选择适宜的香料饮料作物和制定科学的栽培管理措施提供依据。

2.种植技术与管理

（1）作物选择。选择适合林下生长的香料和饮料作物是关键。选择的香料饮料作物应对土壤、光照和温度等环境条件有一定的适应性，能够在林下的微环境中良好生长。

（2）环境要求。选择树木生长繁茂、土质疏松肥沃的坡地、河谷或溪边阴湿地作为种植地。林下栽培应选择地势不超过30°的坡地，山地栽培以选择质地疏松的砂壤土为宜。避免在干旱、地势低洼、黏重、瘠薄的土壤中栽培。林下栽培需要关注土壤条件、光照度、湿度和温度等环境因素。土壤应富含有机质，排水良好；光照需适中，避免过强或过弱；湿度和温度需根据作物种类进行调整，以确保作物正常生长。

（3）园地整理。清除林下杂物，保持适当的郁闭度（50%～90%）。对于坡地栽培，需先翻地，一般深25～30厘米，作成高或平畦，畦宽、畦高可因地制宜。根据香料饮料作物的生长需求，通过施用有机肥料和矿质肥料，提高土壤的肥力和营养含量。对于特定的作物，还需根据其喜好的土壤pH、质地等特性进行调整和改良。

（4）苗木选育。根据不同香料饮料作物特性，选择种子繁殖或无性繁殖方法。在播种前，对种子进行消毒和处理，以预防病虫害的发生。根据作物的生长周期和播种季节，确保适时播种。

（5）植穴准备与定植。根据作物的生长习性和林下环境特点，因地制宜选择合适的株行距。根据苗木需求采用不同的定植方式。一般需要在种植前需要施加底肥，底肥种类与施肥量根据作物需求进行施加。

（6）田间综合管理。香料饮料作物对水分的需求因植物品种和生长阶段而异。在生长旺盛期，需保持土壤湿润，但要避免水浸泡植株。定期浇水，并根据气候和季节调整浇水频率和量；在雨季和高湿度的环境中，需适时排水，避免根部长期处于湿润状态。根据作物的生长需求，适时追施氮、磷、钾等肥料。在施肥过程中，需注意控制施肥量，避免过量施肥导致土壤污染和作物生长不良。定期除草松土，保持土壤疏松和通气性良好。定期修剪多余的枝干和叶子，以保持植株的良好通风和光照条件。对于一些攀缘性作物，还需进行定期的攀绕和支撑。修剪和整形有助于促进作物生长和控制植株形态。

（7）病虫害防治。林下栽培应坚持预防为主、综合防治的原则。通过定期巡视和观察，及时发现病虫害的迹象，并采取相应的防治措施。可以使用生物农药防治、有机农药防治以及物理防治等方式进行防治。在防治过程中，需注意保护环境和人类健康，避免使用高毒、高残留的农药，保障食品安全。此外，也可以通过选用抗病品种、合理轮作、科学施肥、采用生物防治和物理防治等措施，减少病虫害的发生。

（8）采收管理。在作物成熟后，选择晴朗干燥的天气进行采收。采收时要避免损伤植株和果实，确保采收的作物品质优良。采收后的作物需进行及时加工处理。根据作物的特性和市场需求，选择合适的加工方式。

二、实践总结

1.成效显著

近年来，林下栽培香料饮料作物的实践取得了显著成效。通过合理布局和科学管理，许多地区实现了林地资源的最大化利用，不仅提高了土地生产力和经济效益，还有助于保护生态环境，促进农业产业的可持续发展。在推动乡村振兴战略实施、保障国家粮食安全与食物多样化、促进生态文明建设与可持续发展、提升农业科技创新与产业升级方面具有重大意义。

2.经济效益提升

林下栽培香料饮料作物具有较高的经济效益。一方面，林下栽培香料饮料作物作为一种新兴的农业产业模式，有助于推动农业产业结构的调整和优化。通过整合种植、加工、销售等各个环节，形成了完整的产业链。这种产业链模式不仅降低了生产成本，还提高了市场竞争力。通过深加工技术可以将热带香料饮料作物转化为高附加值产品，不仅满足了市场对高品质、健康、天然产品的需求，还显著提升了产品的售价和利润空间，能够带来直接的经济收益，为农村经济发展注入新的活力；另一方面，林下栽培模式能够节约土地资源，提高单位面积产量和产值。通过规模化种植和科学管理，不仅提高了产量和品质，还为农户提供了学习和借鉴的样板，通过辐射带动效应，促进了周边地区更多农户参与林下种植香料饮料作物，丰富农产品种类、形成脱贫致富的良性循环。

3.社会效益良好

林下栽培香料饮料作物具有良好的社会效益，主要体现在能够促进农村经济发展与农民增收，通过林下栽培香料饮料作物，农户可以获得额外的种植收益。同时，随着产业链的延伸，带动了种植、加工、销售等相关产业的发展。农户还有机会参与加工和销售环节，不仅为农村地区提供了更多的就业机会，还实现收入的多元化和持续增长。此外，香料饮料作物往往与特定的地域文化和民族风情紧密相连。通过林下栽培和加工利用香料饮料作物，可以传承和弘扬地域文化，促进文化交流与传播，为农村地区的全面发展和乡村振兴战略的实施提供了有力支撑。

4.生态效益显著

林下栽培香料饮料作物充分利用了林地资源，实现了土地资源的立体利用。在不额外占用耕地资源以及不影响林木生长的前提下，通过合理规划和布局，提高土地资源的利用效率。香料饮料作物通常具有发达的根系，能够固结土壤，保持林地的水土稳定，防止因雨水冲刷而造成的土壤侵蚀。香料饮料作物的枯枝落叶和根系分泌物能够改善土壤结构，增加土壤有机质含量，提高土壤肥力。这种自然的土壤改良过程有助于促进林木的生长和发育。林下栽培香料饮料作物能够使林木、灌木、草本植物共同构成复杂的生态系统，不仅有助于丰富林地的生物多样性，还能够提高生态系统的稳定性和抵抗力。在林下种植香料饮料作物，有助于改善农林复合生态系统的微气候、增加林地的碳汇量，对缓解全球气候变化、促进生态环境的保护和可持续发展具有积极意义。

第二节　展　　望

一、技术创新

随着我国森林食物资源的不断丰富和多样化，林下经济逐渐成为提升土地利用效率、增加经济收益的重要途径。林下栽培香料饮料作物不仅能够丰富森林食物资源种类，增强供给能力，还在保障国家粮食安全、促进经济社会发展等方面具有重要意义。同时，这些香料饮料作物具有高附加值和高收益的特点，因此，提高香料饮料作物的资源开发和加工技术对相关产业的发展大有裨益。目前我国部分香料饮料植物种植主要以天然野生资源为主，真正投入生产、规模化开发利用的种类有限，加之高产优质高抗等优良品种的缺乏和定向培育技术不足，难以为规模化产业发展提供充足原料。高值化加工利用技术的欠缺导致产品附加值不高、产业链延伸不足、市场占有率较低，无法与人工合成香料产品相抗衡。上述两种原因造成生产和加工企业规模总体偏小，缺乏龙头企业和大品牌支撑，产业市场认知度整体较低。

因此，一方面建立和完善热带香料饮料种质资源库，加强种质资源的收集、保存、评价和利用，为新品种选育提供丰富遗传资源；另一方面利用数字育种、全基因组选择育种、基因编辑等现代生物技术，开展精细化功能型育种，研创具有产量高、主效成分含量高、抗逆、宜机等特性的林源木本香料植物品种，能够为林下栽培香料饮料作物品种选择上奠定坚实基础。推广高效复合栽培模式和技术，研发智慧苗圃、品种配置、水肥一体化、生态除草、合理修剪等良种配套培育技术，提升林分质量和产量；攻克活性成分高效提取、精准分离等关键技术难题，提升精深加工技术水平；研发绿色加工工艺技术，开发高端功能性产品和高附加值产品，提高产品竞争力和市场占有率；加强技术装备研发与应用，研发无人植保、智能运输、高效采收等自动化、省力化、轻简化技术和智能装备；构建"天地人机"一体化的智慧生产和运行体系，提高生产效率和产品质量，均能够成为提升香料饮料作物的生产与加工等全产业链体系的"助推器"。

二、市场拓展

全球人口的增长和居民生活水平的提高也是推动香料饮料作物市场需求增长的重要因素。一方面，随着消费者健康意识的增强，对天然、无添加、绿色健康的食品需求不断增加。香料饮料作物因其天然属性和健康益处，逐渐成为消费者青睐的对象，推动了香料饮料作物市场需求的持续增长。另一方面，现代消费者对产品的多样化和个性化需求日益提高。他们不仅追求口感和品质，还注重产品的独特性和创新性。林下栽培的香料饮料作物由于生长环境的特殊性，往往具有独特的风味和香气，能够满足消费者对多样化和个性化产品的需求。这种需求的增加为林下栽培香料饮料作物提供了广阔的市场空间。除了国内市场外，国际市场对香料饮料作物的需求也在不断扩大。随着国际贸易的便利化和全球化进程的加速，越来越多的中国香料饮料作物产品进入国际市场。这些产品凭借其高品质和独特风味赢得了国际消费者的喜爱和认可，进一步推动了市场需求的增长。

伴随林下复合种植香料饮料作物的高效种植与精深加工技术的不断提升与完善，为高品质香料饮料产品的开发提供了充足的原材料。通过建立严格的质量控制体系，对原料、加工过程和成品进行全程监控，确保产品的品质稳定可靠，能够进一步提升产品的市场竞争力，赢得消费者的信任。在充分调研和加工技术的支撑下，根据产品的特性和市场需求，明确品牌的目标市场，能够在激烈的市场竞争中，通过产品的差异化（如强调产品的独特风味、产地优势或文化内涵等）逐步形成特色品牌，并通过精美的图片、视频和文案等内容，展示产品的独特魅力和品质优势。利用多种渠道进行品牌宣传，包括线上平台（如社交媒体、电商平台）和线下活动（如展会、品鉴会）等。通过多渠道宣传，提高品牌的知名度和美誉度，同时，结合消费者的需求和兴趣点，提供有价值的信息和互动体验，增强消费者的品牌忠诚度。总之，林下栽培香料饮料作物的品质提升与品牌建设是一个系统工程，需要从种植技术、加工技术、品牌定位、品牌传播和品牌合作等多个方面入手。通过不断提升产品的品质和加强品牌建设，可以进一步提高产品的市场竞争力，促进农业的可持续发展。

三、政策支持

政府政策的支持和技术的不断创新也为林下栽培香料饮料作物的市场需求增长提供了有力保障。首先，随着农业供给侧结构性改革的深入推进，政府对于特色农业、林下经济的支持力度将持续加大。政府通过出台相关政策措施，包括财政补贴、税收优惠、贷款支持等，以降低农民的种植成本，提高农民种植积极性，鼓励农民发展林下经济，提高香料饮料作物种植技术和管理水平。其次，为了提升林下栽培香料饮料作物的品质和市场竞争力，推动包括种植技术规程、产品质量标准、加工技术规范等在内的相关标准的制定和实施，有助于确保产品的安全性和品质稳定性，便于政府加强对市场的监管、打击假冒伪劣产品、维护市场秩序。再次，通过政策引导，鼓励和支持科技创新在林下栽培香料饮料作物领域的应用。通过设立科研项目、建立科研平台、引进先进技术等方式，推动种植技术、加工技术、产品研发等方面的创新，将有助于促进科技成果的转化和应用，将科研成果转化为实际生产力，提高产品的附加值和市场竞争力。最后，推动林下栽培香料饮料作物产业链的整合和优化，加强上下游企业的合作与联动。通过建设产业园区、搭建交易平台等方式，促进产业的集聚和升级。同时，政府还将支持企业加强品牌建设，提升产品的知名度和美誉度，打造具有地方特色的品牌产品。通过加强与国际组织的合作与交流，引进国际先进技术和管理经验，提升产业的国际化水平，进一步拓展市场。此外，在推动林下栽培香料饮料作物产业发展的同时，注重生态环保和可持续发展。通过推广绿色种植技术、加强生态环境保护等措施，确保产业发展的同时不破坏生态环境。同时，政府还将鼓励和支持循环经济的发展模式，实现资源的节约和高效利用。综上所述，未来对林下栽培香料饮料作物的政策支持将需要更加全面和深入。通过加大扶持力度、推动标准化与规范化建设、促进科技创新与成果转化、加强产业链整合与品牌建设、拓展市场与国际合作以及注重生态环保与可持续发展等措施的实施，将有力推动林下栽培香料饮料作物产业的健康发展。

参 考 文 献

[1]王晓阳, 董云萍, 邢诒彰, 等. 单作和间作对槟榔和咖啡生长、根系形态及养分利用的影响[J]. 热带作物学报, 2018, 39(10): 1906-1912.

[2]张洪波, 周华, 李锦红, 等. 云南小粒种咖啡荫蔽栽培研究[J]. 热带农业科技, 2010, 33(3): 40-48.

[3]张洪波, 李文伟, 石支边. 小粒咖啡庇荫效应及其间作优势组合的探讨[J]. 云南热作科技, 2002 (1): 18-21.

[4]MORAIS H I A D, CARAMORI P H I A, RIBEIRO A M D A, et al. Microclimatic characterization and productivity of coffee plants grown under shade of pigeon pea in Southern Brazil[J]. Pesquisa agropecuaria brasileira, 2006, 41(5).

[5]张洪波, 周华, 李锦红, 等. 关于云南小粒种咖啡荫蔽栽培技术和应用的一些思考[J]. 热带农业科技, 2013, 36(2): 15-19.

[6]VELMOUROUGANE K. Shade Trees Improve Soil Biological and Microbial Diversity in Coffee Based System in Western Ghats of India[J]. Proceedings of the National Academy of Sciences, India Section B: Biological Sciences, 2017, 87(2): 489-497.

[7]龙乙明, 王剑文. 咖啡复合栽培结构的生态效益分析[J]. 生态经济, 1996 (1): 30-32.

[8]NESPER M, KUEFFER C, KRISHNAN S, et al. Shade tree diversity enhances coffee production and quality in agroforestry systems in the Western Ghats[J]. Agriculture, Ecosystems & Environment, 2017, 247: 172-181.

[9]THAPA S, LANTINGA E. Growing Coffee in the Shade: A Strategy to Minimize the Prevalence of Coffee White Stem Borer, *Xylotrechus quadripes* [J]. Southwestern Entomologist, 2017, 42: 357-362.

[10]董云萍, 黎秀元, 闫林, 等. 不同种植模式咖啡生长特性与经济效益比较[J]. 热带农业科学, 2011, 31(12): 12-15.

[11]刘小琼, 李守岭, 张丽萍, 等. 胶园间种咖啡对土壤养分的影响[J]. 热带农业科学, 2018, 38(1): 1-5.

[12]董云萍, 朱华康, 赵青云, 等. 间作对咖啡和澳洲坚果根系形态、分布及养分累积的影响

[J]. 热带作物学报, 2021, 42(2): 405-413.

[13] 李娟, 林位夫, 周立军. 长期间作咖啡对胶园土壤养分与土壤酶的影响[J]. 西南农业学报, 2016, 29 (6): 1371-1374.

[14] 曾玲玲, 张兴梅, 洪音, 等. 长期施肥与耕作方式对土壤酶活性的影响[J]. 中国土壤与肥料, 2008 (2): 27-30, 60.

[15] 刘小刚, 李荣梅, 韩志慧, 等. 不同荫蔽模式下亏缺灌溉对小粒咖啡生长及根区土壤微生物的影响[J]. 农业工程技术, 2022, 42(15): 109.

[16] ZHAO S, ZHANG A, ZHAO Q, et al. The impact of main Areca Catechu root exudates on soil microbial community structure and function in coffee plantation soils[J]. Frontiers in Microbiology, 2023, 14.

[17] SCHENK H J. Root competition: beyond resource depletion[J]. Journal of Ecology, 2006, 94(4): 725-739.

[18] CRAINE J M. Competition for Nutrients and Optimal Root Allocation[J]. Plant and Soil, 2006, 285(1): 171-185.

[19] 安颖蔚, 冯良山, 张鹏. 间作群体作物根系营养竞争与互作效应[J]. 江苏农业科学, 2017, 45(5): 26-28.

[20] FRANSEN B, BLIJJENBERG J, de KROON H. Root morphological and physiological plasticity of perennial grass species and the exploitation of spatial and temporal heterogeneous nutrient patches[J]. Plant and Soil, 1999, 211(2): 179-189.

[21] 陈伟, 薛立. 根系间的相互作用——竞争与互利[J]. 生态学报, 2004 (6): 1243-1251.

[22] RUBIO G, WALK T, GE Z, et al. Root Gravitropism and Below-ground Competition among Neighbouring Plants: A Modelling Approach[J]. Annals of Botany, 2001, 88.

[23] 章传政, 黎星辉, 朱世桂. 国内咖啡光合作用研究[J]. 热带农业科技, 2005 (3): 38-41.

[24] 董建华, 孙明增. 中粒种咖啡光合特性的研究[J]. 热带作物学报, 1990 (2): 61-68.

[25] 林鹏, 郑元球, 丘喜昭, 等. 影响小粒咖啡光合作用的生态生理因子的研究[J]. 厦门大学学报(自然科学版), 1981 (4): 468-475.

[26] 彭磊, 周玲, 杨惠仙, 等. 低海拔干热河谷山地小粒咖啡栽培技术[J]. 中国农学通报, 2002 (1): 117-119.

[27] 孙燕, 董云萍, 杨建峰. 咖啡立体栽培及优化模式探讨[J]. 热带农业科学, 2009, 29(8): 43-46.

[28] 李建洲. 干热区小粒咖啡栽培技术措施[J]. 云南热作科技, 2000 (3): 36-37.

[29] JIANXIONG H, JIAN P, LIJUN Z, et al. An improved double-row rubber (*Hevea brasiliensis*) plantation system increases land use efficiency by allowing intercropping with yam bean,

common bean, soybean, peanut, and coffee: A 17-year case study on Hainan Island, China[J]. Journal of Cleaner Production, 2020, 263.

[30]LI L, TILMAN D, LAMBERS H, et al. Plant diversity and overyielding: insights from belowground facilitation of intercropping in agriculture[J]. New Phytologist, 2014, 203(1): 63-69.

[31]WANG G, BEI S, LI J, et al. Soil microbial legacy drives crop diversity advantage: Linking ecological plant–soil feedback with agricultural intercropping[J]. Journal of Applied Ecology, 2021, 58(3): 496-506.

[32]SAUVADET M, Van den MEERSCHE K, ALLINNE C, et al. Shade trees have higher impact on soil nutrient availability and food web in organic than conventional coffee agroforestry[J]. Science of The Total Environment, 2018, 649.

[33]郝琨, 费良军, 刘小刚, 等. 香蕉树中度荫蔽下充分灌水提高干热区咖啡产量及品质[J]. 农业工程学报, 2019, 35(12): 72-80.

[34]LIU X, LI F, ZHANG Y, et al. Effects of deficit irrigation on yield and nutritional quality of Arabica coffee (Coffea arabica) under different N rates in dry and hot region of southwest China[J]. Agricultural Water Management, 2016, 172: 1-8.

[35]钏相仙, 张洪波, 李文伟, 等. 德宏地区澳洲坚果园间作咖啡高效栽培模式[J]. 热带农业科学, 2010, 30(2): 24-27.

[36]赵少官, 董云萍, 赵青云, 等. 槟榔间作咖啡模式对咖啡光合特性及产量的影响[J]. 热带作物学报, 2022, 43 (9): 1824-1832.

[37]张文慧, 刘小刚, 王露, 等. 不同遮光和施氮水平对小粒咖啡生长和光合特性的影响[J]. 华南农业大学学报, 2019, 40(1): 32-39.

[38]刘小刚, 郝琨, 韩志慧, 等. 水氮耦合对干热区小粒咖啡产量和品质的影响[J]. 农业机械学报, 2016, 47(2): 143-150.

[39]赵溪竹, 刘立云, 王华, 等. 椰子可可间作下种植密度对作物产量及经济效益的影响[J]. 热带作物学报, 2015, 36(6): 1043-1047.

[40]DAYMOND A J, HADLEY P, MACHADO R C R, et al. Canopy characteristics of contrasting clones of cacao (Theobroma cacao)[J]. Experimental Agriculture, 2002, 38(3): 359-367.

[41]DAYMOND A J, TRICKER P J, HADLEY P. Genotypic variation in photosynthesis in cacao is correlated with stomatal conductance and leaf nitrogen[J]. Biologia plantarum, 2011, 55(1): 99-104.

[42]赵溪竹, 李付鹏, 秦晓威, 等. 椰子间作可可下可可光合日变化与环境因子的关系[J]. 热

带农业科学 , 2017, 37(2): 1-4.

[43]邵玺文 , 韩梅 , 韩忠明 , 等 . 不同生境条件下黄芩光合日变化与环境因子的关系 [J]. 生态学报 , 2009, 29(3): 1470-1477.

[44]BALIGAR V C, BUNCE J A, MACHADO R C R, et al. Photosynthetic photon flux density, carbon dioxide concentration, and vapor pressure deficit effects on photosynthesis in cacao seedlings[J]. Photosynthetica, 2008, 46(2): 216-221.

[45]BALASIMHA D. Effect of spacing and pruning regimes on photosynthetic characteristics and yield of cocoa in mixed cropping with arecanut[J]. Journal of Plantation Crops, 2009, 37(1): 9-14.

[46]陈慧 . 椰园间作可可 [J]. 世界热带农业信息 , 2001 (8): 20.

[47]KOKO L K, SNOECK D, LEKADOU T T, et al. Cacao-fruit tree intercropping effects on cocoa yield, plant vigour and light interception in Côte d'Ivoire[J]. Agroforestry Systems, 2013, 87(5): 1043-1052.

[48]SNOECK D, ABOLO D, JAGORET P. Temporal changes in VAM fungi in the cocoa agroforestry systems of central Cameroon[J]. Agroforestry Systems, 2010, 78(3): 323-328.

[49]ISAAC M E, ULZEN-APPIAH F, TIMMER V R, et al. Early growth and nutritional response to resource competition in cocoa-shade intercropped systems[J]. Plant and Soil, 2007, 298(1): 243-254.

[50]OLADOKUN M A O, EGBE N E. Yields of cocoa/kola intercrops in Nigeria[J]. Agroforestry Systems, 1990, 10(2): 153-160.

[51]赵溪竹 , 朱自慧 , 秦晓威 , 等 . 槟榔间作条件下不同修剪方式对可可生长和产量的影响 [J]. 中国热带农业 , 2021 (1): 69-73.

[52]崔春梅 , 莫伟平 , 邢思年 , 等 . 不同短截程度对苹果枝条修剪反应及新稍叶片光合特性的影响 [J]. 中国农业大学学报 , 2015, 20(5): 119-125.

[53]李付鹏 . 可可生产技术彩色图解 [M]. 北京 : 中国农业出版社 , 2019.

[54]彭祖才 . 冬季重修剪对从江椪柑产量的影响 [J]. 中国热带农业 , 2005 (6): 44.

[55]ZHAO Q, DONG C, YANG X, et al. Biocontrol of Fusarium wilt disease for *Cucumis melo* melon using bio-organic fertilizer[J]. Applied Soil Ecology, 2011, 47: 67-75.

[56]ZHAO Q, SHEN Q, RAN W, et al. Inoculation of soil by Bacillus subtilis Y-IVI improves plant growth and colonization of the rhizosphere and interior tissues of muskmelon (*Cucumis melo* L.)[J]. Biology and Fertility of Soils, 2011, 47: 507-514.

[57]GRIERSON P, ADAMS M A. Plant Species Affect Acid Phosphatase, Ergosterol and Microbial

P in a Jarrah (Eucalyptus marginata Donn ex Sm.) Forest in South-Western Australia[J]. Soil Biology and Biochemistry, 2000, 32: 1817-1827.

[58]董云萍，赵青云，张昂，等. 施用酸性土壤调节剂、腐熟咖啡果皮对咖啡苗生长及土壤养分含量、酶活性的影响[J]. 福建农业学报，2022, 37(11): 1493-1502.

[59]HUANG X, ZHANG N, YONG X, et al. Biocontrol of Rhizoctonia solani damping-off disease in cucumber with Bacillus pumilus SQR-N43[J]. Microbiological research, 2011, 167: 135-143.

[60]LING N, XUE C, HUANG Q, et al. Development of a mode of application of bioorganic fertilizer for improving the biocontrol efficacy to Fusarium wilt[J]. BioControl, 2010, 55: 673-683.

[61]LANG J, HU J, RAN W, et al. Control of cotton Verticillium wilt and fungal diversity of rhizosphere soils by bio-organic fertilizer[J]. Biology and Fertility of Soils, 2011, 48.

[62]李俊华，沈其荣，褚贵新，等. 氨基酸有机肥对棉花根际和非根际土壤酶活性和养分有效性的影响[J]. 土壤，2011, 43(2): 277-284.

[63]彭智平，黄继川，于俊红，等. 味精废液对花生产量、品质和土壤酶活性的影响[J]. 热带作物学报，2012, 33(9): 1579-1583.

[64]王灿，杨建峰，祖超，等. 胡椒园间作槟榔对胡椒产量及养分利用的影响[J]. 热带作物学报，2015, 36(7): 1191-1196.

[65]邬华松. 胡椒光合作用特性的研究[J]. 热带农业科学，1999 (3): 7-12.

[66]ZU C, WU G, LI Z, et al. Regulation of Black Pepper Inflorescence Quantity by Shading at Different Growth   Stages[J]. Photochem Photobiol, 2016, 92(4): 579-586.

[67]祖超，杨建峰，李志刚，等. 胡椒园间作槟榔对胡椒光合效应和产量的影响[J]. 热带作物学报，2015, 36(1): 20-25.

[68]祖超，李志刚，王灿，等. 胡椒与槟榔间作对群体养分吸收利用的影响[J]. 热带作物学报，2017, 38(11): 2014-2020.

[69]王灿，李志刚，杨建峰，等. 胡椒连作对土壤微生物群落功能多样性与群落结构的影响[J]. 热带作物学报，2017, 38(7): 1235-1242.

[70]李志刚，刘爱勤，祖超，等. 不同种植年限胡椒园土壤理化性质及微生物生态特征研究初报[J]. 热带作物学报，2012, 33(7): 1245-1249.

[71]鱼欢，钟壹鸣，吉训志，等. 槟榔间作香露兜对香露兜光合特性和香气成分的影响[J]. 热带作物学报，2022, 43(4): 779-787.

[72]唐瑾暄，鱼欢，郭彩权，等. 不同荫蔽度对香露兜光合特征及香气成分的影响[J]. 福建农业学报，2020, 35(8): 820-829.

[73]ZHANG A, LU Z, YU H, et al. Effects of Hevea brasiliensis Intercropping on the Volatiles of

Pandanus amaryllifolius Leaves[J]. Foods, 2023, 12(4): 888.

[74]ZHONG Y, ZHANG A, QIN X, et al. Effects of Intercropping Pandanus amaryllifolius on Soil Properties and Microbial Community Composition in Areca Catechu Plantations[J]. Forests, 2022, 13(11): 1814.

[75]钟壹鸣, 王志勇, 秦晓威, 等. 槟榔间作香露兜对土壤微生物丰度与多样性的影响[J]. 热带作物学报, 2022, 43(1): 101-109.

[76]钟壹鸣, 张昂, 王志勇, 等. 槟榔间作香露兜对土壤细菌群落结构和多样性的影响[J]. 西南农业学报, 2022, 35(4): 915-923.

[77]张昂, 钟壹鸣, 鱼欢, 等. 槟榔间作香露兜模式下土壤微生物区系分析[J]. 西南农业学报, 2022, 35(4): 941-949.

[78]张翠玲, 徐飞, 陈鹏, 等. 可可间作糯米香茶生态效益研究初报[J]. 热带作物学报, 2012, 33(7): 1180-1183.

[79]陈鹏, 张翠玲, 孙燕, 等. 中粒种咖啡间种糯米香茶技术研究[J]. 云南农业科技, 2011 (4): 15-16.

[80]张翠玲, 徐飞, 谭乐和, 等. 间作模式下不同肥料对糯米香茶农艺性状和矿物质元素的影响[J]. 热带作物学报, 2012, 33(11): 1949-1953.

[81]庄辉发, 王辉, 王华, 等. 施用不同有机肥对糯米香茶种植园土壤养分的影响[J]. 广东农业科学, 2011, 38(8): 59-60.

[82]庄辉发, 张翠玲, 孙燕. 不同肥料对盆栽糯米香茶光合作用及产量的影响[J]. 热带农业科学, 2012, 32(6): 1-3.

[83]谭乐和, 尹桂豪, 章程辉, 等. 超临界CO_2萃取/气相色谱—质谱联用分析糯米香茶中的挥发油[J]. 热带作物学报, 2008 (4): 530-534.

[84]NAEF R, VELLUZ A, MAYENZET F, et al. Volatile Constituents of Semnostachya menglaensis Tsui[J]. Journal of Agricultural and Food Chemistry, 2005, 53(23): 9161-9164.

[85]YIN G, ZENG H, HE M, et al. Extraction of Teucrium manghuaense and Evaluation of the Bioactivity of Its Extract: International Journal of Molecular Sciences[J]. International Journal of Molecular Science, 2009, 10 (10), 4330-4341.

[86]李维莉, 马银海, 张亚平, 等. 糯米香茶香气化合物的组分研究[J]. 西南大学学报（自然科学版）, 2009, 31(11): 53-56.

[87]张彦军, 徐飞, 谭乐和, 等. HS-SPME-GC/MS分析海南产糯米香叶的挥发性成分[J]. 热带作物学报, 2015, 36(3): 603-610.

[88]顾文亮, 庄辉发, 王辉, 等. 海南野生鹧鸪茶资源调查与鉴定评价[J]. 热带作物学报,

2019, 40(11): 2264-2269.

[89] 顾文亮, 张建禹, 覃永兰, 等. 鹧鸪茶种质资源品质性状的多样性分析[J]. 热带作物学报, 2019, 40(12): 2364-2368.

[90] 李娟玲, 刘国民, 宫庆龙, 等. 鹧鸪茶种质资源ISSR分子标记中的引物筛选[J]. 安徽农业科学, 2010, 38(5): 2257-2260.

[91] 杨虎彪, 刘国道. 不同光照强度对幼龄期鹧鸪茶生长的影响[J]. 热带作物学报, 2017, 38(11): 2056-2059.

[92] 杨虎彪, 刘国道. 鹧鸪茶的生物学和生态学特性研究[J]. 热带作物学报, 2017, 38(9): 1583-1586.

[93] 余若云, 杨伟波, 冯元姣, 等. 椰林间作中纳米铁对鹧鸪茶叶片生长、光合及化学特征的综合影响[J]. 热带作物学报, 2023, 1-11.

[94] 覃少昌. 海南鹧鸪茶挥发性成分研究[D]. 海口: 海南大学, 2020.

[95] 覃少昌, 李娟玲. 鹧鸪茶香气成分的研究进展[J]. 热带农业科学, 2018, 38(10): 68-73, 78.

[96] 段宙位, 李鹏, 何艾, 等. 不同方法提取的鹧鸪茶多酚抗氧化及抑菌性比较[J]. 热带作物学报, 2021, 42(3): 847-853.

[97] 段宙位, 李鹏, 陈婷, 等. 鹧鸪茶多酚的提取及抗氧化性研究[J]. 食品科技, 2020, 45(3): 218-223.

[98] 杨礼旦, 王安文. 粗壮女贞繁殖与栽培技术研究[J]. 中国生态农业学报, 2005 (3): 181-182.

[99] 闫小莉, 王德炉. 遮阴对苦丁茶树叶片特征及光合特性的影响[J]. 生态学报, 2014, 34(13): 3538-3547.

[100] 丁波, 王德炉. 硒对粗壮女贞生理特性及叶绿素荧光参数的调控效应[J]. 河南农业科学, 2012, 41(7): 58-61.

[101] 陈元元, 熊天琴, 赵玉民, 等. 毛冬青总提取物的抗血栓作用及基于ADP的机制研究[J]. 中华中医药学刊, 2015, 33(5): 1092-1096.

[102] 范星岳, 余继英. 毛冬青活性成分及检测方法的研究进展[J]. 华西药学杂志, 2019, 34(5): 512-518.

[103] 凌志洲, 曾荣, 范倩, 等. 苦丁茶（粗壮女贞）成分结构特征、活性作用机制及质量控制研究进展[J]. 食品科学, 2023, 44(7): 394-403.

[104] LING Z, ZENG R, ZHOU X, et al. Component analysis using UPLC-Q-Exactive Orbitrap-HRMS and quality control of Kudingcha (*Ligustrum robustum* (Roxb.) Blume). [J]. Food Research International, 2022, Part A(162): 111937.

[105]李腾现，陈文，王湘君，等.五指山不同部位苦丁茶多酚类物质含量的测定 [J]. 生物技术世界，2013 (1): 80-81, 83.

[106]陈文，王湘君，徐云升，等.五指山不同级别新鲜苦丁茶游离氨基酸含量的测定 [J]. 琼州学院学报，2012, 19(5): 38-41.

[107]陈文，王湘君，徐云升，等.五指山苦丁茶不同部位多糖含量的测定 [J]. 河南科技，2012 (22): 94-95.

[108]刘进平.新型热带香菜植物——山萎 [J]. 中国热带农业，2013, (4): 50.

[109]江惠敏.5种野生蔬菜的繁殖技术和耐盐性研究 [D]. 广州：仲恺农业工程学院，2017.

[110]吴有恒，肖英银，陈胜文，等.假蒟的高效栽培技术及资源开发前景 [J]. 长江蔬菜，2021, (15): 43-45.

[111]陈燕萌，魏金兰，陈凤，等.假蒟叶多酚提取工艺及其抗氧化活性研究 [J]. 中国食品添加剂，2023, 34(2): 76-84.

[112]冯岗，袁恩林，张静，等.假蒟中胡椒碱的分离鉴定及杀虫活性研究 [J]. 热带作物学报，2013, 34(11): 2246-2250.

[113]王敬茹，付欣，叶火春，等.假蒟亭碱的除草作用机制 [J]. 分子植物育种，2023, 21(11): 3771-3777.

[114]许倬卉.草果生态适宜性区划及产地评价研究 [D]. 昆明：云南中医药大学，2021.

[115]刘开强，李博胤，车江旅，等.广西猫儿山及其周边地区农作物种质资源收集与多样性分析 [J]. 植物遗传资源学报，2020, 21(5): 1186-1195.

[116]曾宇，刘开强，车江旅，等.广西十万大山农作物种质资源调查收集及多样性分析 [J]. 植物遗传资源学报，2019, 20(6): 1447-1455.

[117]崔晓龙，魏蓉城，黄瑞复.草果开花结实的生物学特性 [J]. 西南农业学报，1996 (1): 109-113:

[118]HUANG Z L H J. Geographic distribution and impacts of climate change on the suitable habitats of Zingiber species in China[J]. Industrial Crops and Products, 2019, 138.

[119]程汉亭，沈奕德，范志伟，等.橡胶-益智复合生态系统综合评价研究 [J]. 热带农业科学，2014 (10): 7-11.

[120]刘晓明.砂仁高产栽培技术探讨 [J]. 南方农业，2019, 13(9): 33-35.

[121]李图宝.橡胶砂仁间作套种可行性分析 [J]. 农业开发与装备，2019 (6): 211, 228.

[122]周再知，郑海水，杨曾奖，等.橡胶-砂仁复合系统生物产量、营养元素空间格局的研究 [J]. 生态学报，1997 (3): 225-233.

[123]杨曾奖，郑海水，尹光天，等.橡胶间种砂仁、咖啡对土壤肥力的影响 [J]. 林业科学研

究，1995 (4): 466-470.

[124] 周再知，郑海水，杨曾奖，等. 橡胶与砂仁间作复合生态系统营养元素循环的研究[J]. 林业科学研究，1997 (5): 15-22.

[125] 张玲艳，李灿，王宏权，等. 成龄胶园间作砂仁对根际和非根际土壤微生物数量的影响[J]. 中国热带农业，2023 (3): 38-42, 32.

[126] 莫定鸣，冯恩友. 高良姜的光合特性研究[J]. 农业技术与装备，2015 (12): 6-7, 9.

[127] 温湛兰，莫定鸣. 遮阴对不同高良姜栽培种叶片结构和功能的影响[J]. 农业技术与装备，2017 (3): 4-5, 8.

[128] 莫定鸣. 不同高良姜栽培种苗期耐阴性研究_莫定鸣[D]. 湛江：广东海洋大学，2014.

[129] 龙琴，林鼎光，胡佳莉，等. 不同栽培品种高良姜HPLC指纹图谱研究及指标成分含量测定[J]. 广州中医药大学学报，2019, 36(1): 109-114.

[130] 谢小丽，胡璇，陈振夏，等. 高良姜精油提取工艺优化、成分分析及其生物活性研究[J]. 中草药，2023, 54(18): 5904-5915.

[131] 冯真英，李泽森，陈丹，等. 高良姜中高良姜素的提取工艺优化及其抗氧化活性研究[J]. 广东医科大学学报，2023, 41(4): 373-377, 382.

[132] 程汉亭，沈奕德，范志伟，等. 橡胶-益智复合生态系统综合评价研究[J]. 热带农业科学，2014 (10): 7-11.

[133] 李英英，郑云柯，晏小霞，等. 益智种质资源表型性状的遗传多样性分析[J]. 热带作物学报，2022, 43(1): 94-100.

[134] 程汉亭，刘景坤，严廷良，等. 不同采收期对药用植物-益智种子质量的影响研究[J]. 热带作物学报，2017, 38(10): 1840-1845.

[135] 邢增俊，麦志通，陈伟玉，等. 林下经济药用植物益智和海南砂仁早期生长及光合生理研究[J]. 热带林业，2019, 47(1): 18-20.

[136] 程汉亭，李勤奋，刘景坤，等. 橡胶林下益智光合特性的季节动态变化[J]. 植物生态学报，2018, 42(5): 585-594.

[137] 胡雯，周小慧，李勤奋，等. 旱季降雨格局变化对益智生长和碳氮代谢的影响[J]. 热带作物学报，2022, 43(12): 2597-2605.

[138] 周文正. 对儋州市橡胶林下益智栽培技术的探讨[J]. 农业科技通讯，2018 (4): 272-273.

[139] 陈钦，高俊杰，刘建福，等. 姜黄不同种质生物学特性及品质成分比较[J]. 云南农业大学学报(自然科学)，2017, 32(1): 101-105.

[140] 黄惠芳，黄锦媛，石兰蓉，等. 几个姜黄品种有效成分及生物学特性差异比较[J]. 中国种业，2009 (10): 39-41.

[141]梁立娟,庞新华,黄慧芳,等.固定栽培模式下年度间不同姜黄品种品质比较[J].农业研究与应用,2012 (2): 8-11.

[142]张翔宇,李海,杨如达,等.中耕对黍子生长发育及土壤结构的影响[J].山西农业科学,2017, 45(1): 44-46.

[143]方旖旎,关亚丽.中耕次数对姜黄生长、产量及活性成分含量的影响[J].海南师范大学学报(自然科学版),2020, 33(2): 165-169.

[144]肖培根,陈士林.国家中药资源宏观管理系统的建立——中药现代化的基础[J].中国中药杂志,2003 (1): 8-10.

[145]张娅,李艳萍,夏海梅.云南山地仿野生抚育姜黄后姜黄素的含量变化研究[J].云南中医中药杂志,2016, 37(9): 81-83.

[146]兰铁.毛竹林套种姜黄的经济效益与生态作用分析[J].黑龙江生态工程职业学院学报,2017, 30(5): 16-17.

[147]吴萍,郭俊霞,王晓宇,等.环境因子对姜黄产量及品质相关成分的影响[J].中药材,2019, 42(9): 1969-1972.

[148]李英英,王清隆,汤欢,等.海南岛草豆蔻种质资源的初步调查[J].农业科技通讯,2022 (8): 119-122.

[149]萍王,石海莲,吴晓俊.中药草豆蔻抗肿瘤化学成分和作用机制研究进展[J].中国药理学与毒理学杂志,2017, 31(9): 880-888.

[150]谭国英,黄琦,沈千汇,等.草豆蔻高效液相色谱指纹图谱快速分析法研究[J].今日药学,2022, 32(6): 409-411, 417.

[151]张怡,李荣,姜子涛.调味香料草豆蔻精油的超声-微波辅助提取及其包结物[J].中国调味品,2020, 45(1): 58-63.

[152]郑燕,何志凯,姚梦鹃,等.基于Illumina高通量测序技术的草豆蔻基因组研究[J].中草药,2020, 51(13): 3530-3534.

[153]朱艳霞,黄燕芬,彭玉德.脱水处理对草豆蔻种子萌发的影响[C].2022年中国植物园学术年会,广州,2023.

[154]SUTTHANUT K, SRIPANIDKULCHAI B, YENJAI C, et al. Simultaneous identification and quantitation of 11 flavonoid constituents in Kaempferia parviflora by gas chromatography[J]. J Chromatogr A, 2007, 1143(1-2): 227-233.

[155]武洁,郭琳琳,黄志强,等.小花山柰的研究进展及其中药性能探讨[J].中国中药杂志,2021, 46(8): 1951-1959.

[156]姚发壮.山柰根茎的化学成分研究[D].广州:广东药科大学,2018.

[157] 王佳佳. 山柰及小花山柰的组织培养研究 [D]. 广州: 仲恺农业工程学院, 2020.

[158] 郭文场, 周淑荣, 刘佳贺. 山柰的栽培管理与利用 [J]. 特种经济动植物, 2019, 22(2): 36-39.

[159] 王晓宇. 浅析林下经济植物广藿香种质资源保护与栽培技术 [J]. 热带农业工程, 2023, 47(3): 121-124.

[160] 刘璐, 吴友根, 张军锋, 等. 昼夜变化对广藿香中挥发油及其主要成分积累的影响 [J]. 江苏农业科学, 2018, 46(2): 124-127.

[161] 李春龚, 吴友根, 林尤奋, 等. 广藿香化学成分的研究进展 [J]. 江苏农业科学, 2011, 39(6): 498-500.

[162] BLANK A F, SANT ANA T C P, SANTOS P S, et al. Chemical characterization of the essential oil from patchouli accessions harvested over four seasons[J]. Industrial Crops & amp; Products., 2011, 34(1): 831-837.

[163] 吴明丽, 李西文, 黄双建, 等. 广藿香全球产地生态适宜性分析及品质生态学研究 [J]. 世界科学技术-中医药现代化, 2016, 18(8): 1251-1257.

[164] 汪小根, 莫小路, 蔡岳文, 等. 组培广藿香与扦插广藿香中百秋里醇和广藿香酮的含量对比分析 [J]. 药物分析杂志, 2009, 29(1): 96-99.

[165] 刘玉安, 勾玉璠, 唐晓杰, 等. 广藿香组培繁殖技术的研究 [J]. 安徽农业科学, 2009, 37(35): 17358-17359.

[166] 潘超美, 李薇, 徐鸿华, 等. 施肥水平对广藿香生长及挥发油积累的影响 [J]. 中药材, 2003 (8): 542-544.

[167] 卢丽兰, 杨新全, 王彩霞, 等. 不同硝铵比氮素供应对广藿香生长及药效成分的影响 [J]. 植物营养与肥料学报, 2017, 23(5): 1314-1325.

[168] 卢丽兰, 杨新全, 张玉秀, 等. 氮磷钾配施对广藿香生长、挥发油及药效成分的影响 [J]. 南方农业, 2020, 14(6): 128-131.

[169] 薛启, 王康才, 梁永富, 等. 氮锌互作对藿香生长、产量及有效成分的影响 [J]. 中国中药杂志, 2018, 43(13): 2654-2663.

[170] 卢丽兰, 杨新全, 张玉秀, 等. 氮磷钾配施对广藿香生长、挥发油及药效成分的影响 [J]. 南方农业, 2020, 14(6): 128-131.

[171] 姬生国, 蔡佳良, 卢慧娟, 等. 不同光照强度对广藿香中百秋李醇含量的影响 [J]. 湖北农业科学, 2016, 55(2): 406-409.

[172] 何丽平, 吴友根, 张军锋, 等. 连作广藿香挥发油及百秋李醇含量的变化 [J]. 热带生物学报, 2017, 8(2): 169-173.

[173]郑扬波，李明，张梓豪，等.EM菌对连作广藿香扦插苗生长特性及土壤微生态的影响[J].华南农业大学学报，2019,40(2): 60-64.

[174]李敬辉，李明，李龙明，等.连作土壤施加竹炭对广藿香幼苗生长的影响[J].西北农业学报，2019,28(9): 1508-1514.

[175]周界，潘丽萍，李明.广藿香间作紫苏对其连作障碍的缓解效应[J].北方园艺，2020 (13): 111-117.

[176]胡峻峰，曾建荣，刘键锺，等.广藿香间作生姜与豇豆对其根际微生物群落多样性的影响[J].中药材，2022,45(10): 2316-2321.

[177]张丽娜.广藿香提取物对黄瓜炭疽病菌抑制作用研究[D].哈尔滨：黑龙江大学，2023.

[178]覃杰凤，马仙花.桃榔幼林间作套种模式初探[J].黑龙江粮食，2023 (5): 29-31.

[179]龚小林，杜一新，雷沈英.藿香栽培技术[J].现代农业科技，2007 (19) : 53, 55.

[180]郇树乾，李岩，王坚，等.不同施肥水平对香茅草生物量及香茅油产量的影响[J].热带农业科学，2014 (10):33-35.

[181]郇树乾，王坚，王志勇.不同刈割高度对香茅草生物量及香茅草精油含量的影响[J].畜牧与饲料科学，2015,36(11): 33-34.

[182]周丽珠，谷瑶，曾永明，等.香茅草叶绿素含量分析[J].安徽农业科学，2018,46(10): 170-171, 178.

[183]许智萍，何璐，范建成，等.干热河谷区香茅草的品种特性及栽培技术[J].中国热带农业，2019 (6): 80-85.

[184]张绪元，罗海希，卢利方，等.柠檬草化学成分研究进展[J].农技服务，2017,34(23): 7-8.

[185]胡彦，张洁，张铁，等.文山产香茅草挥发性成分GC-MS分析[J].文山学院学报，2017,30(6): 1-5.

[186]陈静慧，石浩，张强，等.基于电子鼻和顶空固相微萃取-气相质谱联用技术分析柠檬草中的挥发性成分[J].食品与发酵工业，2019,45(3): 231-236.

[187]赵建芬，韦寿莲，陈子冲.香茅草挥发油的提取及其化学成分分析[J].食品研究与开发，2015 (19): 55-58.

[188]李艳丽，李凌，范源洪.香茅草精油研究进展[J].江苏农业科学，2021,49(2): 5-11.

[189]吴水金，邱珊莲，李海明，等.青贮时间对香茅草营养成分的影响[J].福建农业学报，2021,36(4): 452-456.